水利水电工程施工技术全书

# 第三卷 混凝土工程

## 第三册

# 混凝土
# 骨料生产

刘志和　刘金明　编著

中国水利水电出版社
www.waterpub.com.cn

# 内 容 提 要

本书是《水利水电工程施工技术全书》第三卷《混凝土工程》中的第三分册。本书系统阐述了混凝土骨料生产的技术和方法。主要内容包括：混凝土骨料生产的综述、料源选择、人工骨料料场规划与开采、天然砂石料场规划与开采、骨料生产工艺设计与设备选型、骨料生产系统布置、物料运输、物料存取、骨料生产系统设备安装、配电及控制、废水处理、粉尘与噪声治理、调试与运行、质量控制、安全技术措施和工程实例等。

本书可作为水利水电工程施工领域的工程技术人员、工程管理人员和高级技术工人的工具书，也可供从事水利水电工程科研、设计、建设及运行管理和相关企事业单位的工程技术人员、工程管理人员使用，并可作为大专院校水利水电工程及机电专业师生教学参考书。

## 图书在版编目（CIP）数据

混凝土骨料生产 / 刘志和，刘金明编著. -- 北京：
中国水利水电出版社，2016.5（2022.6重印）
　（水利水电工程施工技术全书. 第三卷，混凝土工程；
第三册）
　ISBN 978-7-5170-4533-5

Ⅰ. ①混… Ⅱ. ①刘… ②刘… Ⅲ. ①混凝土工程—
骨料—生产 Ⅳ. ①TU755.1

中国版本图书馆CIP数据核字（2016）第161738号

| 书　　名 | 水利水电工程施工技术全书<br>第三卷　混凝土工程<br>第三册　混凝土骨料生产 |
|---|---|
| 作　　者 | 刘志和　刘金明　编著 |
| 出版发行 | 中国水利水电出版社<br>（北京市海淀区玉渊潭南路 1 号 D 座　100038）<br>网址：www.waterpub.com.cn<br>E - mail：sales@mwr.gov.cn<br>电话：（010）68545888（营销中心） |
| 经　　售 | 北京科水图书销售有限公司<br>电话：（010）68545874、63202643<br>全国各地新华书店和相关出版物销售网点 |
| 排　　版 | 中国水利水电出版社微机排版中心 |
| 印　　刷 | 清淞永业（天津）印刷有限公司 |
| 规　　格 | 184mm×260mm　16 开本　14.5 印张　344 千字 |
| 版　　次 | 2016 年 5 月第 1 版　2022 年 6 月第 2 次印刷 |
| 印　　数 | 3001—4500 册 |
| 定　　价 | **59.00 元** |

# 《水利水电工程施工技术全书》
# 编审委员会

顾　　问：  潘家铮  中国科学院院士、中国工程院院士
　　　　　　谭靖夷　中国工程院院士
　　　　　　陆佑楣　中国工程院院士
　　　　　　郑守仁　中国工程院院士
　　　　　　马洪琪　中国工程院院士
　　　　　　张超然　中国工程院院士
　　　　　　钟登华　中国工程院院士
　　　　　　缪昌文　中国工程院院士
名誉主任：  范集湘　丁焰章　岳　曦
主　　任：  孙洪水　周厚贵　马青春
副 主 任：  宗敦峰　江小兵　付元初　梅锦煜
委　　员：  （以姓氏笔画为序）

| | | | | |
|---|---|---|---|---|
| 丁焰章 | 马如骐 | 马青春 | 马洪琪 | 王　军 | 王永平 |
| 王亚文 | 王鹏禹 | 付元初 | 江小兵 | 刘永祥 | 刘灿学 |
| 吕芝林 | 孙来成 | 孙志禹 | 孙洪水 | 向　建 | 朱明星 |
| 朱镜芳 | 何小雄 | 和孙文 | 陆佑楣 | 李友华 | 李志刚 |
| 李丽丽 | 李虎章 | 沈益源 | 汤用泉 | 吴光富 | 吴国如 |
| 吴高见 | 吴秀荣 | 肖恩尚 | 余　英 | 陈　茂 | 陈梁年 |
| 范集湘 | 林友汉 | 张　晔 | 张为明 | 张利荣 | 张超然 |
| 周　晖 | 周世明 | 周厚贵 | 宗敦峰 | 岳　曦 | 杨　涛 |
| 杨成文 | 郑守仁 | 郑桂斌 | 钟彦祥 | 钟登华 | 席　浩 |
| 夏可风 | 涂怀健 | 郭光文 | 常焕生 | 常满祥 | 楚跃先 |
| 梅锦煜 | 曾　文 | 焦家训 | 戴志清 | 缪昌文 | 谭靖夷 |
| 潘家铮 | 衡富安 | | | | |

主　　编：  孙洪水　周厚贵　宗敦峰　梅锦煜　付元初　江小兵
审　　定：  谭靖夷　郑守仁　马洪琪　张超然　梅锦煜　付元初
　　　　　　周厚贵　夏可风
策　　划：  周世明　张　晔
秘 书 长：  宗敦峰（兼）
副秘书长：  楚跃先　郭光文　郑桂斌　吴光富　康明华

# 《水利水电工程施工技术全书》
## 各卷主（组）编单位和主编（审）人员

| 卷序 | 卷名 | 组编单位 | 主编单位 | 主编人 | 主审人 |
|---|---|---|---|---|---|
| 第一卷 | 地基与基础工程 | 中国电力建设集团（股份）有限公司 | 中国电力建设集团（股份）有限公司<br>中国水电基础局有限公司<br>葛洲坝基础公司 | 宗敦峰<br>肖恩尚<br>焦家训 | 谭靖夷<br>夏可风 |
| 第二卷 | 土石方工程 | 中国人民武装警察部队水电指挥部 | 中国人民武装警察部队水电指挥部<br>中国水利水电第十四工程局有限公司<br>中国水利水电第五工程局有限公司 | 梅锦煜<br>和孙文<br>吴高见 | 马洪琪<br>梅锦煜 |
| 第三卷 | 混凝土工程 | 中国电力建设集团（股份）有限公司 | 中国水利水电第四工程局有限公司<br>中国葛洲坝集团有限公司<br>中国水利水电第八工程局有限公司 | 席　浩<br>戴志清<br>涂怀健 | 张超然<br>周厚贵 |
| 第四卷 | 金属结构制作与机电安装工程 | 中国能源建设集团（股份）有限公司 | 中国葛洲坝集团有限公司<br>中国电力建设集团（股份）有限公司<br>中国葛洲坝建设有限公司 | 江小兵<br>付元初<br>张　晔 | 付元初 |
| 第五卷 | 施工导（截）流与度汛工程 | 中国能源建设集团（股份）有限公司 | 中国能源建设集团(股份)有限公司<br>中国葛洲坝集团有限公司<br>中国水利水电第八工程局有限公司 | 周厚贵<br>郭光文<br>涂怀健 | 郑守仁 |

# 《水利水电工程施工技术全书》
## 第三卷《混凝土工程》编委会

主　　编：席　浩　戴志清　涂怀健

主　　审：张超然　周厚贵

委　　员：（以姓氏笔画为序）

牛宏力　王鹏禹　刘加平　刘永祥　刘志和

向　建　吕芝林　朱明星　李克信　肖炯红

姬脉兴　席　浩　涂怀健　高万才　黄　巍

戴志清　魏　平

秘 书 长：李克信

副秘书长：姬脉兴　赵海洋　黄　巍　赵春秀　李小华

# 《水利水电工程施工技术全书》
## 第三卷《混凝土工程》
## 第三册《混凝土骨料生产》
### 编写人员名单

主　　编：刘志和

副 主 编：刘金明

审　　稿：涂怀健

编写人员：刘金明　周　海　黄　岳　罗　艳　魏　清

　　　　　李卫超　熊明华　蒋海军　宁梅珍　谢　斌

　　　　　刘　炜　季土荣

# 序 一

　　水利水电工程建设在我国作为一项基础建设事业，已经走过了近百年的历程，这是一条不平凡而又伟大的创业之路。

　　新中国成立66年来，党和国家领导一直高度重视水利水电工程建设，水电在我国已经成为了一种不可替代的清洁能源。我国已经成为世界上水电装机容量第一位的大国，水利水电工程建设不论是规模还是技术水平，都处于国防领先或先进水平，这是几代水利水电工程建设者长期艰苦奋斗所创造出来的。

　　改革开放以来，特别是进入21世纪以后，我国的水利水电工程建设又进入了一个前所未有的高速发展时期。到2014年，我国水电总装机容量突破3亿kW，占全国电力装机容量的23%。发电量也历史性地突破31万亿kW·h。水电作为我国当前重要的可再生能源，为我国能源电力结构调整、温室气体减排和气候环境改善做出了重大贡献。

　　我国水利水电工程建设在新技术、新工艺、新材料、新设备等方面都取得了突破性的进展，无论是技术、工艺，还是在材料、设备等方面，都取得了令人瞩目的成就，它不仅推动了技术创新市场的活跃和发展，也推动了水利水电工程建设的前进步伐。

　　为了对当今水利水电工程施工技术进展进行科学的总结，及时形成我国水利水电工程施工技术的自主知识产权和满足水利水电建设事业的工作需要，全国水利水电施工技术信息网组织编撰了《水利水电工程施工技术全书》。该全书编撰历时5年，在编撰过程中组织了一大批长期工作在工程建设一线的中青年技术负责人和技术骨干执笔，并得到了有关领导、知名专家的悉心指导和审定，遵循"简明、实用、求新"的编撰原则，立足于满足广大水利水电工程技术人员的实际工作需要，并注重参考和指导价值。该全书内容涵盖了水利水电工程建设地基与基础工程、土石方工程、混凝土工程、金属结构制作与机电安装工程、施工导（截）流与度汛工程等内容的目标任务、原理方法及工程实例，既有理论阐述，又有实例介绍，重点突出，图文并茂，针对性及可操作性强，对今后的水利水电工程建设施工具有重要指导作用。

《水利水电工程施工技术全书》是对水利水电施工技术实践的总结和理论提炼，是一套具有权威性、实用性的大型工具书，为水利水电工程施工"四新"技术成果的推广、应用、继承、创新提供了一个有效载体。为大力推动水利水电技术进步和创新，推进中国水利水电事业又好又快地发展，具有十分重要的现实意义和深远的科技意义。

水利水电工程是人类文明进步的共同成果，是现代社会发展对保障水资源供给和可再生能源供应的基本需求，水利水电工程施工技术在近代水利水电工程建设中起到了重要的推动作用。人类应对全球气候变化的共识之一是低碳减排，尽可能多地利用绿色能源就成为重要选择，太阳能、风能及水能等成为首选，其中水能蕴藏丰富、可再生性、技术成熟、调度灵活等特点成为最优的绿色能源。随着水利水电工程建设与管理技术的不断发展，水利水电工程，特别是一些高坝大库能有效利用自然条件、降低开发运行成本、提高水库综合效能，高坝大库的（高度、库容）记录不断被刷新。特别是随着三峡、拉西瓦、小湾、溪洛渡、锦屏、向家坝等一批大型、特大型水利水电工程相继建成并投入运行，标志着我国水利水电工程技术已跨入世界领先行列。

近年来，我国水利水电工程施工企业积极实施走出去战略，海外市场开拓业绩突出。目前，我国水利水电工程施工企业在亚洲、非洲、南美洲多个国家承建了上百个水利水电工程项目，如尼罗河上的苏丹麦洛维水电站、号称"东南亚三峡工程"的马来西亚巴贡水电站、巨型碾压混凝土坝泰国科隆泰丹水利工程、位居非洲第一水利枢纽工程的埃塞俄比亚泰克泽水电站等，"中国水电"的品牌价值已被全球业内所认可。

《水利水电工程施工技术全书》对我国水利水电施工技术进行了全面阐述。特别是在众多国内外大型水利水电工程成功建设后，我国水利水电工程施工人员创造出一大批新技术、新工法、新经验，对这些内容及时总结并公开出版，与全体水利水电工作者分享，这不仅能促进我国水利水电行业的快速发展，提高水利水电工程施工质量，保障施工安全，规范水利水电施工行业发展，而且有助于我国水利水电行业走进更多国际市场，展示我国水利水电行业的国际形象和实力，提高我国水利水电行业在国际上的影响力。

该全书的出版不仅能提高水利水电工程施工的技术水平，而且有助于提高我国水利水电行业在国内、国际上的影响力，我在此向广大水利水电工程建设者、工程技术人员、勘测设计人员和在校的水利水电专业师生推荐此书。

2015 年 4 月 8 日

# 序 二

《水利水电工程施工技术全书》作为我国水利水电工程技术综合性大型工具书之一，与广大读者见面了！

这是一套非常好的工具书，它也是在《水利水电工程施工手册》基础上的传承、修订和创新。集中介绍了进入 21 世纪以来我国在水利水电施工领域从施工地基与基础工程、土石方工程、混凝土工程、金属结构制作与机电安装工程、施工导（截）流与度汛工程等方面采用的各类创新技术，如信息化技术的运用：在施工过程模拟仿真技术、混凝土温控防裂技术与工艺智能化等关键技术，应用了数字信息技术、施工仿真技术和云计算技术，实现工程施工全过程实时监控，使现代信息技术与传统筑坝施工技术相结合，提高了混凝土施工质量，简化了施工工艺，降低了施工成本，达到了混凝土坝快速施工的目的；再如碾压混凝土技术在国内大规模运用：节省了水泥，降低了能耗，简化了施工工艺，降低了工程造价和成本；还有，在科研、勘察设计和施工一体化方面，数字化设计研究面向设计施工一体化的三维施工总布置、水工结构、钢筋配置、金属结构设计技术，推广复杂结构三维技施设计技术和前期项目三维枢纽设计技术，形成建筑工程信息模型的协同设计能力，推进建筑工程三维数字化设计移交标准工程化应用，也有了长足的进步。因此，在当前形势下，编撰出一部新的水利水电施工技术大型工具书非常必要和及时。

随着水利水电工程施工技术的不断推进，必然会给水利水电施工带来新的发展机遇。同时，也会出现更多值得研究的新课题，相信这些都将对水利水电工程建设事业起到积极的促进作用。该全书是当今反映水利水电工程施工技术最全、最新的系列图书，体现了当前水利水电最先进的施工技术，其中多项工程实例都是曾经创造了水利水电工程的世界纪录。该全书总结的施工技术具有先进性、前瞻性，可读性强。该全书的编者们都是参加过我国大型水利水电工程的建设者，有着非常丰富的各专业施工经验。他们以高度的社会责任感和使命感、饱满的工作热情和扎实的工作作风，大力发展和创新水电科学技术，为推进我国水利水电事业又好又快地发展，做出了新的贡献！

近年来，我国水利水电工程建设快速发展，各类施工技术日臻成熟，相继建成了三峡、龙滩、水布垭等具有代表性的水电工程，又有拉西瓦、小湾、溪洛渡、锦屏、糯扎渡、向家坝等一批大型、特大型水电工程，在施工过程中总结和积累了大量新的施工技术，尤其是混凝土温控防裂的施工方法在三峡水利枢纽工程的成功应用，高寒地区高拱坝冬季施工综合技术在拉西瓦等多座水电站工程中的应用……，其中的多项施工技术获得过国家发明专利，达到了国际领先水平，为今后水利水电工程施工提供了参考与借鉴。

目前，我国水利水电工程施工技术已经走在了世界的前列，该全书的出版，是对我国水利水电工程建设领域的一大贡献，为后续在水利水电开发，例如金沙江上游、长江上游、通天河、黄河上游的水电开发、南水北调西线工程等建设提供借鉴。该全书可作为工具书，为广大工程建设者们提供一个完整的水利水电工程施工理论体系及工程实例，对今后水利水电工程建设具有指导、传承和促进发展的显著作用。

《水利水电工程施工技术全书》的编撰、出版是一项浩繁辛苦的工作，也是一项具有创造性的劳动过程，凝聚了几百位编、审人员近5年的辛勤劳动，克服各种困难。值此该全书出版之际，谨向所有为该全书的编撰给予关心、支持以及为此付出了辛勤劳动的领导、专家和同志们表示衷心的感谢！

2015 年 4 月 18 日

# 前　言

由全国水利水电施工技术信息网组织编写的《水利水电工程施工技术全书》第三卷《混凝土工程》共分为十二册，《混凝土骨料生产》为第三册，由中国水利水电第八工程局有限公司编撰。

混凝土骨料是混凝土重要组成部分，其重量或体积均占混凝土的80％以上，在水电工程中都形象地将骨料生产系统比作混凝土大坝的粮仓，因此混凝土骨料生产在整个混凝土施工过程中具有十分重要的地位。

本书在编写过程中，主要依托二滩、五强溪、三峡、小湾、龙开口、溪洛渡、向家坝、金安桥、阿海、景洪等水电站工程，对混凝土骨料生产系统施工技术进行了研究，总结了混凝土骨料生产系统施工技术经验，展示了近年来我国在混凝土骨料生产系统新技术应用等方面的创新成果、新思路、新方法和新措施，为混凝土骨料生产系统在保证产品质量，按期形成生产能力，降低生产成本等方面提供了丰富的施工技术经验。

本书是由中国水利水电第八工程局有限公司为主编单位编写的，葛洲坝集团股份有限公司编写了第2.4节和第4章。本书在编写过程中，得到了谭靖夷院士的指导；宗敦峰、毛亚杰、余英、席浩、向建、杨华全等专家对编写提出了许多宝贵意见，并对本书进行了严格审查。在此对关心、支持、帮助过本书出版的领导、专家、技术工作人员表示衷心的感谢。

由于我们经验有限，不足之处，欢迎广大读者提出宝贵意见。

作　者

2014 年 11 月

# 目　录

# 1 综 述

## 1.1 混凝土骨料特性

混凝土骨料是混凝土的重要组成部分，其重量或体积均占混凝土的80％以上，在水电工程中形象地将混凝土骨料生产系统比作混凝土大坝的"粮仓"，骨料在混凝土中的地位由此可见。混凝土骨料的各项特性都直接或间接地影响着混凝土的各项性能指标。

混凝土骨料的部分特性，如密度、抗压强度、弹性模量、坚固性、碱活性、吸水率以及可碎性等，都是骨料岩石自身的一些物理化学性能，称为混凝土骨料的自然特性。混凝土骨料根据其料源又可分为人工骨料和天然骨料，人工骨料的料源一般比较单一，矿物的自然特性相对比较稳定，而天然骨料由于其原岩种类繁多，成因复杂，其自然特性也极其不稳定。

混凝土骨料还有一部分特性（如粒径大小、外观形状、级配、含泥量）细骨料的石粉含量及含水率等，这些特性都是在骨料生产过后才形成的特性，称为混凝土骨料的人为特性。

### 1.1.1 混凝土骨料自然特性

（1）混凝土骨料密度。通常用表观密度和堆积密度来描述混凝土骨料单位体积的质量，表观密度可以认为就是物料的干密度；堆积密度是指骨料在自然堆积、未经振实状态下单位体积（该体积含骨料之间空隙）的重量，也称为堆积密度，堆积密度不仅取决于表观密度，还跟物料的空隙率有关系，所以堆积密度也可从一定程度上反映骨料的级配是否合理。

（2）混凝土骨料的坚固性。直接反映骨料在气候或其他物理因素作用下抵抗破坏的能力。骨料的坚固性与原岩的节理、孔隙率、孔分布、孔结构及其吸水能力等因素有关。当水进入这些弱面及孔穴中，受冻后结冰膨胀，交变地结晶，膨胀压力导致骨料沿弱面崩裂。故骨料的坚固性一般可以理解为抗冻性。

（3）混凝土骨料的碱活性。碱活性反应是骨料中的活性二氧化硅（如蛋白石、玉髓等）或碳酸盐类成分（如白云质石灰岩、方解石质石灰岩中的白云石等）在一定条件下与水泥中的碱产生的膨胀性反应，破坏已硬化的混凝土。将这种可和强碱起破坏性反应的骨料称为碱活性骨料。在料源选择时一般都应尽量避免将有碱活性反映的原料用来加工混凝土骨料。

（4）混凝土骨料的跌落损失。骨料的跌落损失是针对混凝土粗骨料而言的，粗骨料的跌落损失与其原岩的抗压强度、节理和裂隙密集度等因素有关，通过跌落试验掌握粗骨料的不同高差、不同跌落次数的跌落损失规律，为半成品骨料或成品粗骨料在存储、转运时控制跌落高度提供依据，也便于控制混凝土入仓落差。

（5）岩石的可碎性和磨蚀指数。可碎性是反映矿物在加工生产过程中破碎的难易程度的指标，岩石可碎性主要取决于料源矿物的抗压强度，通常岩石的抗压强度越高，破碎起来越困难，例如用天然的卵石生产混凝土骨料时，大部分天然卵石的抗压强度很高，破碎很困难，那么就说其可碎性很差。当然岩石的晶体结构、裂隙与节理的发育程度也与岩石的可碎性有一定关系。岩石可碎性按抗压强度分类见表1-1，即使同一料场的岩石其抗压强度也会有差别，使用时一般取平均值。

表1-1 岩石可碎性按抗压强度分类表

| 类别 | 岩石单轴抗压强度 $R_c$/MPa | 岩石类别 |
|---|---|---|
| I | >160 | 难碎岩石 |
| II | 80～160 | 中等可碎岩石 |
| III | <80 | 易碎岩石 |

岩石的磨蚀性是物料对粉碎工具（钢棒、衬板等）造成一定程度磨蚀的性质，岩石磨蚀性的主要因素是岩石的整体坚固程度和硬矿物含量，通常用磨蚀指数来反映这一性质，磨蚀指数可通过物流磨蚀实验确定。决定岩石磨蚀性的主要因素是岩石中的石英含量。在人工砂石料系统加工中，有些岩石含有大量的石英等能快速磨蚀设备的一些成分，导致其破碎或碾磨十分困难且生产成本很高。例如五强溪水电站混凝土骨料料源为莫氏硬度达7.0以上的石英砂岩，不仅岩石的抗压强度很高而且磨蚀指数很大。因此，在进行混凝土骨料生产系统工艺设计和设备选型时须与矿物的可碎性和磨蚀性相适宜。

## 1.1.2 混凝土骨料人为特性

在水电工程中，混凝土骨料分为粗骨料和细骨料两种，粗骨料也称为碎石，粒径在5～150mm范围内，细骨料也称为砂，粒径在0～5mm范围内。为了便于在混凝土拌制过程中调整骨料级配，以及减少其在存储、转运等过程中发生分离，一般把混凝土粗骨料分为多个等级，水工混凝土多为大体积混凝土。因此，把混凝土粗骨料分为150～80mm、80～40mm、40～20mm和20～5mm四个等级，分别称为特大石、大石、中石和小石。

（1）粗骨料的主要特性。粗骨料的粒型一般要求比较饱满、方圆，因为针状或片状的骨料会对混凝土结构不利；粗骨料外观要求干净，表面不含泥和石粉；粗骨料的级配特性通常由超径、逊径和中径筛余量三个指标来衡量。

（2）细骨料的主要特性。

1）含水率和表面含水率、吸水率：细骨料的含水率和表面含水率主要用于拌制混凝土时修正水和细骨料用量。含水率和表面含水率是分别描述在烘干和饱和面干两种状态下的细骨料含水率，两者的差值可近似地理解为骨料的吸水率。

2）细度模数：细度模数是反映细骨料中不同粒径级配分布情况特性的指标，细骨料的级配影响砂自身的空隙率。细度模数合理，会实现细粒填充中粒空隙，细粒、中粒填充粗粒空隙的紧密充填，降低空隙率。这将有利于改善拌和物的和易性和硬化体的稳定性，并节约水泥用量。

3）石粉：石粉是指细骨料中 0.16mm 以下颗粒，其中 0.08mm 以下颗粒在人工细骨料中称微粒物料含量，在天然细骨料中则视为黏土、淤泥。在人工骨料生产中，根据工程的具体要求也可将其作为控制指标。例如微粒物料适当偏高对碾压混凝土施工有利，浇筑抗冲耐磨混凝土、预应力混凝土等特殊混凝时微粒物料含量不宜过高。

混凝土骨料的自然特性和人为特性之间存在着内在联系，其自然特性好比已知条件，混凝土骨料的人为特性可认为是要求或者说是目标，那么如何根据已知条件来达到目标，这就是骨料生产系统设计、施工和运行管理的过程。例如玄武岩由于其特殊的晶体结构在破碎过程中容易产生针片状，那么在工艺设计时就需要考虑调整粒型的工艺或选择产品粒型良好的破碎设备；性脆的岩石在破碎时产生的粉状物较多，在工艺设计和设备配置时需要考虑调整石粉含量等，由于岩石特性的不同，则相应的生产工艺和设备选型也应有所不同。

# 1.2 混凝土骨料生产系统的种类和组成

## 1.2.1 混凝土骨料生产系统的种类

（1）按生产规模划分。根据《水电水利工程砂石加工系统施工技术规程》（DL/T 5271—2012），将其砂石生产系统规模划分为特大型、大型、中型、小型四个等级。骨料生产系统生产规模划分标准见表 1-2。

表 1-2　　　　　　　　　　骨料生产系统生产规模划分标准表

| 类型 | 骨料生产系统处理能力/(t/h) |
| --- | --- |
| 特大型 | ≥1500 |
| 大型 | <1500 |
|  | ≥500 |
| 中型 | <500 |
|  | ≥120 |
| 小型 | <120 |

（2）按料源的种类划分。可分为天然混凝土骨料生产系统和人工混凝土骨料生产系统。天然混凝土骨料生产系统是指利用河床上卵石、砂砾石和河砂来加工混凝土骨料，人工混凝土骨料生产系统是指在陆地上开采岩石或者利用工程的开挖石渣来加工混凝土骨料。

（3）按生产设备的机动性划分。可分固定式混凝土骨料生产系统、移动式或半移动式混凝土骨料生产系统。在水电工程中，施工区域相对集中，混凝土生产系统一般都是固定的。因此，混凝土骨料生产系统也多为固定式的，也有个别工程采用将粗碎设为可移动、其他车间固定的半移动式混凝土骨料生产系统。移动式混凝土骨料生产系统也称为移动式破碎站，多用于公路、铁路等施工工作面具有流动性的工程项目建设当中。半移动式混凝土骨料生产系统指将生产系统中部分车间或某个流程环节，进行集成整体并可移动的生产方式，多为随料源开采工作面的移动而跟进受料现场进行粗破碎。

### 1.2.2 混凝土骨料生产系统的组成

（1）人工混凝土骨料生产厂的组成。人工混凝土骨料生产厂一般由采石场、破碎车间、筛分车间、制砂车间、半成品料仓及成品储料仓、电气及自动化控制系统、供排水系统、废水处理车间、除尘系统等组成。

若利用工程开挖石渣作为料源进行生产，则没有采石场，只需设置回采料场。破碎车间根据料源情况和骨料级配要求设置，一般设粗、中、细三段破碎，也可根据工艺试验情况增加或减少破碎车间。筛分次数根据破碎段数和骨料分级要求设置。主要破碎车间、筛分车间及制砂车间最好都设置相应的调节给料仓，使其成为相对较为独立的生产工艺环节，避免某点发生故障时就必须全线停止生产的弊端。供水系统、排水系统、废水处理车间以及除尘系统，根据其为干法还是湿法的具体生产工艺而设置。另外，称量系统、试验室、仓库、办公生活营地等辅助设施，可根据工程整体规划和实际需要进行设置。

（2）天然混凝土骨料生产厂的组成。天然混凝土骨料生产厂的组成受料源的影响较大，在混凝土粗骨料生产工艺选择中，当天然卵石级配良好，直接通过筛选之后颗粒级配即可满足混凝土粗骨料的质量要求，且弃料较小时，其生产系统可不设破碎车间，反之，若料源级配较差，仅通过筛选不能满足要求时，则需要进行破碎来调整级配。此时，其天然砂石生产厂的组成和人工砂石生产厂基本相同。制砂也是如此，当天然河砂的各项质量指标能满足工程要求时，则混凝土骨料系统不需专门的制砂车间，但天然河砂往往级配不均衡，且石粉含量偏低，这就需要设置专门的制砂车间进行级配调整或增减石粉加工手段，天然混凝土骨料生产厂的其他组成部分与人工砂石生产厂基本相同。

## 1.3 混凝土骨料生产的现状和发展

（1）混凝土骨料的生产历程。随着我国公路、铁路等基础设施建设，特别是水电工程建设的快速发展，混凝土砂石骨料生产也得到了迅猛扩张。2010年我国水泥产量约为18亿t，砂石产量超过110亿t。虽然天然砂石料还占较大的比例，但天然砂石是一种短时内不可再生的资源，我国不少地区出现可采天然砂资源逐步减少、甚至无资源的情况，河道开采还会影响到堤岸安全、河势稳定、防汛排洪、河道通航等。为改变这种情况，从中央到地方政府都给予高度重视和积极的治理。2001年10月25日，国务院颁布了《长江河道采砂管理条例》；随后，各地方政府相继出台了河道采砂管理办法；采取采砂许可制度，限时、限量、限区域开采。

在早期的水电工程中多采用天然砂石骨料拌制混凝土，如新安江、三门峡、刘家峡、丹江口、葛洲坝以及龙羊峡等水电站工程。但天然砂石料存在储量有限，且分布不集中，开采受季节影响等诸多缺点。随着社会的不断进步，工程施工技术取得快速发展，国家各项基础设施建设全面展开，使得天然混凝土骨料的生产量和生产强度远不能满足工程建设的需要，于是人工混凝土骨料生产得到迅速发展，特别是在水电工程建设中，充分地体现了人工混凝土骨料料源单一，生产不受地域和季节影响，满足了量大、施工强度高且集中等优点。从20世纪70年代乌江渡水电站开创大规模生产人工混凝土骨料的先河以来，人工混凝土骨料生产技术不断地发展和完善，特别是到了20世纪90年代以后，二滩、三峡、小湾、龙滩、构皮滩、光照、金安桥、锦屏、官地、百色、溪洛渡、向家坝等一批大型、特大型水电站工程相继开工建设，使人工混凝土骨料生产技术得到空前发展，无论是在破碎设备选型、加工工艺选择，还是在系统控制等方面均取得了突飞猛进的发展。特别是近20年，通过国际间广泛的技术交流，先进破碎加工设备的引进使得我国的人工混凝土骨料生产技术已达到或超过世界先进水平，主要体现在如下几个方面：生产规模不断扩大，料源岩石品种多样化；高性能破碎设备广泛应用，生产工艺多样化；制砂工艺推陈出新，科技成果显著；环保节能技术日趋成熟。

（2）移动式或半移动式破碎站将得到广泛应用。不论是在水电、公路、还是铁路工程建设中，混凝土骨料生产系统都是辅助工程，其为工程服务的时间并不长，固定混凝土骨料工厂前期建设、安装及调试工期较长，且混凝土骨料生产系统基础设施建设投资相对较大，待工程完工之后，混凝土骨料系统一般都会拆除，大量的钢筋混凝土设备基础、廊道等基建设施不仅没有重复利用的价值，还会因为环境、复耕等问题成为负担。而移动式破碎站就能弥补这些不足，移动式破碎站将受料、破碎、筛分等工艺环节组合成为一体，其组合灵活方便，机动性强，可节省大量基建及迁址费用，缩短混凝土骨料生产系统的建设、安装工期，并能够随料源开采面的推进而移动进行现场破碎，缩短了各流程间的运输距离，运行管理简洁方便，从而降低混凝土骨料生产成本，因此，在中小型混凝土骨料生产系统中，移动破碎站会得到越来越广泛的运用。

（3）环保、低能耗的工艺及设备将得到更加广泛的应用。保护环境是国家的一项基本国策。保护环境、科学有序的开展各项工程建设，也是水电工程开发所必须遵循的原则。

1）料场开采方面。随着工程爆破技术的不断发展，岩石爆破的炸药单耗呈逐渐降低的趋势，特别是"聚能预裂爆破"、"现场快速混装炸药"等一系列科研成果的广泛应用，大幅度地降低了岩石爆破的能耗和成本。工程结束后，料场在复耕和岩石边坡绿化方面的技术也逐渐成熟，要求也越来越规范。

2）物料运输方面。不论是毛料运输还是半成品和成品运输，以前多采用公路汽车运输。近几年由于一些工程料场的地形条件不适用公路运输，开始采用竖（斜）井运输方式。在龙滩、小湾和锦屏一级等水电站的混凝土骨料系统均采用竖井运输毛料，这都是巧妙地运用天然地势利用重力做功解决物料垂直运输的成功工程实例。向家坝水电站人工骨料生产系统采用洞内长距离带式输送机运输太平料场的半成品骨料，也较公路汽车运输更为环保和经济。

竖（斜）井运输方式和洞内带式输送机的运输方式均避免了大规模的地表植被破坏，同时，也避免了汽车运输时带来的大气污染，既环保又经济。

3）生产工艺方面。高效低能耗的破碎设备和加工工艺在砂石生产系统中得到越来越广泛的应用，先进破碎设备的成功应用，使得砂石生产的能耗大为降低。同时，半干法和全干法制砂工艺越来越成熟。

4）废水处理方面。近年来，其他行业和领域一些先进的水处理设备和工艺广泛地应用到了骨料生产系统的废水处理当中，使得废水处理技术和效果均得到明显提高。高效澄清器、旋流器、板框式压滤机、陶瓷过滤机和带式过滤机等在水电工程中得到了广泛应用。

# 2 料 源 选 择

## 2.1 概述

料源选择是混凝土骨料生产系统设计的重要内容，选择合适的料源，不但有利于保证工程质量，还可以降低生产成本。水电工程建设所需混凝土骨料数量多、质量要求高，合理选择砂石加工料源是水电站建设施工中控制混凝土质量和降低成本的关键。料源选择需要综合考虑料源质量、储量、运距、开采条件等因素。

水电工程建设所需的混凝土骨料料源来源有两个途径：一是水电站开挖料的回采利用；二是选择合适的料场进行开采。一般水电工程建设中均有大量的开挖石料，如果其物理力学性能满足混凝土骨料质量要求，应尽可能地加以利用，以降低工程建设的投资。国内部分水电工程建设料源使用情况见表 2-1。

表 2-1　　　　　　　　国内部分水电工程建设料源使用情况表

| 水电站名称 | | 装机容量/万 kW | 混凝土总量/万 m³ | 回采利用量/万 m³ | 料场开挖量/万 m³ |
|---|---|---|---|---|---|
| 乌江渡 | | 63 | 256 | 68 | 273 |
| 五强溪 | | 120 | 350 | — | 400 |
| 大朝山 | | 135 | 113 | 120 | — |
| 三峡 | | 1820 | 2994 | 1202 | 1592 |
| 龙滩 | | 630 | 647 | — | 647 |
| 小湾 | | 420 | 856 | — | 856 |
| 张河湾抽水蓄能电站 | | 100 | 68 | — | 69.1 |
| 溪洛渡 | 中心场 | 1386 | 280 | 280 | — |
| | 大戏厂—马家河 | | 780 | — | 200 |
| | 塘房坪 | | | 600 | — |
| | 黄桷堡 | | 200 | 200 | — |
| 向家坝 | | 640 | 1570 | — | 1570 |
| 官地 | | 240 | 470 | 70 | 400 |
| 亭子口 | | 110 | 549 | — | 740（天燃料） |

注　回采料为自然方。

从表 2-1 可以看出，水电站开挖料的可利用量常常不能满足水电工程庞大混凝土浇筑的需要，开挖回采料只是作为补充。目前大中型水电工程建设所用的混凝土骨料料源采用料场开采的料源。

料源选择的内容包括料场的选址、料场勘探、料源岩性的测定及料场评价。在料源选择之前首先需要确定料场开采的石料总量，即充分利用水电站开挖有用料后，料场需要再行开采的石料总量，料场的开采储量可以按水电站设计所需的总混凝土量的两倍来进行估算。

## 2.2 料源的分类

水电工程混凝土骨料料源，一般分为人工骨料料源和天然骨料料源两种。

人工骨料料源则与露天矿山类似，属于浅层埋藏，需要进行爆破开挖，采用多级破碎和筛分的生产加工工艺。

天然骨料料源一般存在于河床上或古河道上，为崩塌冲积物淤积而成，不需要进行钻爆，可以直接挖掘，一般不设粗碎工艺。如需要的骨料级配与料源级配相近，弃料量不大，则只需进行适当的冲洗分级即可，如弃料量大，可设中、细碎和制砂工艺。

### 2.2.1 人工骨料料源

人工骨料料源是目前国内水电工程建设的主要方式，在其他行业领域也有广泛应用，如公路、铁路和市政建设也越来越多地采用人工骨料料源。

人工骨料料源较之于天然骨料料源，具有料源储藏量大、质量稳定可靠、砂石厂距用户较近等优点，一般情况下储量不受限制，但其开采和加工工艺相对较为复杂。

### 2.2.2 天然骨料料源

天然骨料料源可以不需爆破直接挖掘装载，其加工系统一般都不设粗级破碎。

天然砂石料场按产地位置的相对高低，可分为陆上料场、河滩料场和水下料场等三类，通常多数为河滩和水下料场。天然骨料料源具有外形圆整、质地坚硬、开采费用少等优点，但其原岩种类繁多，成因复杂，级配分布不均匀，对料源选择影响较大。目前，国内在建项目采用天然骨料料源的有毛滩水电站和亭子口水电站，这两个水电站骨料加工料源均取自于上、下游河道的河滩地。

### 2.2.3 人工骨料原料质量要求

混凝土骨料的质量很大程度上受原料的制约，因此，必须对人工骨料原料的质量进行认真分析、试验和研究。在符合质量要求的条件下，应选取可碎性好，磨蚀性低，粒形好，比重大，弹性模量和热膨胀系数小的岩石作为骨料料源，人工骨料原料质量一般应符合下列要求：

（1）应符合《水利水电工程天然建筑材料勘察规程》（SL 251—2000）对原料质量的有关规定。

（2）有碱活性的原料应尽量避免使用，否则应进行充分的试验论证。

（3）原料的某些质量指标不符合要求标准，但经过适当加工处理后可满足要求时亦可使用。

（4）对于风化岩体，当风化不影响单颗石料的物理力学性能和化学稳定性，满足质量要求时，亦可选用。

（5）当采用节理裂隙发育，特别是隐节理发育的岩体做原料，应进行有关试验，论证原料能否满足质量和块度要求。

（6）采用砂岩等岩性变化大的岩石做原料时，必须进行有关试验论证。

（7）破碎后骨料针片状含量超过规范规定的石料不宜采用，必须使用时，应采取改善骨料粒形的工艺措施。

（8）人工骨料原料的质量要求见表2-2。

表2-2 人工骨料原料的质量要求表

| 项　目 | 指　标 | 备　注 |
|---|---|---|
| 湿抗压强度 | 应大于1.5倍混凝土强度 | 火成岩强度应大于80MPa，变质岩应大于60MPa，水成岩应大于30MPa |
| 软化系数 | ＞0.8 | |
| 冻融损失率/％ | ＜1 | |
| 容重/（kg/m³） | ＞2.4 | |

注　1.本表引自《水利水电工程天然建筑材料勘察规程》（SL 251—2000）。
　　2.活性成分、云母和针片状矿物含量高的岩石应避免采用。

岩石是一种或几种矿物组成的天然集合体，其种类很多，一般岩石均可作为混凝土骨料料源。岩石的湿抗压强度是料源选择的重要指标，而岩石的可碎性、可磨性和磨蚀性等性能直接影响到混凝土骨料生产系统的工艺设计和设备选型。

随着水电工程建设的发展，人工骨料料源从乌江渡水电站的石灰岩，到漫湾水电站的流纹岩，五强溪水电站的石英岩，二滩水电站的正长岩，大朝山水电站的玄武岩，三峡水利枢纽工程的花岗岩，小湾水电站的花岗片麻岩，锦屏二级水电站的大理岩、大理岩，料源品种不断扩大，岩性从中等硬度到极坚硬，其中五强溪水电站人工骨料生产系统，首次采用高强超硬、强磨蚀性的石英岩生产混凝土骨料，成功地解决了强磨蚀性石英岩加工人工骨料的关键技术问题，锦屏二级水电站采用大理岩生产混凝土骨料，成功地解决了骨料石粉含量高的难题。

# 2.3　人工骨料料源选择

人工骨料料源选择一般应从工程需要、岩石性质、开采运输条件、地形地质情况等方面进行综合研究，进行全面的技术经济比较。

## 2.3.1　料源选择原则和方法

人工骨料料源选择与工程规模、工程施工总布置以及地质地形条件等因素密切相关。料源规划勘探的原则总结起来有以下三条：

第一，优质原则。料源岩石质量应满足混凝土质量设计要求，储量满足供应规划要求；料场覆盖层薄、剥离量少、岩性均一、开采获得率高，料源级配易于控制；料场开采条件良好，可满足开采强度的要求。

第二，经济原则。在主体工程附近无足够的符合质量要求的天然骨料时，应研究开采及加工人工骨料的可行性和合理性；主体及洞室开挖料数量较多、质量符合要求时，应充分利用，不足部分可采取料场开挖料进行补充；不占或少占耕地、林地，确需占用时宜保留还田土层。

第三，就近原则。料场应尽量接近骨料加工厂和混凝土工厂，减小运输距离，且应不影响建筑物布置及安全，避免或减少与其他工程施工的干扰。

（1）水电工程常用岩石类型。一般来说符合水工混凝土骨料加工质量要求的岩石，均可以作为人工骨料加工的料源。如有多种料源可供选择，应优选加工性能好的岩石作为料源。料源选择参考原则：有条件的地方，宜优先采用石灰岩料场；有其他料源可供选择的前提下，宜避免采用高硬度、高二氧化硅含量的岩石作为砂石料料源。国内水电工程人工骨料料源岩石情况见表 2-3。

表 2-3　　　　　　　国内水电工程人工骨料料源岩石情况表

| 岩石种类 | 岩石名称 | 干抗压强度/MPa | 水电站名称 |
|---|---|---|---|
| 岩浆岩 | 玄武岩 | 147～294 | 金安桥<br>官地 |
| | 花岗岩 | 98～245 | 三峡 |
| | 正长岩 | 177～294 | 二滩 |
| 沉积岩 | 石灰岩 | 62.5～149 | 向家坝 |
| | 凝灰岩 | 59～167 | 西溪抽水蓄能电站 |
| | 砂板岩 | 70～120 | 锦屏一级 |
| | 白云岩 | 78～245 | 龙开口 |
| 变质岩 | 大理岩 | 98～245 | 锦屏二级 |
| | 花冈片麻岩 | 130.6～173.6 | 小湾 |

（2）料场选址案例。

1）官地水电站竹子坝料场。官地水电站位于雅砻江下游，为雅砻江梯级开发的第三级，其下游水电站为二滩水电站。竹子坝料场则位于水电站大坝上游右岸，距江边 1km 处。料场提供满足水电站 400 万 m³ 混凝土所需砂石加工的原料石，岩性为玄武岩。月开采强度为 26 万 m³，采用公路运输方式。官地水电站竹子坝料场布置见图 2-1。

竹子坝料场沿山脊线布置，采区横跨山脊两侧。左侧为冲沟，右侧为坡地，砂石料加工系统就布置在右侧坡地上。料场长 550m，宽 270m，成狭长的簸箕形，边坡最大高度 240m，开采储量为 450 万 m³。开采时频繁掏槽作业，不利于料场的高强度开挖。

2）光照水电站基地料场。光照水电站基地料场位于大坝的左岸，高程在 850.00m 以上。料场长 430m，宽 210m，料场长向顺山脊走向布置，成围椅。最大边坡高度为 110m，有用料总储量为 300 万 m³。光照水电站基地料场布置见图 2-2。

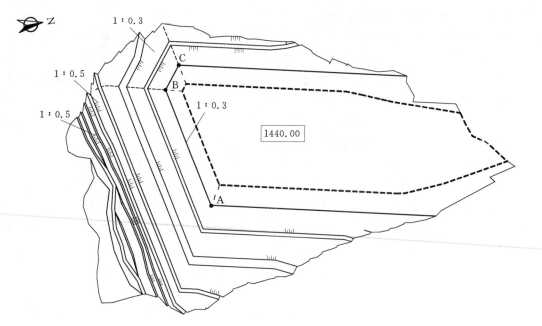

图 2-1 官地水电站竹子坝料场布置图

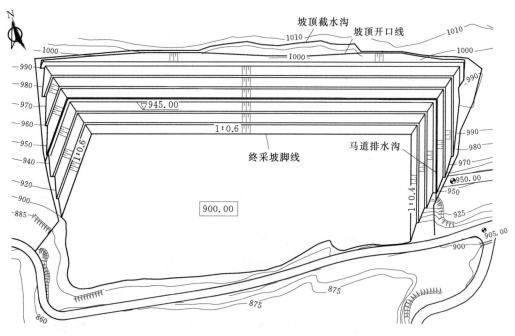

图 2-2 光照水电站基地料场布置图

## 2.3.2 料源勘探

料场经过初步选址确定位置后，需要进行必要的地质勘探。按《水利水电工程天然建筑材料勘察规程》（SL 251—2000），料场勘探的范围和深度应符合下列规定：

（1）勘探网（点）间距应符合表 2-4 的规定。

表 2-4　　　　　　　　　　　　勘探网（点）间距表　　　　　　　　　　单位：m

| 料场类型 | 勘　察　级　别 | | |
| --- | --- | --- | --- |
| | 普查 | 初查 | 详查 |
| Ⅰ | 近期开发或控制性工程每个料场实测 2～4 条剖面或 1～3 个勘探点 | 200～300 | 100～150 |
| Ⅱ | | 100～200 | 50～100 |
| Ⅲ | | <100 | <50 |

（2）勘探方法应按料场特性和勘探级别确定，采用钻探、坑槽探、洞探和物探等。控制性钻孔应揭穿有用层或开采底板线以下 3～5m。

（3）勘探点应描述地层、岩性、产状、无用夹层、断层、裂隙发育情况、风化程度、岩溶及充填物等，并记录地下水位、取样位置和编号、岩芯获得率等。

根据地形地质勘探勘查结果，将料场按地形地质条件分为三类：

Ⅰ类：地形完整，沟谷不发育，岩性单一，岩相稳定，断裂、岩溶不发育，风化层及剥离层较薄。

Ⅱ类：地形不完整，沟谷较发育，岩性岩相较稳定，没有或少有无用夹层，断裂、岩溶较发育，风化层及剥离层较厚。

Ⅲ类：地形不完整，沟谷发育，岩性岩相变化大，夹无用层，断裂、岩溶发育，风化层及剥离层厚。

地质勘探工作完成后，需提交地质勘探报告。勘探报告资料包括：有地形等高线与经纬度的综合平面图（比例尺 1/1000～1/5000）和 1/500～1/2000 的产地剖面图及料场勘测试验报告；选定料场的储量、质量及开采条件的报告及详查中遗留问题的补充报告；必要时应取得料场的爆破试验资料，以确定爆破参数、爆落石料的块度大小、级配、休止角或抗剪强度等；必要时应取得岩石的破碎试验资料，以了解岩石的可碎性、可磨性和磨蚀性以及破碎产品的粒形、组成和产量。

## 2.3.3　原料试验

对于选定料场的岩石必须完成相应的理化试验。料场岩石的取样应满足规定：①详查取样组数应按岩性、风化程度分别取样。同一岩性不少于 5 组、同一风化层取样数量不少于 3 组，初查时可适当减少；②取样应在钻孔岩芯中选取和坑槽、探洞壁凿取；③每组试验样品数量和规格，应满足试验要求；④人工骨料原料试验项目应符合表 2-5 的规定。

表 2-5　　　　　　　　　　　　　人工骨料原料试验项目表

| 序号 | 试　验　项　目 | 勘　察　级　别 | |
| --- | --- | --- | --- |
| | | 初查 | 详查 |
| 1 | 天然密度 | 所列项目全做 | 视需要而定 |
| 2 | 密度（干、湿） | | |
| 3 | 抗压强度（干、饱和） | | |
| 4 | 吸水率 | | |
| 5 | 岩石矿物化学成分 | | |
| 6 | 冻融损失率 | | |

| 序号 | 试 验 项 目 | 勘 察 级 别 | |
|---|---|---|---|
| | | 初查 | 详查 |
| 7 | 硫酸盐及硫化物含量（换算成 $SO_3$） | 所列项目全做 | 视需要而定 |
| 8 | 岩石碱活性试验 | 有碱活性成分时做 | |

重要的大型工程，必要时应做人工骨料轧制试验，试验项目应符合表 2-6 的规定。

表 2-6　　　　　　　　　人工骨料轧制试验项目表

| 材料类型 | 试 验 项 目 |
|---|---|
| 细骨料 | 颗粒分析、石粉含量、云母含量 |
| 粗骨料 | 颗粒分析、软弱颗粒含量、针片状颗粒含量、泥块（团）含量、碱活性成分含量 |

岩石的破碎和制砂试验，目的在于了解岩石的可碎性、可磨性和磨蚀性，制品的颗粒形状及其粒度分布，制品的有害成分（如云母）含量，破碎、制砂机械的处理能力及其所需的功率。岩石的可碎（磨）性主要取决于它的冲击强度，岩石对设备的磨蚀性则主要取决于它的石英含量。例如花岗岩的可碎性指数较玄武岩低，而其磨蚀性则较玄武岩强得多。

岩石的破碎和制砂试验，一般不用原型机。如国内有类似的生产经验，可类比参考；如无类似资料，可用小型设备进行试验测定。

（1）可碎性指数。国外一般采用冲击试验机测定，其方法是将 10 个粒径为 50～75mm 的试样，逐个用铁锤冲击，起初落差小一些，逐渐加大直至岩样破碎，测得破碎时的平均冲击功除以试样的粒径，即为其冲击强度，然后按经验公式换算成可碎性指数；亦可采用小型破碎机测定可碎性指数。常用岩石的可碎性指数见表 2-7。

表 2-7　　　　　　　　　常用岩石的可碎性指数表

| 岩石名称 | 试验次数 | $W_{ic}$ 范围 | $W_{ic}$ 平均 | 岩石名称 | 试验次数 | $W_{ic}$ 范围 | $W_{ic}$ 平均 |
|---|---|---|---|---|---|---|---|
| 玄武岩 | 15 | 9.9～34.8 | 20.2 | 砂岩 | 7 | 6.5～28.6 | 13.1 |
| 闪长岩 | 11 | 13.3～27.3 | 20.1 | 石英岩 | 11 | 6.8～22.1 | 12.8 |
| 暗色岩 | 95 | 4.9～55.5 | 19.0 | 白云岩 | 24 | 0.4～31.4 | 12.8 |
| 辉绿岩 | 7 | 16.7～21.2 | 18.6 | 石英砂岩 | 17 | 5.2～19.1 | 12.7 |
| 砾岩 | 11 | 6.9～26.8 | 16.7 | 片岩 | 6 | 4.1～23.5 | 12.5 |
| 片麻岩 | 7 | 8.0～23.7 | 15.9 | 石灰岩 | 176 | 3.3～27.6 | 11.1 |
| 花岗岩 | 63 | 6.7～38.0 | 15.7 | 页岩 | 7 | 5.8～19.0 | 10.6 |
| 铁燧岩 | 30 | 9.5～27.5 | 14.9 | | | | |

（2）可磨性指数。可磨性指数在小型棒磨机内试验测定。美国典型的试验棒磨机是 $\phi200mm \times 380mm$，用不锈钢制成。方法有连续和定量两种。连续法与实际生产条件类似，要用较多的试验料。定量法是把定量的碎石装入小型棒磨机磨碎，当制品粒径大体上符合要求时，测定其运转时间、功耗和处理量，然后按式（2-1）计算其可磨性指数 $W_i$。

$$W_i = 10 \times \frac{N_T \left( \frac{1}{\sqrt{P_T}} - \frac{1}{\sqrt{F_T}} \right)}{Q_T} \qquad (2-1)$$

式中　$W_i$——可磨性指数，kW·h/st（st 为短吨，1 短吨＝907.1848kg）；

　　　$N_T$——棒磨机功耗，kW·h；

　　　$Q_T$——处理能力，t/h；

　　$F_T$、$P_T$——给料粒径和制品粒径，μm；均以 80％过筛量的筛孔尺寸计算。

（3）平均磨蚀性指数 $A_i$。一般采用指数测定仪。装有标准钢叶轮的旋转鼓筒（叶轮转速为 632r/min，鼓筒转速为 70r/min），试样的粒径为 12～19mm，重 400g，放入鼓筒进行 60min 磨蚀试验，最后测定叶轮的磨损量，以 1/10000g 为单位表示，即 $A_i$。常用岩石平均磨蚀指数见表 2-8。

表 2-8　　　　　　　　　　　　　　常用岩石平均磨蚀指数表

| 序号 | 岩石名称 | 试验次数 | 平均磨蚀指数 $A_i$ | 序号 | 岩石名称 | 试验次数 | 平均磨蚀指数 $A_i$ |
|---|---|---|---|---|---|---|---|
| 1 | 暗色岩 | 20 | 0.3640 | 6 | 辉绿岩 | 12 | 0.2000 |
| 2 | 石英岩 | 3 | 0.7751 | 7 | 石灰岩 | 9 | 0.0320 |
| 3 | 铁燧岩 | 7 | 0.6237 | 8 | 页岩 | 5 | 0.0290 |
| 4 | 花岗岩 | 11 | 0.3880 | 9 | 白云岩 | 5 | 0.0160 |
| 5 | 片麻岩 | 13 | 0.3000 | | | | |

人工骨料采用石灰岩、花岗岩较多，其可碎（磨）性和粒形较好；玄武岩、辉绿岩等暗色岩石制品的针片状颗粒较多；砂岩的岩性变化大，一般需做破碎试验。

### 2.3.4　料场评价

人工骨料料场评价主要从储量、质量、剥采比、有用层厚度、开采运输条件、环境条件、边坡稳定性评价及设计加工厂的场地条件等几个方面进行综合分析评价。

（1）储量。料场的储量有勘探储量、可采储量，选定料场需要确定料场的可采储量和需要储量。

1）勘探储量。按《水利水电工程天然建筑材料勘察规程》（SL 251—2000）的规定，勘探储量为圈定范围内有用层的埋藏量，即已扣除无用层、有害夹层、风化层、上覆无用层以及边缘带厚度为 0.2～0.3m 的有用层储量。对于料层很薄、覆盖层很厚以及零星夹层和边角地带的料场，均不应计入勘探储量。

2）可采储量。指按料场开采条件和设备的技术性能可能采得的储量。根据地形图和现场查勘估算时，其可采储量可按式（2-2）计算：

$$V_P = P(eV_s - V_f)\gamma_n \qquad (2-2)$$

式中　$V_P$——可采储量，t；

　　　$V_s$——无用层在内的料场总体积，m³；

　　　$V_f$——无用层量，m³；

　　　$e$——计算误差，地形图比例尺为 1/1000～1/2000 时取 0.90～0.95；小于上述比例尺时为 0.80～0.85；

$\gamma_n$——天然密度，无实测资料时，岩石取 $2.5\sim2.7t/m^3$，砂砾料为 $1.9\sim2.0t/m^3$，纯砂取 $1.4\sim1.45t/m^3$；

$P$——可采率，采石场和陆上砂砾料场取 $0.75\sim0.85$，河滩和水下料场取 $0.6\sim0.7$。

根据用料保证安全度要求，在预可行性研究阶段，料场可采储量应不少于需要量的 3 倍；在初步设计阶段应不少于 2 倍。如果主料场的开采条件明显优越、质量好、可采储量为需要储量的 60% 以上，也可适当降低对可采储量的要求。

选定料场的可采储量除满足工程需要储量外，还应留有一定的裕度备用，包括勘探的可能误差和需用量的增加。在可行性研究阶段，选定料场的可采储量应不小于需要储量的 1.5 倍，初设阶段则不小于 1.25 倍。

3）需要储量。需要储量按式（2-3）计算：

$$V_n = V_d K_L \tag{2-3}$$

式中  $K_L$——开采损耗补偿系数，一般取 $1.02\sim1.05$；

$V_n$——需要储量，t；

$V_d$——砂石原料需要的总开采量，t。

（2）质量。人工骨料料场料源的质量情况是料场评价的重要参数。主要应考虑原料的物理力学性能、化学稳定性、有害物质的含量等指标。

（3）剥采比。剥采比是指剥离量与可采储量的比值，是判断一个料场是否具有开采价值的重要指标。剥采比越小就越经济；剥采比大，无用层相对含量就高，开采价值则相对较低。国内已完建或在建水电工程砂石料场的剥采比均较小，一般天然骨料料场剥采比常在 0.2 以下，人工骨料一般不超过 0.4。但是在东南亚由于植被较厚，有用料源埋藏较深，很难找到剥采比经济的料场，目前大多数大于 0.5。

（4）有用层厚度。有用层厚度也是评价砂石料场开采价值的重要指标。好的料场一般有用层厚度大、相对占地少、剥采比小，开采设备的作业效率高。人工骨料料场的有用层厚度一般应在 12m 以上。对于有用层厚度较小的料场，需要在经过全面的技术经济论证后，方可考虑是否开采利用。

（5）开采运输条件。在混凝土骨料的生产成本中，开采运输的费用通常占相当大的比重。由于加工费用差别不大，运输条件往往成为料场选择的一个极为重要的因素。

对于石料场内部运输来说，在运距很短的采装工作面，以采装和运输相结合较为有利。根据一般经验：运距在 50m 以内宜采用推土机；$50\sim150m$ 宜采用装载机；运距在 150m 以上，宜考虑装运方式。

当使用人工骨料时，工地附近大多可找到合适的石料场，骨料加工厂接近混凝土工厂，此时场内运输主要是在石料场作业面和粗碎车间之间进行，一般采用自卸车。由于石料场内道路差、坡度大、行车速度慢，故运费较高。近年来国内外使用了两项新工艺：一是间断＋连续运输工艺；二是溜井（槽）运输。所谓间断＋连续运输工艺，即在作业面用汽车或装载机直接将块石运至设在作业面附近的移动式或半移动式粗碎装置，粗碎以后的半成品则用胶带机运往加工厂。毛料的主要运输任务由运输能力大、运费便宜的带式输送机承担，可取得较好的技术经济效果。当规模大、料层厚、位置高、岩层坚固稳定，用装载机或与自卸车配合的溜井、溜槽、平洞运输，或在洞内设破碎机室，目前也被广泛应用。

对位于河心的水下天然料场，宜与水下开采设备配合采用水运。当河心料场与河滩连成一片或不具备水运条件时，可用带式输送机运输。陆上和河滩料场的内部运输，宜用自卸汽车和带式输送机。小型料场也可用窄轨机车运输。当用斗轮式、链斗式等连续开采设备时，则以配置带式输送机运输为宜。

（6）设置加工厂的场地条件。加工厂的场地条件对料场的选择也有重大影响。如果料场和主要砂石用户的距离很近，场地条件又允许，混凝土骨料加工和混凝土生产工厂宜设在一起，可共用堆料场等生产设施，减少成品料的中间转运环节。大中型工程的天然骨料场通常距用户较远，为了提高采运设备的效率，减少弃料运输，加工系统一般宜设在主料场。当主料场的骨料级配好，弃料少，辅助料场至骨料用户的距离又较主料场近，且在同一运输线上时，也可考虑将骨料生产系统设在辅助料场。人工骨料一般只设一个加工厂。天然骨料的加工厂一般也宜集中设置，经过比较论证，也可考虑分散设置。骨料加工厂，一般要占用较大的场地，基建工程量也较大；生产时的粉尘和噪声对环境有较大影响；工程结束后，场地恢复也较困难；而且有时场地还有防洪要求。因此，选择厂址时，除应考虑加工厂的技术经济效果外，还须考虑场地（包括石料场）的征用条件。

# 2.4　天然砂石料源选择

## 2.4.1　料场选择的主要原则

天然砂石料场按其产地位置的相对高低，可分为陆上料场、河滩料场和水下料场三类，通常多数为河滩料场和水下料场。

（1）陆上料场。陆上料场一般覆盖较厚，杂质含量较高，开采不受河水影响。

（2）河滩料场。大部分的天然砂石料场为河滩料场。地处河流上游的河滩料场，常因河道坡陡流急，粒径偏粗，含砂量偏低，料场储量少且分散。中、下游地区的河滩料场，粒径相对较小，常可找到集中料场。河滩料场上部在枯水期出露，洪水期淹没，一部分砂石经常位于河水位以下。表面覆盖层相对较薄。

（3）水下料场。系指常年处于河水面以下砂砾料场，有时与河滩料场连成一片。

（4）天然砂石料料场选择应遵循以下原则：

1）工程附近天然砂石料质量符合要求，储量丰富，剥采比较小，级配和开采运输条件较好时，应优先作为比较料源。

2）位于坝址上游的料场，应研究围堰或坝体挡水前先行开采的可行性和经济性。

3）位于坝址下游附近的料场，应考虑施工期由于河道水流条件发生改变，造成料场储量、砂石料级配和开采运输条件变化的情况。

4）对有航运要求的河段，应考虑砂石料开采对通航可能造成的不利影响。

天然砂砾石料场条件复杂，除储量、质量、开采运输条件满足要求外，还需注意工程导截流、大坝下闸蓄水发电对料场水位、流速的影响。流域梯级开发工程，上下游水电站蓄水同样可对这些料场产生同样的影响，因水位频繁变化可能造成这些料场发生漂移、河道改向等情况，有时可能导致原来陆上开采料场变成水下开采料场，其料场储量、质量及开采运输条件发生巨大变化，导致重新进行开采规划，这些因素在料源比选时应考虑。

### 2.4.2 料源的勘探和试验

对天然砂砾石料产地，应进行勘探和取样试验。

（1）料场按地形地质条件分为三类：

Ⅰ类：面积广，有用层厚而稳定，表面剥离层零星分布。

Ⅱ类：呈带状分布，有用层厚度变化不大，有剥离层。

Ⅲ类：面积小，有用层厚度小，岩性变化较大，有剥离层。

（2）料场勘探应符合下列规定。

1）勘探网（点）间距见表2-9。

表2-9　　　　　　　　　　　　　勘探网（点）间距表　　　　　　　　　　单位：m

| 料场类型 | 勘察级别 | | |
|---|---|---|---|
| | 普查 | 初查 | 详查 |
| Ⅰ | 近期开发或控制性工程，每个料场布置1～3个勘探点和1～3条物探测线 | 200～400 | 100～200 |
| Ⅱ | | 100～200 | 50～100 |
| Ⅲ | | ＜100 | ＜50 |

2）勘探方法应按料场特性和勘察级别确定。水上部分，可采用物探、坑探、钻探、井探等；水下部分，可以钻探、物探为主，必要时可布置少量沉井式井探。

3）各勘探点应揭穿有用层或基岩顶板，若有用层过厚，其勘探深度应超过最大开采深度。

4）勘探点应描述地层名称、厚度，颗粒级配及砂砾石、卵石和泥团（黏粉团）的含量，夹层或透镜体特征，并记录勘探时地下水位与相应时间的河水位、取样地点、深度和编号。

（3）取样试验应符合下列规定。

1）各勘探点必须按水上、水下分层取样做简分析。取样间距可按单层厚度1～3m取一组；如岩相稳定或变化较大，取样间距可适当增减；大于0.5m的夹层应取样。

2）全分析应取代表性样品，取样最少组数应符合表2-10的规定。单层取样初查不少于2组，详查不少于3组。

表2-10　　　　　　　　　　　　全分析取样最少组数表

| 料场储量/万m³ | 勘察级别 | |
|---|---|---|
| | 初查 | 详查 |
| ＜50 | 4 | 6 |
| 50～200 | 6 | 9 |
| ＞200 | 8 | 12 |

3）水上部分应以试坑取样为主，可用刻槽、吊桶抽取、全坑等方法；水下部分应以

钻孔取样为主，可适当布置少量沉井取样。刻槽断面宜 30cm×40cm，其最小宽度和深度应大于最大粒径长轴的 2 倍，大卵石就地测量，不予刻取。取样钻孔孔径应在 168mm 以上。

4）样品数量应根据试验需要和颗粒组成而定。对超量样品，应以四分法缩取。现场试验样品，全分析不应少于 1000kg，简分析不得少于 300kg。

（4）分析试验项目。简分析试验项目有：颗粒分析、含泥量、轻物质含量，砾石料应为颗粒分析、针片状颗粒含量、软弱颗粒、活性骨料、泥块（团）、轻物质含量等。若经岩相法鉴定砾石料中有含碱活性成分的岩石时，应取样进行碱活性骨料的危害性鉴定。全分析试验项目应符合表 2-11 的规定。

表 2-11 混凝土砂、砾料试验项目表

| 序号 | 试 验 项 目 | | 勘 察 级 别 | | | | | |
|---|---|---|---|---|---|---|---|---|
| | | | 普查 | | 初查 | | 详查 | |
| | | | 砂 | 砾石 | 砂 | 砾石 | 砂 | 砾石 |
| 1 | 颗粒分析 | | ※ | ※ | ※ | ※ | ※ | ※ |
| 2 | 密度 | 天然 | — | | △ | | △ | |
| | | 堆积 | — | — | △ | △ | △ | △ |
| | | 砾石（混合、分级）紧密 | — | — | — | △ | — | △ |
| | | 表观 | — | — | △ | △ | △ | △ |
| 3 | 吸水率 | | — | — | △ | △ | △ | △ |
| 4 | 含泥量 | | — | — | ※ | △ | ※ | △ |
| 5 | 岩石（矿物）成分含量 | | — | — | △ | △ | △ | △ |
| 6 | 针片状颗粒含量 | | — | — | — | ※ | — | ※ |
| 7 | 云母含量 | | — | — | △ | — | △ | — |
| 8 | 软弱颗粒含量 | | — | — | — | ※ | — | ※ |
| 9 | 活性骨料含量 | | — | — | ※ | ※ | ※ | ※ |
| 10 | 有机质含量 | | — | — | △ | △ | △ | △ |
| 11 | 硫酸盐及硫化物含量（折算成 $SO_3$） | | — | — | △ | — | △ | — |
| 12 | 冻融损失率 | | — | — | — | △ | — | △ |
| 13 | 轻物质含量 | | — | — | ※ | ※ | ※ | ※ |
| 14 | 泥块（团）含量 | | — | — | △ | ※ | △ | ※ |

注 ※为全分析、简分析均应做的试验项目；△为全分析应做的试验项目。

### 2.4.3 料源评价

（1）原料的质量。满足水工混凝土施工技术的要求，一般避免采用含有碱活性的原料。原料的某些质量指标不符合标准，但经适当的加工处理，可改善其性质满足要求者，必须有试验资料和技术经济论证才可使用。

（2）原料的级配。混凝土的砂石级配关系到混凝土的性能与水泥用量，一般应通过试验确定。天然骨料则因料场形成条件不同，其物理力学性能、表面状态、粒度组成，往往差别很大。采用最优级配固然可以得到性能良好的混凝土，最大限度地节约水泥用量，但常因级配不平衡而引起大量弃料。在这种情况下，可通过调整混凝土的配合比，辅以必要的改善级配措施来减少弃料，使所生产的混凝土单价较低，这种级配称为最佳经济级配。在混凝土级配试验时，要考虑天然级配的实际情况，尽量把两者统一起来，取得最大的综合技术经济效果。

为了减少弃料和节约水泥用量，近年来更多地采取工艺措施，即用破碎和制砂来调整级配，尤其是在天然骨料偏粗的情况下，调整级配是比较容易实现的。只要工艺设计合理，采用闭路循环，可按最优条件进行生产，不受料场组合和级配平衡的制约，基本上可做到无弃料。在级配偏细的情况下，也可补充碎石来调整级配，但要单独补充碎石料源。因此，一个工程实际采用的混凝土最佳级配，要在大量试验的基础上，结合料场的实际情况，通过对调整配合比、改善级配、弃料等措施以及不同水泥用量对温控的影响等的分析研究，进行全面综合的比较后确定。

砂的粒度曲线以和缓为好。过粗或过细的砂，或其中某一粒径级缺失的砂，不但对混凝土的性能有不利影响，也会使水泥用量增加。在这种情况下，也可采取粒度调整的措施，如用棒磨机、立式冲击破、细腔圆锥破等，产品粒度均匀、稳定、曲线和缓、级配良好，无论粗砂改细，还是生产补充粗砂，都可收到良好效果。天然料制砂制粉技术也趋成熟，给天然料源的选择提供了更广的范围。

（3）初步选出若干个质量和储量满足要求的砂石料源后，经进一步比选，选定综合费用与混凝土综合性能性价比最优的料场。

（4）不同岩性和不同级配的组合料场的选定不宜多于2个。

（5）当选择天然砂石料场组合方案时，应确定料场的开采顺序和开采比例。若各料场天然级配差异较大，应选定经级配平衡使总弃料量最少、成品砂石料综合费用最低的料场。

在天然砂石料场缺少中石以上砾石，且含砂率大于50％以上，砂的质量较好，或天然砂石料场储量不能满足需要量时，采用天然、人工料场组合方案能获得较好的技术经济性。

天然料和人工料混合使用时需要进行混凝土性能试验，论证其可行性。

# 3 人工骨料料场规划与开采

## 3.1 料场规划

人工骨料料场根据料源的来源分为开采料场和回采料场。料场规划主要是确定和选择需要量、规划储量。开采范围（回采料场需要规划临时堆场）、开采范围等。

### 3.1.1 需要量

原料需要量与混凝土工程量、料源的性质及加工运输条件等因素有关，应在料场规划或回采料临时堆场规划前计算确定，需要量可用式（3-1）计算：

$$Q_d = Q_{mc} A \left( \frac{1-r}{\eta_1} + \frac{r}{\eta_2} \right) \tag{3-1}$$

式中　　$Q_d$——砂石原料需要量，t；

$Q_{mc}$——工程混凝土总量，$m^3$；

$A$——混凝土骨料用量，无试验资料时，一般可取 2.15～2.2t/$m^3$；

$r$——平均砂率，一般大体积混凝土为 0.25～0.3，薄壁和地下工程时为 0.3～0.35；

$\eta_1$——原料加工成粗骨料的成品率，根据原料和加工工艺确定，一般取 0.85～0.95；

$\eta_2$——原料加工成细骨料的成品率，根据原料和加工工艺确定，一般取 0.6～0.75。

### 3.1.2 规划储量

规划储量应在骨料原料需要开采量的基础上考虑 1.1～1.3 的储备系数。料场地质情况良好，岩性单一，夹层较少，勘探精度较高，取小值，反之取大值。在计算规划储量时，应尽量考虑利用回采料，回采料利用率应根据工程具体情况确定。

### 3.1.3 开采范围

料场的开采范围主要与砂石原料的开采量、料场的地形、地质条件、周围建筑物的情况、周围自然环境条件、水文气象条件等有关。确定料场的开采范围，其目的在于研究料场的开采方法，确定开采运输方式、道路布置、弃渣场地、加工厂及其他附属设施的布置，以及标定征地范围。开采范围的确定应遵循下列原则：

（1）开采范围内的总开采储量，应根据不同的勘探精度和需要储量来确定，并考虑一定的备用量。

（2）在开采范围内，原则上不得布置其他生产辅助建筑物。但备用范围内的场地，必要时允许设置临时性建筑物。

（3）开采范围与国家的公路、铁路、工厂、居民区及重要建筑物之间应保持必要的安全距离。

（4）料场必须具有安全稳定的最终边坡，并满足环境保护要求。

## 3.2 料场开采

### 3.2.1 运输方式

料场开采运输方式有多种，水电工程中常见的有公路运输开采方式、溜井运输开采方式及两者联合运输开采方式。其他还有轨道运输方式和索道运输方式等，在矿山开采中应用较多，水电工程中不常用，其原因是建设周期长、投资成本大，优点是使用年限长，运行成本低。

（1）公路运输开采方式。公路运输是把料场开采出的毛料石运往混凝土骨料生产系统的最可靠的运输方式，优点是道路布置较为灵活、受地形限制较小，料场开拓较为容易。不但能解决有用料的运输，同时也能解决覆盖剥离和弃料的运输问题。缺点是山高坡陡时长距离的车辆重载下坡安全性较差。

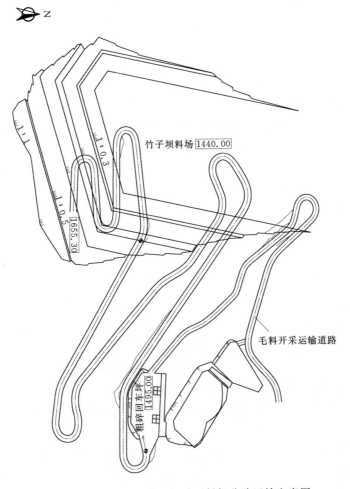

图 3-1 官地水电站竹子坝砂石料场公路运输方案图

公路运输方式适用于地形坡度较缓（地形坡度不大于 25°），上下高差不大（一般不超过 200m），易于修建公路的料场。公路运输方式是料场开拓运输方式的首选，当公路布置困难时再考虑采用其他方式。采用公路运输方式的料场有五强溪水电站右岸骨料生产系统料场、三峡水利枢纽工程下岸溪骨料生产系统料场、向家坝水电站马延坡砂石料场、官地水电站竹子坝砂石料场。官地水电站竹子坝砂石料场公路运输方案见图 3-1。

（2）竖井运输开采方式。竖井运输开采方式是从矿山开采方式中借鉴过来的，水电站建设中多采用竖井解决毛料或半成品料的垂直运输。竖井运输多适用于地形高陡、难以修建公路的高山料场。

布置在料场内的竖井直径相对较大，一般为 4～8m，用作半成品储运时直径一般在 3m 左右。料场内布置竖井时一般为两个，当其中一个竖井在降段或发生故障时其他竖井可以正常生产，保证生产的连续性。竖井顶部和底部需要设置相应的安全设施，井壁采取适当的防护（如锚喷支护或素混凝土衬砌），并要防雨和防水，防止井壁坍塌和堵料或跑矿。

竖井运输方案在水电站建设中有较多应用实例，如小湾水电站孔雀沟料场和沙牌水电站料场等。竖井应用实例见表 3-1，小湾水电站孔雀沟料场竖井布置方案见图 3-2 和图 3-3。

表 3-1　　　　　　　　　　　竖井应用实例表

| 项目名称 | 竖井个数 | 竖井直径/m | 竖井深度/m | 备注 |
|---|---|---|---|---|
| 小湾孔雀沟料场 | 2 | 6 | 180 | 双竖井并列布置，运输毛料 |
| 沙牌砂石料场 | 2 | 6 | 60 | |

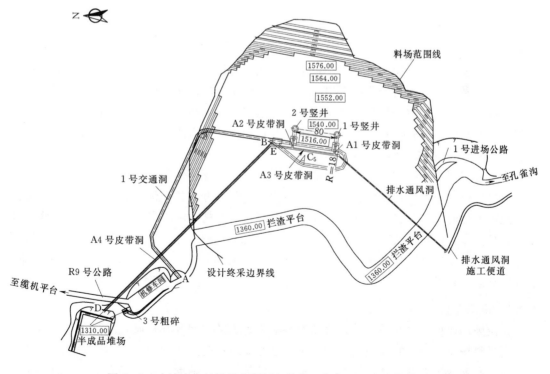

图 3-2　小湾水电站孔雀沟料场竖井布置方案图（1）（单位：m）

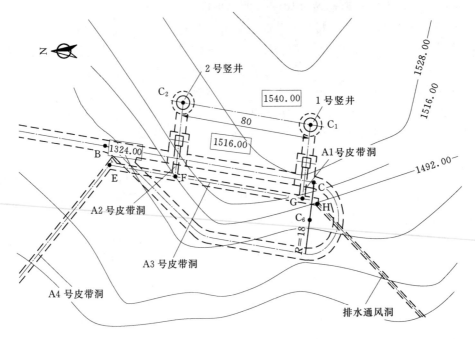

图 3-3　小湾水电站孔雀沟料场竖井布置方案图（2）（单位：m）

（3）联合运输开采方式。联合运输方式即采用两种或两种以上运输方案的开采方式，其中以公路和竖井联合方式为多见。如金安桥水电站五郎沟砂石料场，龙开口水电站燕子崖砂石料场。以上料场均为料场内毛料采用公路汽车运输，毛料经破碎后的半成品通过竖井输送到下部的加工系统进行进一步的破碎加工。

竖井、公路联合运输方式适用于顶部地形较为平坦，最终开采高程大大高于加工系统所在高程的料场。因为料场顶部平坦，适于布置汽车运输道路。料场与加工系统存在较大高差，但地形陡峻，料场与系统之间难以布置道路或者道路不能达到重载车辆安全稳定的运行时，可将粗级破碎车间设在料场附近，经过初级破碎后的半成品石料再经一个或多个（级）竖井下降至加工系统。

采取竖井还是公路运输方式，影响最大的因素是地形条件和地质状况，选择采用何种方式时要经过充分的可行性分析和技术经济比较。两种方式各有优缺点。公路运输的优势在于地形平缓时布置较容易，建设周期短，运行可靠性高，缺点是地形陡峭时道路施工难度大，且重车长距离下坡安全隐患大。竖井运输的优点在于总投资比公路运输节省，缺点是竖井建设周期较长，且井深越大穿过的地质层面越多，地质情况越复杂，成井越困难，竖井安全运行越难以保证。

### 3.2.2　道路布置

无论采用何种运输开采方式，道路都是必不可少的，因为开采设备需要有进出场的通道，同时料场无用渣料的覆盖剥离和揭顶也是需要通过公路运输。

道路布置设计需要考虑运输车辆的最大载重量和运输强度，在保证安全行车的要求下确定道路的各项技术参数，即路面宽度、最大纵坡和最小转弯半径等。道路设计标准一般采用厂矿三级道路标准或以上标准进行设计。道路主要技术指标见表 3-2。

表 3-2 道路主要技术指标表

| 道路等级 | 一级 | | 二级 | | 三级 | | 四级 | | 辅助道路 |
|---|---|---|---|---|---|---|---|---|---|
| 地形 | 平原微丘 | 山岭重丘 | 平原微丘 | 山岭重丘 | 平原微丘 | 山岭重丘 | 平原微丘 | 山岭重丘 | |
| 计算行车速度 /(km/h) | 100 | 60 | 80 | 40 | 60 | 30 | 40 | 20 | 15 |
| 路面宽度/m | 2×7.5 | 2×7 | 9 | 7 | 7 | 6 | 3.5 | | 3.5 |
| 极限最小圆曲线半径/m | 400 | 125 | 250 | 60 | 125 | 30 | 60 | 15 | 15 |
| 一般最小圆曲线半径/m | 700 | 200 | 400 | 100 | 200 | 65 | 100 | 30 | — |
| 停车视距/m | 160 | 75 | 110 | 40 | 75 | 30 | 40 | 20 | 15 |
| 会车视距/m | — | — | 220 | 80 | 150 | 60 | 80 | 40 | — |
| 最大纵坡/% | 4 | 6 | 5 | 7 | 6 | 8 | 6 | 9 | 9 |

道路线路设计应根据料场地形条件、地质条件、开采规划、开采推进方向、开采台阶（阶段）标高以及卸料站和弃渣场位置，并密切配合开采工艺，全面考虑山坡开采或深部开采要求，合理布设路线。当地形地质条件复杂时，采用纸上定线后，应到现场核实、校正。在料场规划范围内时，宜采用挖方路基。

### 3.2.3 开采

合理组织采石场施工，先剥离无用层，后开采有用岩石的开采程序，严格区分弱风化和强风化界限，将强风化料作为弃料，达到减少软弱颗粒含量和含泥量的目的。

（1）工作制度。料场开采的工作制度，可根据工程所在区域的水文、气象和施工条件具体研究确定。为了便于运行管理，应与骨料生产系统的工作制度一致，骨料生产系统考虑两班制生产，每天按 14h，每月 350h。

（2）开采能力与骨料生产系统规模相匹配。

（3）覆盖层剥离。

1）厚层覆盖层剥离。厚层覆盖层剥离，可采用水平分区开采法或沿自然坡面角用推土机集运至装车平台。对于黏性土壤，雨季轮式装运机械工作有困难时，可采取：雨季停止剥离工作、用履带式装载机装车且运距不超过100m 铺设预制板路面等措施。

2）薄层覆盖土剥离。岩石表面呈犬齿状的采石场表土，小型采石场宜用人工剥离。表层有风化岩石时，可用浅孔爆破，与表土一起剥离；大、中型采石场则多用推土机推运至采石平台装车。推土机作业与开采作业间应保持一定的安全距离。剥离与开采作业分区交叉，以免相互干扰。作业面的长度则按剥离、开采分别计算。

（4）毛料开采。

1）梯段高度。竖直分层开采法，梯段的合理高度受多方面因素影响，如岩石性质、埋藏条件、钻爆方法、钻孔设备性能、采装设备类型与规格、采石场内部的运输方式、距高峰开采能力的准备时间等，对采石场而言，最主要的是保证有好的爆破效果和采装设备的安全工作。开挖梯段的高度一般为 10～15m。

2）工作梯段坡面角。工作梯段坡面角的大小，与岩土性质、爆破方法、采掘推进方向、岩石层理和岩层倾角等因素有关。在层理比较发育的陡倾斜采石场中（倾角大于 45°），采用从上盘向下盘（顺坡）方向推进时，工作梯段坡面角往往与岩层的倾角一致。当采掘推进方向由下盘向上盘推进并采用斜孔爆破时，其梯段坡面角基本与钻孔倾斜角相一致。

当岩石较软，节理裂隙又较发育，为了保持爆破后工作面原岩的基本稳定，工作梯段坡面角应取小些。采用高梯段的采石场，其梯段坡面角随着梯段高度的增高而减小。工作梯段的坡面角参考见表 3-3，设计中可根据各种影响梯段参考坡面角的因素参照选取。

表 3-3 工作梯段的坡面角参考表

| 岩　石　特　征 | 参考坡面角/(°) |
|---|---|
| $f$=6～8 以上的硬岩及中硬岩，包括大部分灰岩及泥灰岩，部分砂岩，未风化的火成岩 | 65～75 |
| $f$=3～6 的软质岩，包括大部分砂岩及粉质岩，页岩，受构造破坏后风化的石灰岩及火成岩 | 55～65 |
| $f$<3 的砂质及黏土质岩石，严重破碎风化的硬岩及中硬岩 | 45～55 |

注　$f$ 为普氏硬度。

## 3.3 爆破作业

（1）钻爆作业的一般要求。人工骨料料场的钻爆作业是一项技术要求高，成本消耗大，对人工砂石料生产起制约作用的重要工作。人工骨料料场的钻爆作业与一般开挖工程的钻爆作业的主要区别在于对爆岩块石的粒径控制。

在人工骨料料场的钻爆作业中，爆岩块石的粒径控制尤其关键。块石粒径小，超径块少，装挖运输效率高，破碎加工容易，二次解炮费用少，但钻爆作业的成本高。块石粒径大，超径块多，虽然钻爆作业费少，但二次解炮费用高，装挖运输效率低，破碎加工也困难。

人工骨料料场一般采用最大块石粒径的指标来控制其钻爆作业的设计。最大块石粒径，就是可以允许直接进入破碎加工工序的块石的最大边尺寸，它一般受挖掘设备的斗容，粗碎机的进料口尺寸制约，其计算方法如下。

1）按铲斗的容积按式（3-2）计算：

$$L_{max} = K \sqrt[3]{E} \qquad (3-2)$$

式中　$L_{max}$——块石最大粒径，m；

$E$——铲斗斗容，m³；

$K$——系数，对采矿型挖掘机取 0.7，对建筑型挖掘机取 0.5。

2）按粗碎机进料口尺寸计算。为保证粗碎机正常工作，其最大边尺寸应小于粗碎机

进料口的 $85\%$。常用粗碎破碎机允许最大进料粒径见表 3－4。

表 3－4　　　　　　　　　　常用粗碎破碎机允许最大进料粒径表

| 破碎机型号 | | 允许最大进料粒径/mm |
| --- | --- | --- |
| 颚式破碎机 | C100 | 600 |
| | C110 | 680 |
| | C125 | 760 |
| | C140 | 850 |
| 旋回式破碎机 | PX900/130 | 750 |
| | PX1200/150 | 1000 |
| | MKII 42－65 | 1000 |
| 反击式破碎机 | NP1313 | 900 |
| | NP1415 | 1000 |
| | NP1620 | 1300 |

（2）爆破器材的选择。

1）常用爆破器材的种类。常用爆破器材按其作用特点和作用范围分为起爆药、猛性炸药和发射药三类，工程爆破中主要使用起爆药和猛性炸药两类爆破器材。

爆破工程中的任何药包，都必须借助于起爆器材，并按照一定的起爆过程来提供足够的起爆能量，才能根据工程需要的先后顺序，准确而可靠地爆破。

不同的起爆方法，采用不同的起爆器材，而起爆方法的发展又与爆破技术的进步密切相关。例如，我国冶金矿山，20 世纪 50 年代初，大都采用火雷管起爆法和导爆索起爆法，主要器材是火雷管、导火索和导爆索等；60 年代，随着大爆破、地下深孔爆破、露天台阶深孔爆破、光面爆破、微差爆破和预裂爆破等技术的发展，普遍推广电起爆法，各种类型的电雷管相继出现；70 年代末、80 年代初，随着新型起爆器材导爆管的出现，非电导爆管起爆系统在全国各大矿山得到推广使用，并相继研制成功了一些相应的器材。目前非电导爆管起爆系统在冶金矿山占据主导地位。

雷管是起爆器材中最重要的一种，根据其内部装药结构的不同，分为有起爆药雷管和无起爆药雷管两大系列。两大系列中，根据点火方式的不同，有火雷管、电雷管和非电雷管等品种；在电雷管和非电雷管中，都有秒延期、毫秒延期系列产品；毫秒雷管已向高精度、短间隔系列产品发展。国家爆破器材主管部门已淘汰了火雷管和普通电雷管，常用的主要有磁电雷管和非电雷管。

导火索是点燃火雷管的配套材料，它能以较稳定的速度连续传递火焰，引爆火雷管。导火索以粉状或粒状黑火药为芯药，直径为 2.2mm 左右。导火索的喷火强度和燃速，是保证火雷管起爆可靠、准确和安全的主要条件。国产普通导火索的燃速为 $100\sim125\mathrm{m/s}$，它是一项重要的质量标准。燃速发生变化的导火索不得使用。导火索在燃烧过程中，不得有断火、透火、外壳燃烧或爆燃等现象发生。每盘导火索长度一般为 250m。

导爆索的作用主要是传递爆轰，引爆炸药，其爆速为 $6500\sim7000\mathrm{m/s}$。导爆索本身不易燃烧，相对地讲是不敏感的，需用工业雷管才能引爆。其引爆其他炸药的能力，在一定程度上决定于芯药和每米导爆索的药量。导爆索按包缠物的不同可分为线缠导爆索、塑料皮导爆索和铅皮导爆索；按用途分有普通导爆索、震源导爆索、煤矿导爆索和油田导爆索；按能量分有高能导爆索和低能导爆索。普通导爆索是目前产量最大、应用范围广的一个品种。

导爆管是一种新型传爆器材，具有安全可靠、轻便、经济、不受杂散电流干扰和便于操作等优点。它与击发元件、起爆元件和连接元件等组合成起爆系统。因为，起爆不用电能，故称为非电起爆系统。目前，在我国冶金矿山应用广泛。导爆管是用高压聚乙烯熔挤拉出的空心管子，外径为 2.95mm±0.15mm，内径为 1.4mm±0.1mm，管的内壁涂有一层很薄且均匀的高能炸药，药量为 16～20mg/m。

2）炸药的选择。常用的猛性炸药主要有 TNT、乳化炸药、浆状炸药、铵油炸药和铵锑炸药等。

硝酸铵类炸药：硝酸铵本身是一种爆炸材料，在适当条件下可以产生爆炸。硝酸铵本身感度低、具有较强的吸湿性和结块性，其常作为氧化剂与燃烧剂及其他成分组成混合猛性炸药。这类炸药通称硝铵类炸药。硝铵类炸药可分为铵油炸药、铵梯炸药、露天铵梯炸药、铵松蜡炸药、含水炸药等系列。

含水炸药：为了克服硝铵类炸药密度小和易结块的缺点，将水添加到这类炸药混合物中，使体系胶凝，制成密度较高的浆状炸药。这种炸药在有水条件下爆破能获得成功。在浆状炸药的启示下，又陆续研究成功了水胶炸药、乳化炸药、重铵油炸药等含水炸药，从根本上解决了炸药的防水问题。

专用炸药：在一般工业炸药很难完成或在特定的环境和条件下完成爆破时采用，如光爆炸药、煤矿许用炸药等。

（3）梯段爆破。梯段爆破（也称台阶爆破）通常是在一个事先修好的台阶上进行，每个台阶有水平和倾斜两个自由面，爆破作业是在水平面上进行。由于其作业空间不受限制，可以采用大型穿孔、采装和运输设备，其爆破效率较高，是目前工程爆破的主要方法之一。台阶爆破按孔径、孔深的不同，分为深孔台阶爆破和浅孔台阶爆破。通常将钻孔直径大于 50mm、钻孔深度大于 5m 的称为深孔，反之，则称为浅孔。

1）台阶爆破的参数确定。露天深孔爆破参数包括：孔径、孔深、超深、底盘抵抗线、孔距、排距、堵塞长度和单位炸药消耗量等。

①孔径。露天深孔爆破的孔径主要取决于钻机类型、台阶高度和岩石性质。人工骨料料场常用的深孔直径有 76～80mm、100mm、150mm、170mm 等几种。

②孔深和超深。孔深由台阶高度和超深确定。目前，我国深孔爆破的台阶高度为10～15m。超深是指钻孔超出台阶底盘标高的那一段孔深，其作用是降低装药中心的位置，以便有效克服台阶底部阻力，避免或减少留根底，以形成平整的底部平盘。我国的矿山超深值一般为 0.5～3.6m，后排孔的超深值一般比前排小 0.5m。

③底盘抵抗线。底盘抵抗线与炮孔直径、炸药威力、岩石可爆性、台阶高度和坡面角等因素有关，一般情况下，底盘抵抗线 $W_d$ 是台阶高度 $H$ 的 0.6～0.9 倍。

④孔距和排距。相邻炮孔之间的距离称为孔距，相邻两排炮孔之间的距离称为排距。

确定孔距和排距，通常是以每个炮孔允许装入的炸药量为依据，再每个炮孔所负担的爆破体积，最后得出排距，孔距用式（3-3）计算：

$$a=\frac{(0.5\sim0.6)q'L}{qHW_d} \qquad (3-3)$$

式中　$a$——炮孔间距，m；

　　　$L$——炮孔深度，m；

　　　$H$——台阶高度，m；

　　　$W_d$——底盘抵抗线，m；

　　　$q$——单位体积炸药消耗量，kg/m³；

　　　$q'$——每米炮孔装药量，kg/m。

在多排孔微差爆破中，一般炮孔排距为底盘抵抗线的0.9~0.95倍。

⑤堵塞长度。炮孔堵塞长度是指装药后炮孔的剩余部分作为填塞物充填的长度。合理的堵塞长度对改善爆破效果和提高炸药利用率具有重要作用。一般情况下，堵塞长度为钻孔孔径的20~30倍，或为抵抗线的0.7~1.0倍。

⑥每孔装药量。每孔装药量是以炮孔爆破一定体积岩石所需的炸药量计算确定的，即：

$$Q=qW_daH \qquad (3-4)$$

式中　$q$——单位体积炸药消耗量，kg/m³；

　　　$a$——炮孔间距，m；

　　　$H$——台阶高度，m；

　　　$W_d$——底盘抵抗线，m。

多排孔爆破时，第一排炮孔装药量计算见式（3-4）。从第二排起，其装药量应适当加大：

$$Q=KqabH \qquad (3-5)$$

式中　$K$——岩石夹制系数，微差爆破时取1.1~1.3；齐发爆破时取1.2~1.5；

　　　$b$——炮孔排距，m；

　　　其余符号意义同前。

单位体积炸药消耗量 $q$ 与岩石的可爆性、炸药特性、自由面条件、起爆方式和块度要求有关，可按表3-5取值。

表3-5　　　　　　　　　　深孔台阶爆破单位炸药消耗量 $q$ 值

| 岩石坚固性系数 $f$ | 1~3 | 3~6 | 6~8 | 8~10 | 10~12 | 12~16 | 16~20 |
|---|---|---|---|---|---|---|---|
| $q/(\text{kg/m}^3)$ | 0.15~0.20 | 0.25~0.30 | 0.35~0.40 | 0.40~0.45 | 0.45~0.50 | 0.50~0.55 | 0.55~0.60 |

2）装药结构和起爆顺序。装药结构是指炸药在装填时的状态。在露天深孔爆破中，分为连续装药结构、分段装药结构、孔底间隔装药结构和混合装药结构等。

起爆顺序变化可以改变炮孔爆破方向，增大孔距，相应减小起爆抵抗线或排距，增大炮孔密集系数，创造新的自由面，增加爆破后岩石碎块之间的挤压、碰撞几率，实现再次破碎，以改善爆破效果，降低爆破地震效应。同时，可减小毛料大块率，增加经济效益。

深孔台阶爆破微差起爆顺序有多种形式，常见的有矩形布孔排间微差起爆、矩形布孔对角微差起爆、矩形布孔 V 形微差起爆、矩形布孔横向掏槽起爆、三角形布孔排间微差起爆、三角形布孔对角微差起爆和三角形布孔 V 形微差起爆等。

（4）预裂爆破和光面爆破。预裂爆破是在主爆区爆破之前，沿开挖边界钻一排密集炮孔，装入小直径药卷，爆破后形成贯穿裂缝。主爆区爆破时预裂缝能在一定范围内减小主爆孔的爆破地震效应，控制其对保留岩体的破坏影响，使之获得平整的开挖壁面。

爆破参数的确定。预裂爆破的主要参数是不耦合系数、炸药品种、线装药密度以及孔径和孔间距等。影响爆破参数选择的主要因素是岩石的物理力学性质和地质构造。

1）炮眼直径。一般应根据工程性质及其对爆破质量的要求和设备等条件进行选择。小直径钻孔对周围岩石破坏范围小，预裂面形状容易控制，易于取得较好的效果，在采石场一般取 60～120mm 孔径。

2）孔距。孔距越小则预裂带壁面光滑平整效果越好。孔距一般采用孔径的 8～12 倍，最高可为 17 倍。

3）预裂孔与缓冲孔的排距。预裂孔与缓冲孔的排距一般取孔距的 1.2～1.5 倍。

4）孔深和超深。正常情况下，预裂爆破形成的预裂面比孔底要超深 0.5～1.0m。如果此超深对基岩的破坏为工程所不允许，则应适当提高孔底高程，或者孔底高程不变，在孔底 0.5～1.0m 处不装炸药，用柔性材料作垫层，或者充填岩粉。

5）不耦合系数。采用不耦合装药结构主要是降低炸药爆炸的初始压力，使孔壁周围的岩石不受破坏。不耦合系数将随岩石极限抗压强度的增加而下降，一般取 2～4。

6）装药结构和堵塞。人工石料场的边坡控制爆破中，预裂孔一般采用间隔装药结构形式，间隔控制在 10～30cm 范围内；孔口堵塞长度通常取炮孔直径的 12～20 倍。

（5）超径石的处理。

1）浅孔爆破。超径大块石常用的处理方法是浅孔爆破，一般按 $2m^3/m$ 布孔，孔径 32～50mm，爆破单耗在 $0.06kg/m^3$ 之内。此方法简单、快捷，易于操作。

2）充水爆破法。充水爆破也是和浅孔爆破一样需在大块石上钻炮孔，经过防水处理的炸药和长约 200～300mm 的一段导爆索放入灌水的炮孔中。由于在水中爆炸的冲击波压力约为空气中的 200 倍。因此，炸药能量的利用率高，药耗低，碎石的飞散少，不影响 20～40m 以外的其他工作。

3）破石锤。近年来，国内外已广泛采用风动和液压破石锤处理超径大块石，并取得良好效果如三峡水电站、小浪底水电站工程。液压与风动相比，具有轻巧、冲击功大、低噪声（不超过 80～84dB）、少污染、安全等优点。

随着液压挖掘机的迅速发展，液压破石锤将具有更大的发展前途。液压破石锤可安装在液压反铲挖掘机的斗臂上，在料场各个梯段的作业面巡回破碎超径大石，清理作业面，以保证挖掘连续作业；也可装在特制的臂架上，布置在粗碎车间的受料仓附近，处理来料中的超径石。根据国外资料，用破石锤破碎 1.5～2.0m³ 的大块石，费用约为钻爆的

20%~60%。

(6) 爆破安全技术。

1) 爆破个别飞散物控制。爆破个别飞散物（旧称爆破飞石）是指爆破时个别或少量脱离爆堆飞得较远的碎石块。爆破飞石往往会造成人员、设施的伤亡或损坏。造成飞石的原因主要是选择爆破参数不合理、单耗过大、过量装药、抵抗线过小、起爆顺序不合理、岩体有薄弱面、填塞长度不够、填塞质量不好等。控制爆破产生飞散物的主要措施有：

爆破设计合理，药室、炮孔位置测量验收严格，是控制飞散物事故的基础；装药前应认真校核各药包的最小抵抗线，如有变化，必须修正装药量，不准超装药量。

避免药包位于岩石软弱夹层，以免从这些薄弱面冲出飞散物；慎重对待断层、软弱带、张开裂隙、成组发育的节理、溶洞、采空区、覆盖层等地质构造，采取间隔堵塞、调整药量、避免过量装药等措施。

保证堵塞质量，不但要保证堵塞长度，而且保证堵塞密实，堵塞物中避免夹杂碎石。

采用低爆速炸药，不耦合装药、挤压爆破和毫秒起爆等，可以起到控制飞散物的作用。多排爆破时要选择合理的延期时间，防止因前排带炮（后冲），造成后排最小抵抗线大小与方向失控。

有特殊要求，需严格控制飞散物时，应对爆破体采取覆盖或防护措施。

2) 爆破振动的控制。爆破引起的振动，会造成周围地面及地下建筑物和构筑物的振动，这种现象称为爆破地震效应。达到一定强度的振动会造成建（构）筑物的破坏，从而有必要对地震效应的破坏规律以及确定爆破地震的安全距离进行细致深入研究。

爆破地震和天然地震都是迅速释放能量，以波的形式向外传播的物理过程。但两者也有很大区别，爆破震动震源浅，释放能量小，振动频率高，振动持续时间短，故其影响范围和危害程度均比天然地震小得多，并且爆破地震是人为可控的。

控制爆破震动，可采取下列措施。

严格控制爆破规模，尽量增加分段，降低最大单响药量。

合理设计微差时间间隔和起爆顺序，尽量增加爆破自由面。实践证明，间隔时间大于100ms时降震效果较明显；间隔时间小于100ms时各段爆破产生的地震波还不能显著分开。

合理选择爆破参数和单位炸药耗药量。采用预裂爆破，减弱爆破对保留区岩体的扰动和破坏。在爆破体与保护对象间设置不装药的单排（双排）防震孔，降震率达30%~50%；防震孔孔径可取35~65mm，孔间距不大于25cm。采用预裂爆破比防震孔可减少钻孔量，降震效果更好，但应注意预裂爆破产生的振动效应。

也可采取、挖减振沟等防护措施。

3) 爆破安全距离。在露天岩土爆破中，除爆破个别飞散物对设备、建筑安全距离须由设计确定外，个别飞散物对人员的安全允许距离应按照表3-6执行。特别注意的是，沿山坡爆破时，下坡方向的飞石安全允许距离应增大50%。露天爆破人员的安全距离见表3-7。

表 3-6  爆破个别飞散物对人员的安全允许距离表

| 爆破方法 | | 个别飞散物的最小安全允许距离/m |
|---|---|---|
| 破碎大块岩矿 | 裸露药包爆破法 | 400 |
| | 浅孔爆破法 | 300 |
| 浅孔爆破 | | 200（复杂地质条件下或未形成台阶工作面时不小于300） |
| 浅孔药壶爆破 | | 300 |
| 蛇穴爆破 | | 300 |
| 深孔爆破 | | 按设计，但不小于200 |
| 深孔药壶爆破 | | 按设计，但不小于300 |
| 浅孔孔底扩壶 | | 50 |
| 深孔孔底扩壶 | | 50 |
| 洞室爆破 | | 按设计，但不小于300 |

表 3-7  露天爆破人员的安全距离表

| 爆破种类及爆破方法 | 最小安全距离/m | 爆破种类及爆破方法 | 最小安全距离/m |
|---|---|---|---|
| 裸露爆破法、二次爆破 | 400 | 小洞室法、蛇穴法 | 400 |
| 炮孔法、炮孔药壶法 | 200 | 直井法、平洞法 | 300 |
| 深孔法、深孔药壶法 | 300 | 定向爆破 | 300 |
| 药壶法 | 200 | | |

# 3.4 开采、运输设备

砂石料场采运设备种类繁多，品种复杂，常用的有挖掘机、装载机等。

## 3.4.1 设备配置的一般原则

（1）采运设备的性能应与料场的采挖条件相适应。

（2）挖运能力和运输能力相适应，一般运输设备的容量应不小于挖装设备斗容的3倍。

（3）挖运设备的斗容选择应保证其采挖的块石最大尺寸小于粗碎设备的进料尺寸。

（4）一个料场的同类设备尽量采用一个厂家同一牌子的设备，以减少零配件类型的采购供应，便于设备管理。

（5）采运设备的生产能力与设备的状况、组织管理的水平等因素有关，在计算其采运能力时，可根据施工经验考虑一定的工作条件系数，并可参照表3-8选取。

表 3-8  工作条件系数取值表

| 组织管理状况 | 机械保养状况 | | | | |
|---|---|---|---|---|---|
| | 很好 | 好 | 一般 | 较差 | 差 |
| 很好 | 0.83 | 0.81 | 0.76 | 0.70 | 0.63 |
| 好 | 0.78 | 0.75 | 0.71 | 0.65 | 0.60 |
| 一般 | 0.72 | 0.69 | 0.65 | 0.60 | 0.54 |
| 较差 | 0.63 | 0.61 | 0.57 | 0.52 | 0.45 |
| 差 | 0.52 | 0.50 | 0.47 | 0.42 | 0.32 |

### 3.4.2 设备配置

设备的配置与料场梯段高度和开采方式有关，可参考表3-9选取。

表3-9　　　　　　　　　　　梯段高度和设备配置关系表　　　　　　　　　　单位：m

| 钻爆方法 | 挖掘机 | | | 装载机 | | |
|---|---|---|---|---|---|---|
| | 1m³ | 2m³ | 3m³ | <2.8m³ | 2.8~5.5m³ | 7.6m³ |
| 浅孔爆破 | <5 | <5 | <5 | <5 | <5 | <5 |
| 深孔爆破 | 8~10 | 10~12 | 12~14 | ≤10 | 10~12 | 12~14 |

（1）单斗挖掘机。单斗挖掘机具有挖掘能力强，能适应不同的作业条件和要求的性能，既可用于人工骨料料场，也可用于天然砂石料场，在砂石料场开采中应用最为广泛。水电工程中常用的单斗挖掘机有正铲、反铲和索铲等。

正铲挖掘机是单斗挖掘机中最主要的型式，主要挖掘停机面以上的物料，其挖掘能力较大。反铲挖掘机主要用于挖掘停机面以下的物料和边坡危岩的清理。索铲挖掘机主要挖掘停机面以下的物料，特别适合水下作业。随着液压技术的高速发展，国内砂石料场的开采已很少采用索铲挖掘机，被液压反铲挖掘机取代。

单斗挖掘机国内外生产厂家众多，产品种类繁多，规格型号各不相同。在实际选用时可参考生产厂家设备说明书和中国水利水电工程总公司所编的《水利水电工程机械使用手册》。

（2）装载机。在砂石料场开采中，装载机的应用十分广泛。其优点是铲斗斗容较大，行驶速度快，机动性能好，移动工作场地方便，可以一机多用，当运输距离较小时，可以替代汽车或其他运输工具，同时完成装运作业，还可替代推土机用于工作面的清理；其缺点是在潮湿地面易于打滑，切削力较弱，轮胎磨损较快。

（3）自卸汽车。自卸汽车是砂石骨料生产中使用最为广泛的运输工具。其选型主要考虑料场施工条件、施工场地、工期、运距、道路情况、配套设备、气候以及运料种类等因素。

自卸汽车的载重量和装载容积应与其配套的挖装设备相适应。一般来说，自卸汽车的装载容积在3~6倍挖装设备斗容之间最为合适。若小于3倍，汽车装载率低，若大于6倍，挖装设备的往返次数多。

自卸汽车的运输能力按式（3-6）计算：

$$Q_T = \frac{60Q_e K_u}{T} \tag{3-6}$$

式中　　$Q_T$——自卸汽车的运输能力，t/h；

　　　　$K_u$——时间利用系数，一般为0.7~0.9，组织管理状况好者取大值，反之取小值；

　　　　$Q_e$——汽车的实际有效载重量，t，可根据其使用情况按其标准载重或挖装设备的斗容计算；

　　　　$T$——汽车的行驶周期，min。

自卸汽车的配备一般根据高峰时段小时运量计算，也可根据配备的装车设备的数量能力来配备。其计算式为：

$$N_z = \frac{ZQ_{hd}}{Q_T} \tag{3-7}$$

式中　$N_z$——自卸汽车的工作数量；

　　　$Z$——采装设备工作台数；

　　　$Q_T$——车辆的运输能力，t/h；

　　　$Q_{hd}$——每台采装设备的采装能力，t/h。

按式（3-7）计算的自卸汽车数量 $N_z$ 有小数时，其数量取整数值再加 1 辆。因此，还需要考虑一定的备用，备用系数一般为 1.2~1.3。

# 4 天然砂石料场规划与开采

## 4.1 概述

天然骨料粒型好、价格低、经济效益明显。但天然骨料是一种短时间内不可再生的资源，我国不少地区出现可采天然砂资源逐步减少、甚至无资源的情况，河道开采还会影响堤岸安全、河势稳定、防汛排洪、河道通航等。同时，天然骨料存在储量有限，且分布不集中，开采受季节影响等诸多特点，应合理规划，有序开采。

天然骨料料场规划的重点是级配平衡控制。料场规划应根据骨料不同年度需用计划、供料强度和供料级配变化，确定天然砂砾料场开采的分区（分料场）、分层，确定各区（各料场）、各层月开采量，以达最优料场平均剥采比和、经济开采强度。

## 4.2 料场规划

### 4.2.1 需要开采量计算

料场开采设计需用量简称设计开采量。工程所需砂石料的设计开采量可按式（4-1）、式（4-2）确定：

$$V_d = (V_c A + V_0) K_s \qquad (4-1)$$

$$K_s = K_3 K_4 K_5 K_6 K_7 K_8 K_9 [1 + \gamma(K_1 K_2 - 1)] \qquad (4-2)$$

式中　　$V_d$——砂石原料的设计总开采量，t；

　　　　$V_c$——工程混凝土总量，m³；

　　　　$A$——混凝土的骨料用量，无试验资料时，一般可取 2.15～2.20t/m³；

　　　　$V_0$——其他砂石用量，t；

　　　　$K_s$——包括级配不平衡在内的运输、堆存、加工、浇筑的总耗补偿系数，与原料的种类、采运加工工艺以及生产管理水平等因素有关，可按表 4-1 所列数值依式（4-1）逐项进行计算；

　　　　$K_1$——石料或细砂流失补偿系数，对天然骨料：含泥量大，砂料偏细，须废弃一部分细砂以改善级配时取较大值；粗砂改细或制砂补充粗砂者取较小值；

$K_2$、$K_4$、$K_6$——运输、堆储中的损耗；

　　　　$K_3$——骨料加工损耗，对天然骨料，原料较干净的取较小值，中等难洗的或含泥量大、砂子偏细时取较大值；

$K_5$——无预洗工艺取 1.0；有预洗时取较大值，但应适当减小 $K_3$ 的取值；

$K_7$——级配不平衡弃料补偿系数，视工程具体由级配平衡计算确定，一般不超过 1.2；级配偏粗采取粒度调整措施时可取 1.0；

$K_8$——成品的堆储和运输损耗补偿系数；

$K_9$——混凝土的运输、浇筑、废料损耗补偿系数；

$\gamma$——平均砂率。

一般大体积混凝土工程的平均砂率 $\gamma$ 为 0.25～0.30，薄壁和地下工程为 0.30～0.35，表 4-1 中所列的 $K_s$ 值按大体积混凝土考虑。

**表 4-1　　砂石运输加工损耗补偿系数表**

| 项　　目 | | 代号 | 设级配调整设施 | 无级配调整设施 |
|---|---|---|---|---|
| 制砂和洗砂 | 石粉或细砂流失 | $K_1$ | 1.10～1.30 | |
| | 储运 | $K_2$ | 1.01～1.02 | |
| | 小计 | | 1.11～1.33 | |
| 筛洗或中细碎 | 冲洗 | $K_3$ | 1.03～1.05 | 1.05～1.15 |
| | 储运 | $K_4$ | 1.01～1.02 | 1.01～1.02 |
| | 小计 | | 1.04～1.07 | 1.06～1.17 |
| 粗碎或超径处理 | 预洗 | $K_5$ | 1.02～1.05 | 1.02～1.05 |
| | 储运 | $K_6$ | 1.01～1.02 | 1.01～1.02 |
| | 小计 | | 1.01～1.07 | 1.02～1.07 |
| 级配不平衡 | | $K_7$ | 由级配平衡计算确定 | |
| 成品骨料堆储和运输 | | $K_8$ | 1.00～1.03 | |
| 混凝土运输浇筑 | | $K_9$ | 1.00～1.02 | |
| 合计 | | $K_s$ | (1.14～1.25) $K_7$ | (1.10～1.27) $K_7$ |

### 4.2.2　开采范围

料场选定之后，根据需开采量确定开采范围，以便研究开采方法，确定开拓方式、运输线路布置、弃土场地、辅助设施布置，划定征地范围。确定开采范围应遵循以下原则：

（1）根据料场开采需用量及料场可采储量，以尽量减少覆盖层开挖为原则确定开采范围。通常采用增加开采深度、减少剥离量较大区域开采面积等方法来提高剥采比。

（2）在开采范围内，原则上不得布置生产和辅助建筑物。但备用范围内的场地，必要时允许设置临时性建筑，视料场开采进展情况，在后期需要开采时拆除。

（3）开采范围与公路、铁路、工厂、居民区及重要建筑物之间应保持必要的安全距离。

（4）采场必须具有安全稳定的最终边坡，并满足当地环境保护要求。对于河滩或河心料场，采挖后河床的水流条件，以不影响航运、岸坡稳定和下游安全为原则。

（5）需要开采量应考虑混凝土骨料和垫层料、反滤料等各种成品料累计，并计入开采、运输、加工及储存等损耗的砂石原料需用量。

（6）规划料场的开采范围内的可采储量大于需要开采量。应考虑考虑料场的地形、水文和施工因素，按需要开采量的 1.25～1.5 倍选取。

（7）对河滩和水下料场，应充分考虑水位变化、水下作业、洪水冲刷等引起的损失。应根据勘察储量、水下地形地质及河势水流特性，扣除水下开采损失后确定开采范围。天然砂石的水下开采损失，应根据采区河道水流特性、天然砂级配、开采方法，并结合工程实例类比统计分析，确定水下开采砂石的砾石损失率，可按 3%～10%选取，砂的损失率按 20%～45%选取。

某工程采用链斗式采砂船水下开采天然砂石，当河水流速为 1.25m/s 时，砂的损失率为 41.2%，砂的细度模数增加 1.23；当河水流速较小时，砂的损失率为 18%。

景洪水电站采用索铲水下开采天然砂石，据不同施工时段统计，砂的损失率为 20%～42%。

一般情况下，天然砂的细粒含量大、采区河道水流流速高、水下开采深度大的料场，水下开采砂的损失率可取上限值。

（8）每年应进行一次料场可采储量复核，天然砂砾料场储量复核应在汛后进行。天然料场在汛期因洪水的作用与汛前比较一般会发生较大的改变。部分河滩料场，在汛期挟带大量砂砾石的洪水作用下，使汛前开采过的部位重新淤积起来，形成新的可采料场。即在汛前已开采部位，创造新的可开采储量。

（9）开采标高的确定应考虑下列因素。

1）陆上砂砾料场（同石料场）的最低开采标高按勘探范围，结合地形、运输线路布置、原料需用量、最终边坡角等条件考虑确定，力求剥采比最小。在可能的条件下，应为原料和加工系统提供自溜运输的条件。

2）对排干基坑进行陆地开采的河滩料场，最低开采高程取决于料场的埋藏深度及基坑的排水条件。

3）对于陆基水下开采的河滩料场，其最低开采高程应按设计开采水位和开采设备的最大安全开采深度确定。

4）水下开采的料场，其最低开采高程按设计开采水位和最大安全开采深度确定。

5）料层底部小于设备的安全开采深度时，至少应留有 0.5m 的保留层。

### 4.2.3 开采期

河床和河滩料场的开采，受水文、气象和施工条件的影响很大。规划时必须充分掌握和详细分析有关资料，开采期的确定应遵循下列原则：

（1）受洪水影响，枯水期开采的陆上料场，可按料场所在河段典型丰水年内枯水期有效天数确定开采期。

（2）对于水下开采的河心料场，开采作业主要受河水水位和流速控制。应根据开采设备的允许作业流速与要求的开采深度确定开采水位的上限，按典型丰水年水位过程线确定开采期。

（3）对于以陆上为依托的陆基河滩料场，其水下作业时的陆基基面高程，以设计开采水位为标准，按典型丰水年水位过程线确定开采期。过高的基面高程，不必要地减少了采场的水上开采范围，而过低的基面高程则缩短了有效的水下开采时间。

（4）对于修筑围堰排干基坑进行开采的河滩料场，按围堰挡水标准确定开采期。

（5）冬季停采料场，根据当地多年封冻期最长年份的封冻日期确定停采期。

河滩料场的汛期或冰冻期开采，常要付出较高的代价，而停采又要增加采运设备与砂石堆存措施。因此，汛期和冰冻期是否开采，须经全面技术经济比较确定。

水下开采的天然砂石料场，需考虑汛期停采避洪，防止开采运输船只被洪水冲走酿成事故；采砂船、砂石驳及辅助船舶应在码头或料场附近静水区设置汛期避洪港池。

冰冻期，水下天然砂石料场由于河道封冻或河道未封冻，但开采上岸后由于含水量较大，砂石也会冻结，无法开采运输；陆上天然砂石料场，其含水率较低，砂石不易冻结，对开采运输影响不大，但冰冻期砂石加工难度较大，费用较高，尽量不生产。

### 4.2.4 剥采比

剥采比是衡量一个料场经济性的重要指标。根据骨料不同年度需用计划：供料强度和供料级配变化，规划料场开采的分区（分料场）、分层，确定各区（各料场）、各层月开采量及储备量，以达最优料场平均剥采比、经济开采强度。

（1）平均剥采比。系指料场范围内的全部无效岩土重量 $V_a$（包括覆盖土和无效层）与有效层重量 $W_a$ 之比。总体方案研究一般采用平均剥采比，其计算式（4-3）为：

$$n_a = V_a / W_a \tag{4-3}$$

（2）分区（层、块）剥采比。系指各个采区范围内的无效岩土重量 $V_d$ 与相应的有效层重量 $W_d$ 之比。供选择采区时使用，其计算式（4-4）为：

$$n_d = V_d / W_d \tag{4-4}$$

（3）生产剥采比。系指某一生产时段的无效岩土重量 $V_p$ 与相应有效层重量 $W_p$ 之比，是制定开采施工组织设计选择设备时必须考虑的因素之一，其计算式（4-5）为：

$$n_p = V_p / W_p \tag{4-5}$$

在计算无效层的数量时，覆盖层底板之下和无效层相邻厚 $0.2 \sim 0.3 m$ 的料层，均应算作无效层。

陆上砂砾料场料层一般较厚，可达数十米的。河滩料场一般较薄，即使埋藏较深，也因受水下开采设备能力的限制，开采深度很少超过 15m。一般来说，滩地覆盖层厚，剥采比高。水下砂石料质量好于滩地，但是单位原料开采成本高。采场的料层厚、料区集中、相对占地少、剥采比小、开采设备的效率高。天然砂石料场的有效料层厚度一般应在 3m以上，层厚 $1 \sim 2m$ 以下，如其他条件较好或含砂量高的料场，也可考虑开发利用。

根据料场地质勘察资料，为减少覆盖层剥离量并结合开采设备的性能，也可考虑增加开采深度，以减少覆盖层较厚区域的开采面积，从而减少平均剥采比。

以景洪水电站心滩天然砂砾料场二阶段开采砂砾料为例：

根据毛料需求量及心滩料场地质勘察资料，左、右岸料场覆盖层厚度为 $2 \sim 4m$，且靠近岸边区域覆盖层比靠近水边区域厚。河床料场基本无覆盖层，水下 8m 以下均为合格砂砾石料。鉴于心滩因河道整治右岸已形成网状防护堰堤，为避免毛料开采对已建防护堰堤的破坏或破坏后的重建工程资金投入增加，大坝骨料开采料场规划提出了"立足于水下、立足于主河床、立足于左岸"的指导思想。同时，结合一阶段在心滩天然砂砾料场进行毛料开采的情况，有防护堰堤的部位，因汛期回淤原因，均存在 $1 \sim 2m$ 以上的淤泥层，二阶段心滩砂砾料场开采为减少覆盖层剥离量，根据各开采设备的性能，并结合当年需要的开采强度，进行详细的各开采设备的布置及开采范围规划，避免了因汛期回淤而造成反复对覆盖层进行剥离而加大工程成本。二阶段陆上采用索铲开采，深度仍控制在 6～10m；二阶段水下开采，150m³/h 采砂船开采深度控制在水面线以下 8～10m 之间，600t/h 吸砂船开采深度控制在水面线以下 18～20m 之间，以减少剥离量较大区域的开采面积。同时，由于大量砂砾石料均在水下，故采用以水下开采为主，陆上开采为辅等措施，从而有效地减少了覆盖层的剥离量，使剥采比由 1：2 变为 1：4.25，降低了工程成本。

#### 4.2.5 储备量

（1）储备总量。储备量指包括所有毛料、半成品及成品堆料场在内的砂石混凝土系统的堆料场总容量。堆料场总容量按高峰时段月采运能力计算，计算式（4-6）为：

$$V_s = (KT + \Delta)Q_{md} \qquad (4-6)$$

式中　$V_s$——堆料场总容量，t；

　　　　$T$——高峰时段的持续月数，超过 6 个月时，取 6 个月；

　　　　$K$——波动系数，$K = 0.05～0.08$，时段短时取较大值，长时取较小值；

　　　　$\Delta$——人工骨料或砂石混凝土系统共用堆料场时取 0.2 个月，其他取 0.3 个月；

　　　　$Q_{md}$——高峰时段月开采能力，t。

对于汛期和封冻期停采的料场，储量则按停采期间的砂石最大量的 1.2 倍校核，砂石的总储量一般不宜少于高峰期 10d 的用量。

堆料场占地面积大，土建工作量大，一般要求地形平缓。尤其是成品堆料场造价高，工程结束后，场地恢复困难，成品料堆存时间过久，增加污染程度。因此在设计中，不宜采用过大的堆料场容量。

（2）汛期储备量。

1）开采工程量计算。根据工程各期混凝土浇筑强度要求及砂砾料开采供应手段，开采工程量按汛前需要开采量及同年汛期应储备量分别予以计算。

2）汛前开采量计算。根据料场水位流量关系和月、年平均流量频率关系，按月、年平均流量出现频率 20％计算各时段（枯水期和汛期）平均流量，在保证安全的情况下进行各采区（采场）砂砾料开采，用以满足砂石料供应。由于天然砂砾料场一般每年在汛期（5—10 月）不能开采，每年汛前毛料开采量除满足同年枯水期混凝土浇筑外，同时还需满足同年汛期混凝土浇筑而进行的储备料。

3）汛期储备量计算。按天然砂砾料系统各汛期供应主体工程所需砂砾料并根据流域枯水期的划分，分别计算各汛期成品骨料需求量，以及考虑砂石料开采、加工损耗及级配不平衡等因数影响时各汛期毛料需要储备量。

# 4.3 料场开采

#### 4.3.1 工作制度

年工作月数，视料场所在地区的水文、气象和施工条件，具体研究确定。

（1）全年生产：不受洪水、冬季冰冻影响的陆上砂砾石料场，均可按用户需要组织全年生产。

（2）非全年生产：天然砂砾石料场因受洪水或冰冻影响不能全年开采时，可分别通过分析水文、气象资料结合开采措施确定。

1）对修筑围堰、排干基坑进行汛期开采的河滩料场，一般可按全年工作制考虑。但当围堰的防洪标准较低时，可按每年被淹一次扣除停采和恢复生产所需的时间计算。

2）只在枯水季节开采的料场，可按采料场位置高低、所在河流的水文特征以及采取的防水排水措施等条件确定。

3）水下料场或陆基水下开采的料场，以设计开采水位为标准，按典型丰水年水位过程线确定有效开采月数。

按丰水年水位过程线确定开采月时，对汛期低于设计水位洪峰间隙期的有效工作天数，一次不满10d者不计；10d以上者按每次减去5～10d计算，并将总有效天数除以25，换成标准月。

冬季停采料场按气象资料确定停采时间。

4）料场开采月工作制度按表4-2选取。

表4-2 料场开采月工作制度表

| 月工作日数/d | 日工作班数/班 | 日有效工作时数/h | 月工作小时数/h |
|---|---|---|---|
| 25 | 2 | 14 | 350 |
| 25 | 3 | 20 | 500 |

料场开采月工作制度一般与骨料生产系统工作制度一致，但还应考虑汛期的备料。

### 4.3.2 采运能力

天然砂石开采运输能力可按骨料生产系统的生产规模确定。汛期或封冻期停采的料场，还应按设计开采期进行校核。

（1）月采运能力。以骨料生产系统只加工混凝土成品骨料为例，全年开采的原料的月采运能力为：

$$Q_{md} = (Q_{mc}A + Q_0)K_s \qquad (4-7)$$

式中　$Q_{md}$——高峰时段月开采能力，t；

　　　$Q_{mc}$——高峰期的月混凝土浇筑强度，$m^3$；高峰时段持续期在3个月或以上时，$Q_{mc}$按高峰时段的平均月强度计算，持续期只有1～2个月时，按高峰月强度计算；

　　　$A$——每立方米混凝土的骨料用量，无试验资料时，可按2.15～2.20$t/m^3$选取；

　　　$Q_0$——工程其他砂石料的月需用量，t；

　　　$K_s$——不计开采抛（流）失的综合采运加工弃料损耗补偿系数，按表4-1取值。

这里所说的高峰时段，系指月浇筑强度为最高（月）强度70%以上的持续期。如两高峰之间浇筑强度略低于70%的间隙期只有一个月，则可把这两个高峰时段当做一个连续的高峰时段。

汛期或冬季停采的料场，还应按式（4-8）校核月平均采运能力，取其大者。

$$Q_{md} = (Q_y A/M + Q_0)K_s \qquad (4-8)$$

式中　$Q_y$——高峰年度（或开采期）混凝土浇筑量，$m^3$；

　　　$M$——有效开采月数；

其他符号意义与式（4-7）相同。

所谓高峰年度，对汛期停采的料场，系指从汛后恢复生产起算浇筑量最大的 1 周年；对冬季停采的料场，系指从解冻后恢复生产算起浇筑量最大的 1 周年。

对于冬季、汛期都停采或冬季停采、汛期大部分时间停采的料场，以汛后恢复生产为第一期，以解冻后恢复生产为第二期，分别计算各期的混凝土浇筑总量，取其大者。

（2）小时采运能力。选择设备应按小时采运能力考虑。按高峰期月平均折算小时采运能力 $Q_h$ 时，一般按每天两班 14h 计算：

$$Q_h = \frac{Q_{md}}{350} \qquad (4-9)$$

按高峰月强度计算时，则以每天工作三班 20h 计算：

$$Q_h = \frac{Q_{md}}{500} \qquad (4-10)$$

### 4.3.3　覆盖层剥离

覆盖层宜提前一个采区剥离；塑性土、湿陷性黄土、局部沼泽地的覆盖层剥离不宜在雨季作业。覆盖层剥离可采用水平分段法或沿自然坡面角用推土机集运至集中装车点，再通过装载机和自卸汽车运至弃渣场或集中堆放场堆存。对较厚的泥质土壤或局部沼泽地，应避免在雨季作业，提前做好排水，并采用反铲剥离，必要时将淤泥翻晒后再用装载机运走。

覆盖层应堆放在弃渣场或地势相对较高的区域，避免汛期洪水冲刷，集中堆放，并做好边坡防护及周边的排水设施。满足复垦要求的覆盖层剥离料应单独堆放，并方便取料。

集中分布的无用料应采用分层分区剔除方式，零星分布的无用料宜在挖装过程中经分拣后集中堆放和转运。

### 4.3.4　料场开采的分层和分区（分料场）

（1）分层和分区（分料场）原则。较大的天然砂砾料场，砂石的天然级配在深度和平面上往往有所变化，因此常需分层和分区开采。料场分层和分区应遵循砂石生产时段级配需要和有序开采以及优先选用运距近、天然级配好的原则。

1）分层和分区（分料场）应保证开采和运输线路的连续性。

2）应将覆盖层薄、料层厚、易开采、运距近的料区（或料场）安排在工程的高峰施工时段（或年度）开采，以便提高生产效率，减少采运设备。

3）对于陆基水下开采的河滩料场，应尽可能将洪水位（或汛期开采水位）以上的料层留待汛期开采，枯水期则集中开采洪水位以下的料层。

4）河滩和河床水下料场的分区开采应注意避免汛期冲走料层。对某些料场，还可创造条件，使料坑被洪水挟带的砂砾石重新淤积起来，加以利用。

5）料区（场）的开采计划应尽可能考虑到各个时期的级配平衡。

（2）分层和分区方法。

1）分层：料层较厚的陆地砂砾料场，其分层厚度不宜大于 12m。河滩料场开采时，一般不超过 2 层，分层的层面高程由开采水位决定，但层厚不宜小于 3m。陆基水下开采时，其开采深度还取决于开采设备所能达到的深度。水下料场可不分层。

2）分区（分料场）：一般按年度（或特定时段）的需要量和级配进行分区（分料场）规划。

### 4.3.5 开采方式

（1）运输方式。不同运输方式的适用条件和主要特点见表 4-3。

表 4-3　　　　　　　　　　　不同运输方式的适用条件和主要特点表

| 运输方式 | 适用条件 | 主要特点 |
|---|---|---|
| 公路运输 | 料场分散、运距较短 | 1. 线路工程量少，基建时间短，投资少；<br>2. 有利于分采分运；<br>3. 便于发挥挖掘机效率 |
| 带式输送机 | 料场集中、运距较长、总运量大 | 运输量大，土建工程量少 |
| 砂驳 | 水上运输 | 1. 运输量大，运费低；<br>2. 基建费少，经济运距长 |

1）工作梯段坡面角。砾料场梯段坡面角往往与料层的自然安息角相一致。

2）最短作业线长度。对于可以直接挖掘的覆盖层、砂砾石等松散岩土，挖掘机的最短作业线长度，通过挖掘机回转装车和车辆运行要求确定，采砂船的作业线长度度一般为 300~500m。

（2）陆地开采方法。

1）作业面的设备配置。①正铲采装：一般作业面应是侧面装车，这时的正铲平均回转角度为 90°，对运输工具（多数是汽车）轮换也有利；②斗轮式挖掘机：宜沿作业面正面采装；③反铲、索铲、链斗式挖掘机：一般采装设备设在顶面或中间梯段上，作业面多数设在梯段的端面，只是在很少的情况下（堑沟领进时）设在侧坡上；砂砾料场作业面的作业边坡角不超过 40°~60°，稳定边坡角为 35°~40°，水下开采取小值；作业面高度应不大于保证边坡稳定条件下的开采深度，宽度按挖掘半径和回转角确定，回转角一般不超过 30°~35°，反铲的开采深度一般为其最大挖掘深度的 60%~70%；④装载机：装载机用作采装设备时，与汽车宜成斜交（V 形）、正交或步进配置，平行配置应用较少。

各种采装设备，当与自卸汽车配置时，其卸装高度和半径均应与所有车辆相适应。

2）采料场的开采作业。

A. 河滩料场。河滩料场开采有修建围堰排干料坑开采和陆基水下开采两种方法。修建围堰排干料坑开采法在修建围堰、排干料坑后，其开采与陆上料场相同，但需注意：若围堰允许汛期过水，则应有防冲和恢复生产措施；集水坑应设在料坑下游内侧低于开采底板 1.0~1.5m 处，并用排水沟与作业面连通；场外地表水应直接引入下游河道。

陆基水下开采法常用的设备有反铲、大型索铲、链斗式挖掘机、索扒和索道式扒运机等。此外反铲还有较强的切削力，可用来开采水下结构紧密较难开采的砂砾石。

国外陆基水下开采主要采用索铲，国内葛洲坝、景洪等水电工程采用索铲也较成功。采用索铲，除要求司机具备熟悉的操作经验外，还要开拓出一定的作业面。尤其卵砾石含量高、含漂石且呈鱼鳞状排状的紧密砂砾石层，一般要先挖出一条沟槽，以便铲斗自坡底向上拉铲。链斗式挖掘机的机理与链式采砂船类似，所不同的是在陆上行走和反向铲挖。

B. 水下料场。与河滩邻近的水下料场，水深不大时，可以采用填土法进行陆基水下开采，即用砂砾石料将浅水料场堆出水面后再进行开采。

C. 处于寒冷地区的砂砾料场，需要冬季冰冻期开采时，可采取下列措施。

砂砾料场冰冻期开采作业有无必要，应根据各工程的具体情况，结合其他运输环节，通过全面技术经济比较确定。①事先挖松表层。是在冰冻之前适时（不宜太早）用挖掘机将厚 2.5～3.0m 的表层翻松。由于表层松散，排水保温性能好，二次采挖容易，又可保护下层砂石避免冻结。②爆破法。可根据冰冻程度进行钻孔爆破。炮孔直径一般为 30～75mm，孔深为冰冻深度的 75%～80%，孔距为冰冻深度的 80%～110%。③机械破冻法。可用冲击锤、破石锤进行破冻。④解冻法。可用空心汽针灌入蒸汽、热水或插入电热棒融化冻结的砂石料。

（3）水下开采作业。水下开采通常采用采砂船、自卸式驳船、拖轮组成作业船队进行开采运输。由测量放样设标志、采砂船定位、拖轮＋自卸式驳船（或自航式砂驳）水运毛料至停靠码头卸料等工序组成，以下以景洪水电站心滩天然砂砾场水下开采作业为例进行介绍。

1）施工准备。专职测量人员根据景洪水电站心滩系统建安期已加密并建立的工程所需控制点及水准点，在规划好的采区内施测开采条带的控制坐标或边线，设置必要的标志或浮标，以便于采（吸）砂船定位。

2）采（吸）砂船定位。150m³/h 链斗式采砂船和 600t/h 吸砂船均向上游逆水定位，起始位置在规划好的采区条带的下游端。采（吸）砂船进入现场后，首先在上游抛设领水锚（主缆锚），再抛设左右弦角缆锚，在测量仪器的监控下绞动锚链，将采（吸）砂船准确定位在预定规划的开采条带内。

因 150m³/h 链斗式采砂船布置在河床部位航道内，为满足装载自航式砂驳、辅助船舶停靠及过往船只的航行安全，150m³/h 采砂船均应设置压缆装置，可将锚缆绳从船舷将锚索压至河床，并在锚地设浮标或标志，以方便起锚移位和警示其他过往船只或施工机械。为减少辅助船舶的投入，采砂船抛锚采用 150m³ 自航式砂驳绞锚机抛锚，起锚采用自身绞锚机起锚。陆上岸锚采用人工和陆上设备协助抛锚、起锚。

因 600t/h 吸砂船布置在一阶段陆上已开采后的部位，其工况几乎静水作业，航道内仅需满足吸砂船的移位及自航式砂驳的停靠即可。

3）采（吸）砂船开采施工。为均匀有序地开采有用料层，采（吸）砂船采用分层、分条带的开采方法。在不同的采区和条带内（视水深、料层厚度、水流流速、航道情况）选择最佳分层厚度和分条宽度。一般情况下，150m³/h 链斗式采砂船按条宽 40m、分层厚度取 1.5～2m 呈扇形摆动开挖；600t/h 吸砂船分条宽度按取 50m，开采深度取最大限度。

链斗式采砂船在每条带内均为船头向上游，自下游向上游全断面开采。为改善采区的航道条件，在相邻两条带之间采取 1～2m 重叠开采，以避免漏挖而成条坎。采砂船移位由浅到深分层有序进行开采，以免漏采而形成门槛。链斗式采砂船水下开采施工程序见图 4-1。

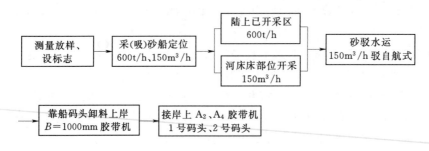

图 4-1 链斗式采砂船水下开采施工程序图

当每一条带开采至上游采区边缘后，采砂船在辅助船的拖带下移位到下一条带的下游端，吸砂船则自航移位于下一条带下游端。移位前先起锚，再重复采（吸）砂船定位程序，采（吸）砂船每次定位均在 GPS 全站仪的监控下，准确定位在规划好的开采条带内，并在开采过程中随时用六分仪跟踪监控开采船的向前移位范围。

4）毛料装载及水上运输。150m³/h 自航式砂驳，停靠于采（吸）砂船出料胶带机的左舷或右舷，开采的毛料由采（吸）砂船出料胶带机输送，直接装卸在砂驳的料仓内，因自航自卸式砂驳由多料仓（斗）装载骨料，当一个料仓（斗）装满后，由采（吸）砂船绞驳机将砂驳牵动前后移动，直至砂驳料仓（斗）全部装满，随后解缆由自航式砂驳将毛料运输至输料码头。

5）输料码头。输料码头主要由船舶停靠堤坝、可随水位变化移动的龙骨胶带机等组成。自航自卸式砂驳停靠码头后，毛料由料仓（斗）下所设置的斗门控制，由砂驳出料胶带机将毛料输送至可移动的龙骨胶带机，最后由毛料输送系统固定式胶带机运至毛料堆场，由摇臂堆料机完成布料并堆高。

# 4.4　开采设备与设施

### 4.4.1　采装设备选择的一般原则

为保证采装设备的高效作业，设备选择应遵循下列原则：

（1）采装设备的性能应与采场的采挖条件相适应。

（2）运输能力应与采装能力互相适应。

（3）运输工具的载重量应超过斗容的 3 倍以上；斗容还应与块石最大尺寸和粗碎设备的进料尺寸互相适应。

（4）采装能力受设备的保养状态、操作、管理与工作条件的影响很大，在计算采装能力时，须乘以工作条件系数，工作条件系数见表 4-4。

表 4-4 工 作 条 件 系 数 *E* 表

| 组织管理状况 | 机械保养状况 | | | | |
|---|---|---|---|---|---|
| | 很好 | 好 | 一般 | 较差 | 差 |
| 很好 | 0.83 | 0.81 | 0.76 | 0.70 | 0.63 |
| 好 | 0.78 | 0.75 | 0.71 | 0.65 | 0.60 |
| 一般 | 0.72 | 0.69 | 0.65 | 0.60 | 0.54 |
| 较差 | 0.63 | 0.61 | 0.57 | 0.52 | 0.45 |
| 差 | 0.52 | 0.50 | 0.47 | 0.42 | 0.32 |

### 4.4.2 陆上开采设备

（1）索铲。常见的索铲设备有 WB-4/40 型。WB-4/40 型索铲工作性能见表 4-5。

表 4-5 WB-4/40 型索铲工作性能表

| 名 称 | 参数 | 名 称 | 参数 |
|---|---|---|---|
| 铲斗容量/$m^3$ | 4 | 电源电压/kV | 6 |
| 起重臂长度/m | 40 | 主绞车电动机功率/kW | 280 |
| 最大牵引力/t | 30 | 回转电动机功率/kW | 100 |
| 最大提升力/t | 25 | 挖掘机总重/t | 184 |
| 牵引速度/(m/s) | 1.26 | 额定挖掘效率/($m^3$/h) | 200 |
| 回转速度/(m/s) | 1.53 | 最大挖掘半径/m | 45 |
| 提升速度/(m/s) | 1.48 | 最大卸载半径/m | 39 |
| 步行速度/(km/h) | 0.47 | 最大卸载高度/m | 19.4 |
| 工作时对地面压力/(kg/$cm^2$) | 0.435 | 最大挖掘深度/m | 26 |
| 步行时对地面压力/(kg/$cm^2$) | 1.05 | 主变流电机组/kW | 425 |
| 底盘直径/m | 7.4 | | |

索铲的优点：

1）根据景洪水电工程的经验，料场内特大石含量较少（仅占 2.3%），采用索铲开挖可以发挥其较高生产效率，在一般情况下生产效率可达 200$m^3$/h，每月开采能力达 5 万$m^3$/月。

2）从索铲设备性能分析，其开采范围较大，最大挖掘半径达 45m。即使将索铲布置在水边也可开采较大范围的砂砾料，较长臂反铲更能适应料场水位变化情况。

3）其开采深度大，最大开挖深度达 26m，水下开采深度可达 8m。根据料场开采实际情况，在料源较好的情况下可加大开挖深度，并能更好地控制开挖料质量，减少覆盖层剥离量。

4）4$m^3$ 索铲工作时对地基承载力要求较低，可满足料场水位变化区地基承载力较低部位的开挖要求。

索铲的缺点：

1）根据景洪水电工程的经验，在挖到水下 8m 左右时，因毛料存在密实现象，继续加深开采较为困难。

2）需要较宽的进出场道路（路宽大于12m），同时因为行走较为缓慢，汛后需修缮进场道路，汛前需提前退场避洪。

3）需专门的供电设备，移动不灵活。

4）开挖出的毛料不能直接装车，需要二次转运，增加了成本。

（2）长臂反铲。

1）设备性能。目前国内长臂反铲斗容多为2m³以下，最大挖掘深度8～10.255m，最大生产效率为2.5万m³/月。PC600长臂反铲，斗容为2m³，最大挖掘深度为10.225m；EC460B长臂反铲，斗容为1.9m³，最大挖掘深度为9.15m，因进行水下开采作业时，存在水下安全坡比，根据景洪水电工程的实际经验，实际最大挖掘深度为4.5m，实际生产效率按2.5万m³/月计。VOLVO长臂反铲主要技术参数见表4-6。

表4-6　　　　　　　　　VOLVO长臂反铲主要技术参数表

| 名　　称 | 参数 | 名　　称 | 参数 |
|---|---|---|---|
| 型号 | EC460B | 最小回转半径/mm | 5040 |
| 外形尺寸/（mm×mm×mm） | 11940（长）×3340（宽）×4650（高） | 最大垂直挖掘深度/mm | 7730 |
| 动臂长度/mm | 7000 | 铲斗挖掘力/kN | 244.2（ISO） |
| 斗杆长度/mm | 4800 | 斗杆挖掘力/kN | 276.5 |
| 最大挖掘范围/mm | 13200 | 斗容/m³ | 1.9 |
| 最大挖掘深度/mm | 9150 | 平衡量/kg | 9300 |
| 最大切削高度/mm | 11090 | 总功率/kW | 239 |
| 最大卸载高度/mm | 7870 | 整机工作重量/kg | 46000 |

一般反铲如CAT330斗容1.87m³，最大挖掘深度为6.82m，同样根据景洪水电工程的实际经验，水下实际最大挖掘深度为3.5m，实际生产效率可达2.0万m³/月。CAT330C反铲主要技术参数见表4-7。其他一般反铲、品种较多，斗容从0.75～4m³均有，最大挖掘深度为4～5m，生产效率为2万～8万m³/月。

表4-7　　　　　　　　　CAT330C反铲主要技术参数表

| 名　　称 | 参数 | 名　　称 | 参数 |
|---|---|---|---|
| 型号 | CAT330C | 最小回转半径/mm | 3500 |
| 外形尺寸/（mm×mm×mm） | 11210（长）×3190（宽）×3570（高） | 最大垂直挖掘深度/mm | 5770 |
| 动臂长度/mm | 6500 | 铲斗挖掘力/kN | 222（ISO） |
| 斗杆长度/mm | 2800 | 斗杆挖掘力/kN | 188 |
| 最大挖掘范围/mm | 6990 | 斗容/m³ | 1.87 |
| 最大挖掘深度/mm | 6820 | 总功率/kW | 200 |
| 最大切削高度/mm | 10300 | 整机工作重量/kg | 34000 |
| 最大卸载高度/mm | 7200 | | |

2）优点。设备调动方便、灵活，可根据料场实际情况随时调动；在短期内可形成规模。

3）缺点。受设备性能限制，其开采范围较小。在毛料开采高峰期，因设备单机生产能力较低，且受反铲施工的陆上开采面积限制，若投入较多的设备，施工干扰大，施工管理难度高。同时设备受水位影响较大。

### 4.4.3 水下开采设备

采砂船主要用来开采河床水下料场，也可用于开采河滩料场。在水利水电工程中，广泛使用的是链斗式采砂船。

链斗式采砂船与多斗式挖掘机的工作原理相同，开采能力按式（4-11）和式（4-12）计算：

$$Q_h = 0.06qNK_s\gamma E \tag{4-11}$$

$$N = 60V/T \tag{4-12}$$

式中  $Q_h$——开采能力，t/h；

$q$——挖斗斗容，L；

$N$——每分钟卸载斗数；

$V$——挖斗移动速度，m/s；

$T$——挖斗间距，m；

$E$——工作条件系数，见表4-4；

$K_s$——岩土综合影响系数，见表4-8；

$\gamma$——岩土天然容量，t/m³。

表4-8　　　　　岩土综合影响系数表

| 岩土种类 | 充满系数 $K_f$ | 松散系数 $K_t$ | 困难系数 $K_d$ | 综合影响系数 $K_s$ |
|---|---|---|---|---|
| 易挖 | 1.00 | 1.20 | 0.95 | 0.79 |
| 中等 | 0.90 | 1.25 | 0.80 | 0.58 |
| 难挖 | 0.85 | 1.30 | 0.70 | 0.48 |

注　$K_s = K_f K_d / K_t$；水下采挖时，表中 $K_f$ 应乘以 0.75~0.90。

由于国产与引进的采砂船型号都以其小时标定生产能力命名，而开采砂砾石时实际的生产能力一般均超过标定能力的50%以上，所以选型的计算主要是验算其拖轮砂驳的配套生产能力。各型号采砂船的标定能力与实际生产能力见表4-9，采砂船主要技术规格见表4-10。

表4-9　　　　　采砂船的标定能力与实际生产能力表

| 项　目 | | 采砂船型号 | | |
|---|---|---|---|---|
| | | 120 | 250 | 750 |
| 标定能力/(m³/h) | | 120 | 250 | 750 |
| 实际 | 小时最高产量/(m³/h) | 220 | 450 | 1040 |
| | 班最高产量/(m³/班) | 1150 | 4600 | 8460 |
| | 日最高产量/(m³/d) | — | 10000 | 22700 |
| | 月最高产量/(万 m³/月) | 5.6 | 14.0 | 42.7 |
| | 多年（或长期）平均生产能力/(m³/h) | 212 | — | 453 |

表 4 - 10　　　　　　　　采砂船主要技术规格表

| 项目 | | 采砂船型号 | | |
|---|---|---|---|---|
| | | 120 | 250 | 750 |
| 船体尺寸 /m | 型长 | 20.4 | 52.2 | 69.9 |
| | 型宽 | 7.0 | 12.0 | 14.0 |
| | 型深 | 1.80 | 3.50 | 5.10 |
| 全长/m | | — | 57.5 | 74.0 |
| 满载平均吃水深/m | | 0.8 | 2.0 | 3.1 |
| 斗容/m³ | | 0.044 | 0.400 或 0.600 | 0.500 |
| 链斗数/个 | | 52 | 37 | 79 |
| 倒斗数/(斗/min) | | 57.00 | 11.15 或 19.23 | 25.00～37.50 |
| 最大挖深/m | | 3.5 | 12.0 | 20.0 |
| 总功率/kW | | 89.5 | 285.0 | 15000.0 |
| 总重量/t | | 103.6 | 890.0 | 1700.0 |
| 水上运输方式 | | 拖运 | 拖运 | 自航 8 节 |
| 定员/人 | | 21 | 40 | 47 |
| 允许开采流速/(m³/s) | | 1.5 | — | 2.5 |

开采顺序为：先深水后浅水，依次向两岸推进开采。

当采砂船两侧轮停靠砂驳时，由于一般靠离采砂船时间少于装料时间，只要拖轮与砂驳配备足够，可以保证采砂船连续，台时产量可直接用标定值；台班产量则可按时间利用率 0.75～0.85 考虑。只能单侧停靠砂驳时，则须考虑驳船靠离花费的时间，台时产量可按标定值 70％～80％ 计算。当拖轮砂驳配置不足时，则采砂船的生产能力受运输能力控制，必要时须编制采砂船与砂驳的采装卸运运行计划，验算其配套采运能力。

采砂船的选型要考虑开采物料的粒径、结构紧密程度、航道水深、开采深度以及配套的砂驳载重量。我国水利水电工程大多位于河流中上游。因此，采砂船、运输船的选型，还要考虑后续工程利用的问题。

采砂船应在静水或低流速条件下作业，流速不得超过规定限度。

料场开采区的航道，有些标准较低，又无航标标志，当采砂船及辅助船舶进入施工现场后势必占压部分航道，给航运带来一定影响。在采砂船进入施工区后，首先在近岸区域开挖，加宽航道，使施工区不占用航道，并设临时航标，避免干扰航运。

## 4.4.4　水路运输设备

水运运费一般较低，但位于山区的水利水电工程，河流坡陡流急，水位变幅大，常有大量的漂浮物。因此，采用水运要考虑航行安全和运输的季节性中断问题。

砂石料均系散装物料，常用装有自卸带式输送机的砂驳运输。砂驳有自航式或由拖轮拖运两种，国内常用拖轮拖运，短程运输可采用自航式砂驳。

拖轮动力可按每马力牵引总载重 3～5t 计算，重载逆水上行，应适当增加牵引功率。表 4 - 11 为丹江口和葛洲坝水电工程拖轮实际配置的功率数，单位牵引量约为 1～

2.36t/HP。

表 4-11　　　　　　　　丹江口和葛洲坝水电工程拖轮实际配置功率表

| 工程名称 | 流速/(m/s) | 驳船总载重/t | 拖轮马力/HP | 单位马力载重量/(t/HP) |
|---|---|---|---|---|
| 丹江口 | <1.5 | ~170 | 160~180 | 0.95~1.06 |
| 葛洲坝 | <2.5 | 564 | 240（枯水期）<br>360（洪水期） | 2.36<br>1.57 |

**注**　表中单位马力牵引载重未计拖轮自重；1HP=735.5W。

驳船工作数量 $N$ 可按式（4-13）计算，取不小于计算值的整数，并考虑 20%~30% 备用。

$$N = \frac{KQ\left(\dfrac{L}{v} + \sum t\right)}{qK_1 M} \tag{4-13}$$

$$\sum t = t_1 + 2t_2 + 2t_3 + t_4 \tag{4-14}$$

式中　$M$——月工作小时数；

　　　$K$——不均匀系数，一般取 1.1~1.2；

　　　$Q$——设计货运量，t/月；

　　　$L$——平均往返里程，km；

　　　$v$——航行速度，平均可取 8~10km/h；

　　　$t_1$——装驳船的时间，h，由驳船载重量和采砂船开采能力或码头计算确定；

　　　$t_2$——靠码头和靠砂船的时间，h，每次约 7~10min；

　　　$t_3$——离码头和离采砂船时间，h，每次约 3~5min；

　　　$t_4$——驳船卸船时间，h，由砂驳的卸料能力确定，国产 50~180m³ 砂驳的卸料时间约 15min；

　　　$K_1$——驳船的充满系数，一般为 0.7~0.9，运输水下开采的毛料时取小值；运输成品料时取大值；

　　　$q$——驳船的载重量，t。

拖轮数一般可计算的驳船数量配置。采用人工和抓斗装卸，停靠时间较长，或砂驳作短途运输时，则应通过编制采、运、卸作业计划计算需用的砂驳和拖轮数量。

拖轮砂驳和囤船的技术规格见表 4-12~表 4-14。

表 4-12　　　　　　　　　　常用拖轮技术规格表

| 拖轮船型 | 总长/m | 型宽/m | 吃水深/m | 拖轮船型 | 总长/m | 型宽/m | 吃水深/m |
|---|---|---|---|---|---|---|---|
| 1320HP | 45.1 | 9.6 | 3.5 | 480HP | 26.4 | 5.8 | 1.5 |
| 800HP | 33.5 | 7.6 | 1.8 | 240HP | 20.2 | 5.2 | 1.2 |
| 540HP | 31.6 | 7.8 | 1.8 | | | | |

表 4 - 13　　　　　　　　　　　　　　　国产砂驳技术规格表

| 项　　目 | 船型 | | 项　　目 | 船型 | |
|---|---|---|---|---|---|
| | 50m³ | 180m³ | | 50m³ | 180m³ |
| 船长/m | 28.0 | 43.6 | 卸料带式输送机带宽/mm | 700 | |
| 船宽/m | 6.2 | 9.6 | 电动机功率/kW | 10 | |
| 船深/m | 1.8 | 2.4 | 带式输送机产量/(m³/h) | 200 | |
| 吃水深/m | 1.00 | 0.44~1.50 | 配备人员/(人/班) | 2 | |
| 料仓容积/m³ | 60 | 180 | 卸料时间/min | 15 | 15 |

表 4 - 14　　　　　　　　　　　　　　　囤船主要技术规格表

| 项　　目 | 规格 | | 项　　目 | 规格 |
|---|---|---|---|---|
| 船体长/全长/m | 33.6/38.6 | | | 宽度/mm | 1000 |
| 型宽/全长/m | 6/6.4 | 带式输送机 | 带速/(m/s) | 1.75 |
| | | | 功率/kW | 28 |
| 型深/吃水深/m | 1.5/0.5~0.8 | | 输送量/(m³/h) | 400 |

### 4.4.5　码头

（1）码头位置。

1）应尽量靠近砂石混凝土系统的成品堆料或毛料堆场，以减少装卸前后的作业和运输。

2）应选择在河床稳定、水深足够、水流平稳并有较宽广的水域和场地的地方，以便船只调头、停靠、装卸、转运等作业。

3）应避开水上储木场、桥梁、危险品储存以及其他重要构筑物。

4）平原河流顺直微弯型河段，码头应选在深槽稍下游，水深、地形较好的河段。弯曲型河段应选在凹岸弯顶下游，且水深、地形较好的河段。分叉型河段，应选在正在发展的一叉内，在叉口上游河床上建码头，要注意叉道变迁的影响。

5）山区河流的非冲积性河段，码头一般建在急流卡口上的缓水段或水深流缓，枯水时又无淤积的沱内。在半冲积性河段上，可按非冲积性河段和平原河流的情况结合考虑。

6）设在水库内的码头应选择具有天然避风条件的地点，要求岸坡稳定，不宜设在近坝段和水库回水的末段。

（2）常用码头型式。常见的砂石装卸码头有固定式码头、浮码头等（见表 4 - 15），水利水电工程广泛应用斜坡梭式带式输送机和引桥式输送机。

砂石运输量大，装卸料一般多用带式输送机。只在运量不大时才用人工或抓斗式起重机。

1）装船。直立式固定码头，可用堆料机沿岸移动装船。囤船式码头可用固定（或回转）带式输送机装船，驳船沿囤船移档作业。

　　　　　　　　　常 用 码 头 型 式 表

| 型　　式 | | 示　意　图 | 适 用 范 围 | 特　　点 |
|---|---|---|---|---|
| 固定码头 | 斜坡式　简易 | | 适用于运量小，不考虑机械装卸 | 对水位变化适应幅度大，结构简单，造价较低，维修容易，建筑材料便于就地取材；起重运输条件较差，码头前沿水深不足必须使用囤船、跳板等 |
| | 斜坡式　囤船 | | 适用于码头前沿水深不足地区，机械化程度不高 | |
| | 斜坡式　梭式胶带机 | 　装料<br>　卸料 | 适用于斜坡河岸，水位变化较大的地区 | |
| | 直立式　岸壁 | | 适用于枯水期间，岩边有一定水深，水位变化在 3～5m 以内，并不需经常疏通的地区 | 可配置各种型式的起重运输设备，提高机械化水平、船舶停靠、装卸方便；造价高，施工期长，在低水位装卸作业不便 |
| | 混合式 | | 适用于水位变化大，且中低水位持续期达 3 个季度以上的地区 | 能在较长时间内便于船舶停靠和装卸作业；造价较高 |
| 浮码头 | 单跨引桥式 | | 当水位差不超过 5～6m 时 | 受水位差限制较少，可适用于水位升降较大的地区；结构简单，施工方便，适宜于工程地质不良地段。<br>囤船和驳船不能靠岸停靠。如有防洪要求，须增加设施和费用 |
| | 多跨引桥式 | | 当水位差在 8～10m 或更大时 | |

2）卸料。砂驳多用料仓式，仓底安有卸料带式输送机，通过囤船上带式输送机转运上岸。国内水利水电工程普遍采用带式输送机的上岸方式。

（3）码头装卸能力计算。码头的装卸（吞吐）能力取决于同时停靠的泊位数、驳船运载吨位以及装卸作业和靠离时间。码头的装卸能力 $Q$ 可按式（4-15）和式（4-16）计算：

$$Q = \frac{60qK_1nK_2}{\sum t} \tag{4-15}$$

$$\sum t = t_1 + t_2 + t_3 \tag{4-16}$$

式中　$Q$——码头装卸能力，t/h；

$q$——驳船的载重量，t；

$K_1$——驳船的充满系数，一般为 0.7～0.9，运输水下开采的毛料时取小值；运输成品料时取大值；

$n$——泊位数；

$K_2$——泊位利用系数，取 0.75～0.80；

$t$——装（卸）靠离码头的总时间，min；

$t_1$——装（卸）料时间，由码头装料设备的能力或驳船的卸料设备能力决定，对于国产 50～180m³ 砂驳，其卸料时间约为 15min；

$t_2$——靠码头时间，约为 7～10min；

$t_3$——离码头时间，约为 3～5min。

一般有两个泊位码头的月卸载能力，50m³ 砂驳约为 10 万 t，180m³ 砂驳约为 30 万 t。

（4）码头高程。

1）码头前沿陆域（或防洪堤）标高 $H$ 可按式（4-17）计算：

$$H = H_1 + H_2 \tag{4-17}$$

式中　$H_1$——设计高水位，m，根据该河段的水文资料，码头的重要性确定，大、中型采场，取 5% 频率洪水位；小型采场，取 10% 频率洪水位；如原地区地面高程较低，重要设备可设在防洪堤内；

$H_2$——码头（或防洪堤）的超高值，一般取 0.5m。

2）码头前沿河底设计标高 $h$，根据航道水深、枯水位、淤积情况和驳船吃水深度确定：

$$h = h_1 + h_2 \tag{4-18}$$

式中　$h_1$——航道设计低水位，m，一般可采用保证率为 90%～98% 的低水位；

$h_2$——设计水深，m，为选用船舶的满载吃水深加龙骨下的富余水深（见表 4-16）和预留回淤泊富余水深（一般为 0.4m）。

表 4-16　　　　　　　　　　　　船舶龙骨下的富余水深表　　　　　　　　　　单位：m

| 河床类别 | 选用船舶的标准吨位/t | |
|---|---|---|
| | <500 | >500 |
| 土质 | 0.2 | 0.3 |
| 石质 | 0.3 | 0.5 |

（5）码头前沿的水域或港池。码头前沿水域一般不占用主航道，水域宽度为船舶宽度的3～4倍。船舶转调头所需水域的长度，一般不小于设计船舶（队）长度的2.5倍，宽度不小于1.5倍。当河道狭窄，前沿无足够水域，但有陆地可供利用时，可以采用挖入式港池。港池长度应能避免风浪影响。

# 5 骨料生产工艺设计与设备选型

## 5.1 概述

随着水电行业高速发展，水电站规模日益增大，人工砂石骨料需求量越来越大，骨料生产系统的加工工艺更趋完善，工艺设计理念向"多碎少磨，以破代磨，破磨结合"的思路发展，加工设备进一步向智能化、大型化发展。高性能破碎设备、高频筛、长距离带式输送机、风选设备等先进设备在骨料生产系统中得到广泛应用。

骨料生产工艺设计与设备选型是骨料系统设计的关键环节，直接影响砂石生产的质量和成本。在进行骨料生产工艺设计与设备选型时，应对料源岩石的性质、骨料成品的级配和质量要求、主要设备的技术性能等进行充分研究。生产工艺既要能满足砂石成品的级配和质量要求，又要能适应料源岩石的性质。系统设备的配置要求既具有技术上的先进性、经济上的合理性，还需保证系统运行的可靠性。

## 5.2 工艺设计与选择

骨料生产系统工艺设计的主要内容是：根据加工料源的岩石性质，重点研究骨料生产方法、破碎加工工艺流程、设备类型、破碎段数及制砂工艺等。

生产方法包括干法生产、湿法生产、干湿法结合三种形式。特大型、大型骨料生产系统粗骨料生产宜采用湿法生产工艺，细骨料可采用干法与湿法相结合或全干法的加工工艺。

破碎加工工艺流程有分段闭路、闭路、开路三种形式。分段闭路流程具有骨料级配调节灵活、循环负荷量相对较小、检修较为方便等优点，但车间数量相对较多，运行管理相对复杂；闭路流程可根据需要调整骨料级配，车间布置相对集中，但循环负荷量大，检修不够方便；开路流程没有循环负荷量，车间布置较为简单，但级配调整灵活性较差，级配平衡后可能有部分弃料。特大型、大型人工骨料生产系统宜采用分段闭路生产粗骨料，中小型人工骨料生产系统可采用全闭路或全开路生产粗骨料。当采用立轴冲击式破碎机或圆锥式破碎机制砂时，应与检查筛分构成闭路生产。天然砂石级配与需用砂石级配差异较小，直接利用率大于 90％时，可采用全开路生产；当原料与需用砂石级配差异较大时，可结合原料储量经过经济比较后选择分段闭路工艺流程或全开路流程。

制砂工艺应根据原料岩性、所需的处理能力及成品砂的细度模数和石粉含量要求，确定制砂的设备类型、数量以及工艺流程。

总之，系统的工艺设计及选择要根据原料岩石的特性、系统规模、产品级配和质量要求、主体工程混凝土浇筑的进度计划、工程区域的气候条件等诸多因素，经综合分析确定。

### 5.2.1 破碎段数选择

破碎段数的选择与料源岩石性质有关。对于难破碎、磨蚀性强的岩石，例如玄武岩、花岗岩、流纹岩等，应选用三段破碎；对于中等可碎或易碎岩石可采用两段破碎，如石灰岩、大理岩等。各段破碎的粒径范围见表 5-1。

表 5-1　　　　　　　　　各段破碎的粒径范围表

| 项目 | 进料粒度/mm | 出料粒度/mm |
|---|---|---|
| 粗碎 | ≤1200 | ≤350 |
| 中碎 | ≤350 | ≤100 |
| 细碎 | ≤100 | ≤40 |

各类设备都有一定的破碎比范围，实际采用的破碎比大小还和石料的可碎性及生产流程有关，难碎岩石取小值，易碎岩石取大值。常用破碎机的破碎比范围见表 5-2。

表 5-2　　　　　　　　　常用破碎机的破碎比范围表

| 破碎机类型 | 流程类型 | 破碎比范围 |
|---|---|---|
| 颚式破碎机和旋回破碎机 | 开路 | 3~5 |
| 标准型圆锥破碎机 | 开路 | 3~5 |
| 中型和短头型圆锥破碎机 | 开路 | 3~6 |
| 中型和短头型圆锥破碎机 | 闭路 | 4~8 |
| 反击式破碎机 | 开路 | 10~25 |

当采用两段破碎工艺时，对于中等可碎或难碎岩石，粗碎选用颚式破碎机或旋回破碎机，其破碎比相差不大，但中碎宜选用破碎比相对较大的中型圆锥破碎机，细碎宜选用短头型圆锥破碎机。对于易碎岩石，也可以采用反击式破碎机作为粗碎和中碎，但应对成品碎石的中径筛余量进行复核。

### 5.2.2 料源岩石特性和加工工艺设计

料源岩石的特性直接影响着骨料生产系统的工艺设计。特大型、大型人工骨料生产系统的加工工艺设计，应首先取得同类岩石的加工试验资料，了解原料的硬度、可碎性（功）指数、磨蚀性指数、破碎粒度曲线等参数，当无同类岩石加工试验资料时，应进行骨料生产性试验。中小型骨料生产系统可根据典型的粒度曲线进行设计。

目前水利水电工程的砂石原料岩性主要有石灰岩、砂岩、花岗岩、玄武岩、流纹岩、片麻岩、正长岩、辉绿岩、大理岩、凝灰岩等。其中以石灰岩、花岗岩应用最多，玄武岩、凝灰岩等岩石加工人工砂石粉含量往往偏低，片麻岩、大理岩等岩石加工的人工砂石粉含量往往偏高。石英岩、砂岩等岩石生产粗骨料往往针片状含量偏高，不过砂岩的岩性变化很大，一般应进行破碎试验分析。常用岩石特性见表 5-3，常用岩石可碎性指数和磨蚀性指数见表 5－4。

表 5－3　　　　　　　　　　　常 用 岩 石 特 性 表

| 序号 | 名称 | 干抗压强度/MPa | 破碎性能 | 特　点 |
|---|---|---|---|---|
| 1 | 石灰岩 | 60～150 | 易碎或中等可碎 | 石灰岩是沉积岩的一种，其矿物成分主要为碳酸钙，一般呈灰色或白色，如含杂质较多可呈深色。有致密状、结晶粒状、生物碎屑等结构，性脆。加工性能良好，是目前人工骨料采用最多的原料，生产细骨料石粉含量常偏高 |
| 2 | 砂岩 | 60～150 | 易碎或中等可碎 | 由石英颗粒（沙子）形成，结构稳定，通常呈淡褐色或红色，主要含硅、钙、黏土和氧化铁。砂岩是一种沉积岩，主要由砂粒胶结而成的，其中砂粒含量大于 50％，绝大部分砂岩是由石英或长石组成的。按其沉积环境可划分为：石英砂岩、长石砂岩和岩屑砂岩三大类。一般磨蚀性较强，生产粗骨料时针片状含量较高 |
| 3 | 花岗岩 | 100～250 | 中等可碎或难碎 | 花岗岩是一种岩浆在地表以下冷却形成的火成岩，主要成分是长石、石英和云母。常能形成发育良好、肉眼可辨的矿物颗粒，因而得名。花岗岩不易风化，硬度高、吸水率低 |
| 4 | 玄武岩 | 200～400 | 难碎 | 玄武岩是一种喷出岩，矿物成分主要由基性长石和辉石组成，次要矿物有橄榄石、角闪石及黑云母等，岩石均为暗色，一般为黑色，有时呈灰绿以及暗紫色等。呈斑状结构，气孔构造和杏仁构造普遍。玄武岩耐久性好，抗压强度高，吸水率低，是良好的混凝土骨料原料，但难破碎，制砂困难，一般石粉含量偏低 |
| 5 | 石英岩 | 100～300 | 中等可碎或难碎 | 主要矿物为石英，可含有云母类矿物及赤铁矿、针铁矿等。石英岩是一种主要由石英组成的变质岩（石英岩含量大于 85％），是石英砂岩及硅质岩经变质作用形成。一般是由石英砂岩或其他硅质岩经过区域变质作用，重结晶而形成。也可能是在岩浆附近的硅质岩石经过热接触变质作用而形成石英岩，其加工性能与砂岩类似 |
| 6 | 辉绿岩 | 150～300 | 中等可碎或难碎 | 辉绿岩为深源玄武质岩浆向地壳浅部侵入结晶形成，显晶质、细粒或中粒，暗灰或灰黑色，常具辉绿结构或次辉绿结构。深灰、灰黑色。主要由辉石和基性长石组成，含少量橄榄石、黑云母、石英、磷灰石、磁铁矿、钛铁矿等。基性斜长石常蚀变为钠长石、黝帘石、绿帘石和高岭石；辉石常蚀变为绿泥石、角闪石和碳酸盐类矿物。因绿泥石的颜色而整体常呈灰绿色。常呈岩脉、岩墙、岩床或充填于玄武岩火山口中，呈岩株状产出。少见单独出现，因此作为人工骨料原料的情况较少 |
| 7 | 大理岩 | 50～150 | 易碎 | 大理岩是一种变质岩，又称大理石。因中国云南省大理县盛产这种岩石而得名。由碳酸盐岩经区域变质作用或接触变质作用形成。主要由方解石和白云石组成，此外含有硅灰石、滑石、透闪石、透辉石、斜长石、石英、方镁石等。具粒状变晶结构，粒度一般为中、细粒，有时为粗粒，块状构造。通常白色和灰色大理岩居多。其硬度和抗压强度一般较低，用作人工骨料原料时应做专门试验分析，生产细骨料石粉含量很高，有时可高达 40％ |

| 序号 | 名称 | 干抗压强度/MPa | 破碎性能 | 特　点 |
|---|---|---|---|---|
| 8 | 片麻岩 | 100~200 | 易碎 | 片麻岩是一种变质岩，而且变质程度深，具有片麻状构造或条带状构造，有鳞片粒状变晶，主要由长石、石英、云母等组成，其中长石和石英含量大于50%，长石多于石英。片麻岩主要包括三种类型：黑云斜长片麻岩、二长花岗片麻岩和 A 型花岗质片麻。其加工性能与大理岩相似 |
| 9 | 流纹岩 | 100~300 | 中等可碎或难碎 | 流纹岩是一种火成岩，是火山的酸性喷出岩石，其化学成分与花岗岩相同，由于形成时冷却速度较快使矿物来不及结晶，二氧化硅含量大于69%，其斑晶主要为钾长石和石英组成，晶体形状为方形板状，有玻璃光泽，但有节理。岩石为灰色、粉红色或砖红色，有斑状结构和流纹状结构。其硬度和抗压强度一般比花岗岩大，加工性能与玄武岩相似，制砂较为困难，石粉含量偏低 |
| 10 | 凝灰岩 | 100~300 | 中等可碎或难碎 | 凝灰岩是一种火山碎屑岩，其组成的火山碎屑物质有50%以上的颗粒直径小于2mm，成分主要是火山灰，外貌疏松多孔，粗糙，有层理，颜色多样，有黑色、紫色、红色、白色、淡绿色等，根据其含有的火山碎屑成分，可以分为：晶屑凝灰岩；玻璃凝灰岩；岩屑凝灰岩。在颜色和形态上有点像混凝土，加工细骨料石粉含量常偏低 |

表 5－4　　　　　　　　　　常用岩石可碎性指数和磨蚀性指数表

| 岩石名称 | 冲击强度/(N·m/cm) | 可碎性指数 $W_i$ | 磨蚀性指数 $A_i$ |
|---|---|---|---|
| 白云岩 | 2.7 | 10.3±3.5 | 0.001~0.05 |
| 石灰岩 | 3.1 | 11.9±2.8 | 0.01~0.03 |
| 片麻岩 | 4.0 | 15.4±3.5 | 0.50±0.10 |
| 花岗岩 | 4.0 | 15.7±5.8 | 0.55±0.11 |
| 石英岩 | 4.0 | 15.8±2.8 | 0.75±0.12 |
| 辉绿岩 | 5.1 | 18.5±4.3 | 0.30±0.10 |
| 玄武岩 | 5.6 | 20.3±3.9 | —— |

由于岩石的内部微观结构（晶体结构或分子排列形式）不同，岩石在破碎时的颗粒形状也有所不同，破碎产品的针片状含量有较大差别，在工艺设计时应选择适当的破碎机机型，必要时还应专门采取整形措施，确保产品针片状含量满足规范要求。

### 5.2.3　典型工艺流程

（1）半成品生产。水利水电工程习惯上把原料经过粗碎处理后的产品称为半成品，人工骨料系统的半成品是指原料经过粗碎后所得的产品，根据所选的中碎机型允许进料粒径确定粗碎的最大排料口尺寸。

为确保系统生产均匀连续，一般应设半成品堆场，无特殊要求时，半成品堆场的活容积一般应不小于高峰期一个班的处理量。具体容积确定参见第 6 章相关内容。常用的三种半成品生产典型流程见图 5－1。

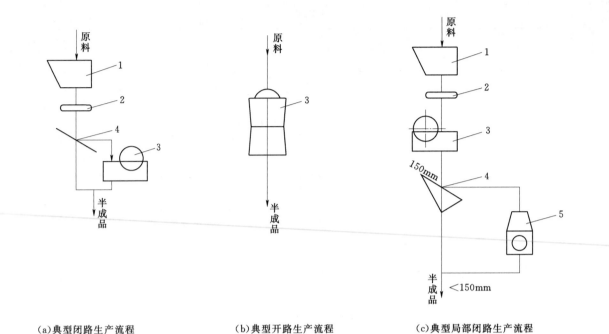

(a)典型闭路生产流程   (b)典型开路生产流程   (c)典型局部闭路生产流程

图 5-1　半成品生产典型流程图

1—受料仓；2—给料机；3——次粗碎设备；4—振动筛；5—二次破碎设备

（2）碎石生产。习惯上将粗骨料通常又称为碎石，碎石加工流程一般有开路和闭路两类。闭路生产粒径分布均匀，产品质量较好，各种规格产品比例可调，产品级配易调整，是人工骨料生产中常用的流程，但其流程复杂，处理效率较低。图 5-2（a）是典型的闭路生产流程。开路生产各级产品中多余的石料，只能进入下一工序处理，不能返回上一工序处理，其优点是流程简单，处理量小，但产品的最大粒径、级配曲线均只能靠排料口尺寸控制，粒径分布由原料特性和排料口决定且不易调整，可能不均匀或不稳定，图 5-2（b）是典型的开路生产流程，采用这种流程时应对产品质量进行专门论证，经过经济比较也可将部分多余石料弃除来调节产品级配。图 5-2（c）是典型局部闭路生产流程，对小石可以循环破碎处理，可控制制砂原料的最大粒径，适用于同时制砂的系统，对于不需要制砂（或某时段不制砂）的系统，经过经济比较也可将部分中石、小石弃除以调整级配。

（3）制砂。目前国内普遍采用的人工制砂工艺为立轴冲击式破碎机与棒磨机联合制砂。对于易碎岩石或中等可碎岩石，也有采用立轴冲击式破碎机单独制砂，并采用高线速度立轴式冲击破碎机整形配合调节。对于硬度特别高、特别难碎的岩石，也有采用短头型（超细腔型）圆锥破碎机制砂，棒磨机配合调节。

制砂设备主要有棒磨机、立轴冲击式破碎机、短头型（超细腔型）圆锥破碎机、反击式破碎机等。

棒磨机设备可靠，产品粒度均匀、细度模数可调、质量稳定、粒型好、软硬岩石均适用，是早期人工混凝土骨料生产系统主要采用的制砂设备。但棒磨机制砂单位能耗较高，钢棒耗量大、噪声大、运行成本较高，主要用于配合立轴冲击式破碎机使用，用做调节成

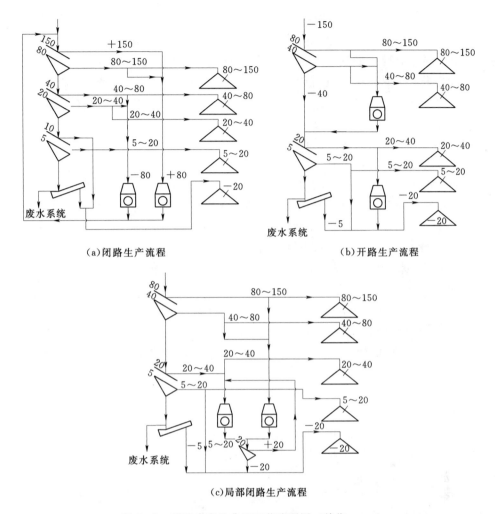

（a）闭路生产流程　　　　　　　　　　（b）开路生产流程

（c）局部闭路生产流程

图 5-2　碎石生产的典型工艺流程图（单位：mm）

品砂质量。但采用不同性质岩石作为原料时，棒磨机的生产能力、单位耗钢量、维修成本等经济技术指标差别很大。而棒磨机制砂可全开路生产，不需要设置检查筛分，可大幅简化工艺流程，节省检查筛分车间的建设投资及运行成本。所以在选择制砂工艺时应充分了解岩石性质，如果使用棒磨机制砂产量高，单位耗钢量不大时，经过经济比较也可单独使用棒磨机制砂。

立轴冲击式破碎机具有处理能力大、噪声小、单位能耗低的优点。其破碎原理是利用物料高速撞击的能量使物料破碎，一般岩石颗粒的棱角会在撞击中首先破碎，所以立轴冲击式破碎机还对粗骨料（主要是小石）有良好的整形效果。由于转子线速度恒定，物料的粒径越小，其冲击能量越低，越难以破碎，小石（特别是 10mm 以下的颗粒）在经过立轴冲击式破碎机一次破碎撞掉棱角后，很难再次破碎，所以小石在立轴冲击式破碎机中反复循环会大幅降低破碎机的破碎效果，降低成砂率。因此，立轴冲击式破碎机一般用于制砂的同时还生产小石，不仅生产的小石粒型美观，而且因减少了小石的反复循环，及时补充足够的中石，可很好的改善制砂效果。

立轴冲击式破碎机允许进料粒径理论上可达 60mm，但是当原料为中等可碎或难碎岩石时，进料中含有大于 40mm 颗粒，会显著增加转子、抛料头和衬板的磨损。因此，当原料为中等可碎或难碎岩石时，应控制立轴冲击式破碎机进料粒径不超过 40mm 为宜，大于 40mm 的颗粒宜返回细碎进行处理。当原料为易碎岩石时，进料允许粒径可适当放宽，但大于 40mm 的颗粒含量不宜过高。

如果原料中夹杂有无法破碎的金属物，极易损坏抛料头。因此，进入立轴冲击式破碎机料仓的胶带机上，安装除铁装置或金属探测器。条件允许时，可在每台立轴冲击式破碎机的进料胶带机上安装金属探测器。

立轴冲击式冲击破碎机制砂，成品砂粒型较好，但细度模数一般偏大、粒度组成不够理想，粗颗粒偏多，需要与检查筛分构成闭路循环生产。为了确保成品砂细度模数合格、粒度曲线合理，一般在检查筛分车间增设一层 3.0～3.5mm 筛网，去除成品砂中部分 3～5mm 的颗粒，分离出的 3～5mm 的颗粒不能再返回立轴冲击式破碎机循环破碎，可采用棒磨机处理。近年来市场上出现了高线速度立轴冲击式破碎机，其转子线速度达 85m/s，可以有效对小于 5mm 的颗粒进行再次破碎，当原料为易碎或中等可碎岩石时，效果尤为明显，分离出的 3～5mm 颗粒也可采用高线速度立轴冲击式破碎机处理。

立轴冲击式破碎机制砂一般其细度模数和石粉含量等参数不易调节，当原料易碎、成品砂石粉含量偏高、细度模数偏低时，可采用螺旋分级机对全部或部分成品砂进行水洗，也可采用风选设备脱除部分石粉或细砂颗粒，降低石粉含量，调节细度模数。当原料中等可碎或难碎、成品砂石粉含量偏低、细度模数偏高时，宜配备棒磨机制砂进行调节，并辅以石粉回收。

对于大多数原料而言，采用立轴冲击式破碎机和棒磨机联合制砂，既能根据原料变化灵活调节成品的细度模数和石粉含量，保证成品砂质量，又能有效控制制砂成本，是目前普遍采用的制砂工艺。

目前也有少量工程采用短头型（超细腔型）圆锥破碎机制砂，圆锥破制砂产品特性与立轴式冲击破碎机类似，也需要与检查筛分构成闭路循环生产，其制砂效果基本不受循环次数的影响，主要用于难碎岩石，也可与立轴破配合用于处理经过立轴破处理后的返回料。但其设备价格较高，处理能力较低，成本较高。

对于部分易碎岩石，也有采用反击式破碎机制砂，但其产品级配不够稳定，粒径偏粗，一般只用于小型或对产品质量要求不高的加工系统。

人工制砂的典型工艺流程见图 5-3。

### 5.2.4 湿法生产

湿法生产是指在骨料筛分过程中，用水对骨料进行冲洗，具有筛分效率高、骨料表面洁净、生产过程无扬尘等优点，但湿法生产用水量大、废水处理难度大、成品砂石粉流失严重、脱水困难。湿法生产工艺一般在原料中含泥或软弱颗粒较多时采用，当成品砂石粉含量偏高时，也可采用湿法生产去除部分石粉。

根据原料中所含泥的性质不同，洗石方法可分为筛面冲洗和洗石机清洗。具体采用何种清洗方法，应根据原料的含泥程度、泥土的性质、所需的处理量、需清洗的骨料最大粒径等因素综合分析确定。一般按土的塑性指数将原料分为易洗、中等可洗、难洗三类，分

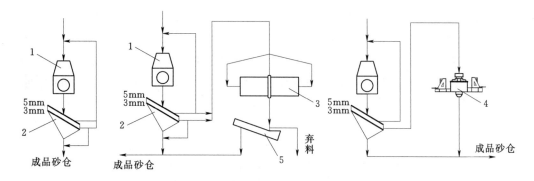

（a）破碎机单独制砂  （b）破碎机与棒磨机联合制砂  （c）破碎机与高线速度立轴式冲击破碎机

图 5-3　人工制砂的典型工艺流程图

1—破碎机（立轴冲击式破碎机、短头型圆锥破碎机）；2—振动筛（检查筛分）；3—棒磨机；

4—高线速度立轴式冲击破碎机；5—螺旋分级机

类方法和一般采用的清洗方法见表 5-5。

**表 5-5　　　　　　　　　　　　原料的可洗性分类表**

| 可洗性 | 泥土的状态 | 塑性指数 | 一般使用的清洗方法 |
| --- | --- | --- | --- |
| 易洗 | 粉土或粉质砂土 | <5 | 筛面压力水冲洗 |
| 中等可洗 | 带有黏性，泥块在手上能擦碎 | 5~10 | 洗石机一次擦洗 |
| 难洗 | 黏土，泥块在手上难擦碎 | >10 | 洗石机二次擦洗或配合水枪冲洗 |

筛面压力水冲洗是在距离振动筛筛网一定距离安装喷水装置对筛面上的物料进行冲洗，喷水装置应保证喷水能覆盖整个筛面宽度方向，冲洗水压力应不低于 0.2MPa，一般用于泥土黏性较低的原料，带有一定黏性的中等可洗原料也可以采用加大水压、增加喷水点等方式进行筛面冲洗。采用筛面冲洗方法时，应配套螺旋分级机对细粒物料进行脱水。

含有泥块或黏性夹泥的原料在筛面上压力水冲洗往往达不到质量要求，应考虑采用洗石机清洗，洗石机同时还兼有减少骨料棱角和改善骨料粒型的作用。常用的洗石机一般有槽式洗石机和圆筒洗石机两种，槽式洗石机又有倾斜式和水平式两种，具有体积小、处理能力大、洗石效果好等优点，目前在国内的特大型、大型骨料生产系统中被广泛采用。其缺点是只能清洗较小粒径的物料（最大为 70~80mm）、能耗高。圆筒洗石机可以清洗的最大粒径可达 300~400mm，可用来清洗粗碎后的半成品或天然骨料生产系统的原料，清洗时间可调而且单位能耗低。缺点是外形尺寸较大，一般需要单独布置车间，设备和基础费用都较高。

### 5.2.5　干法生产

干法生产是指在骨料生产过程中不进行洗泥作业，而仅在成品碎石进入成品料仓前采用冲洗筛进行冲洗的加工工艺。干法生产的优点是用水量少、石粉流失少、废水处理量少，主要适用于原料清洁，成品砂成砂率低、石粉含量低的骨料生产系统。由于干法生产扬尘严重、原料含水时细骨料不易筛透，早期骨料生产系统采用较少，现在随着除尘设备不断发展和高频振动筛的应用，干法生产工艺越来越多的在特大型、大型骨料生产系统中采用。有些系统成品砂石粉含量偏高，也可以采用干法生产，用风选法去除部分石粉。

系统选用干法工艺生产时，物料的含水率对筛分效率有很大影响，一般含水率超过3%时，细骨料筛网就很容易堵塞，筛分效率大幅降低。因此，干法生产必须严格控制原料含水率，从粗碎开始就应严格控制洒水降尘的洒水量，各调节料仓和主要胶带机均应设置防雨棚以保证雨季生产需要。

高频振动筛由于其振动频率高，能量大，筛孔不易堵塞，对细骨料的筛分效率要高出普通振动筛近3倍，特大型、大型骨料生产系统宜采用高频振动筛配合干法生产工艺。

干法生产扬尘一般比较大，一般扬尘点主要有以下部位：各破碎机的排矿口（尤其是立轴式破碎机和反击式破碎机）、进入调节料仓的胶带机落料点、筛分车间的进料点和出料点等。干法生产一般不宜采用洒水降尘，应结合实际情况配置除尘设备，调节料仓可做成封闭的防雨棚，同时起到防尘作用。

采用干法生产工艺生产的粗骨料，会有一定程度裹粉导致试验检测含泥量超标，一般采取进仓前加设冲洗筛对成品粗骨料进行冲洗，冲洗筛一般采用直线筛，安装倾角−5°～0°，冲洗水压可根据实际冲洗情况调整，一般不宜小于0.2MPa。冲洗筛的冲水点应布置在冲洗筛的后部（靠近进料点的一端），以保证骨料在冲洗筛上有足够的脱水时间，避免冲洗后的浑水随成品带入成品料仓。

采用干法生产工艺生产的成品砂，入仓含水率一般可控制在6%以下，不需要在成品料仓内堆存脱水，成品砂仓的容积可适当减小。

### 5.2.6 干湿结合加工

干湿结合加工一般是指采用湿法生产粗骨料，干法生产细骨料相结合的生产工艺。主要适用于原料含泥量偏高，且成品砂石粉含量偏低的系统。

一般工艺流程为在进行预筛分和粗骨料筛分时，进行筛面加水冲洗，必要时也可采用洗石机对40mm以下的颗粒进行洗泥。经冲洗合格的粗骨料直接进入成品料仓，小于5mm的颗粒采用螺旋分级机脱水后进入成品砂仓，部分5～40mm的颗粒采用脱水筛脱水后作为制砂原料，采用立轴式破碎机干法制砂，结合岩石性质考虑是否需要配置棒磨机调节细度模数和颗粒级配，也可采用高速立轴冲击式破碎机（转子线速度85m/s）对分离的3～5mm颗粒进行破碎，改善细度模数和级配曲线。

干湿结合法加工工艺兼有干法生产和湿法生产的优点，系统耗水量较少、废水处理量不大、粗骨料表面清洁、细骨料石粉流失少、扬尘点少。其最大的缺点是制砂原料经过水洗，在进入立轴式破碎机前必须采取可靠措施脱水，确保进入立轴式破碎机的原料含水率不大于3%，否则严重影响立轴式破碎机的制砂效果，目前较多工程采用直线脱水筛，但极难以达到理想效果，设计时可适当增大立轴式破碎机车间的调节料仓，使原料在调节料仓内有2～4h的堆存脱水时间，生产时进料小车尽量停留在备用（不开机）的破碎机上下料，破碎机轮流开机。

### 5.2.7 粒型调整

某些原料岩石（一般为坚硬岩石）用于生产人工骨料时，其粗骨料产品中的针片状颗粒含量偏多，特别是小石中的针片状颗粒含量容易超标。对于易产生针片状颗粒的原料，宜优先选用反击式破碎机，旋回破碎机和圆锥破碎机次之，颚式破碎机效果最差。另外，选用槽式洗石机对骨料进行擦洗，也有助于减少针片状含量。

为了改善小石产品粒型，一般采用立轴式冲击式破碎机制砂的同时生产小石，不仅小石粒型美观，还可显著改善立轴冲击式破碎机的制砂效果。

除了合理选用加工设备，生产过程中应加强管理，粗碎、中碎应选择合适的排矿口开度，破碎时挤满给料，并保持给料均匀。

### 5.2.8　天然骨料生产

天然骨料生产系统设计前，应首先掌握料场可采储量、粒径级配、可开采时段、需用的砂石级配和数量等资料。

当天然骨料的级配与需用骨料的级配差异较小，直接利用率大于90%，且储量足以满足工程需要时，可以采用全开路生产工艺，只设筛分清洗工序，不设破碎工序，少量多余骨料作为弃料处理。

当天然骨料的级配与需用骨料的级配差异较大，如果原料中粗骨料含量偏多，可采用闭路工艺进行级配调整，将多余的粗骨料进行破碎或制砂。当砾石（卵石）制砂工艺的经济合理性较差时，应研究开采石料（或利用地下工程开挖弃渣）人工制砂的可能性和经济性；当原料中粗骨料偏少时，可考虑补充部分人工粗骨料。如果原料储量足够满足工程需要，经过技术经济比较，也可以采用开路工艺，将多余的粗骨料或细骨料做弃料处理。

天然原料超径石较多且不需要对超径石进行破碎处理的系统，经过经济比较，可在料场设置预筛分（预筛分可采用固定格筛或条筛），将超径石剔除后再运往系统处理。

天然原料生产的砂细度模数偏低时，可利用部分粗骨料制粗砂，与天然砂掺混调节细度模数。经过经济比较，也可以将天然砂进行筛分、水洗（或风选）去除部分细砂和石粉，以调整细度模数，分离出的石粉和细砂做废料处理。天然原料生产的砂细度模数偏高时，可将部分3～5mm颗粒筛出，采用棒磨机处理后掺混使用，以改善细度模数。经过经济比较，也可以将部分3～5mm颗粒做弃料处理。

天然砂的细度模数有可能很不稳定，为了避免浪费，在系统设计时，可将部分成品砂筛分成0～3mm、3～5mm两级，分开堆存，根据需要掺配使用，采用这种措施时，应对掺配工艺进行专项设计，确保掺配准确性和可操作性。

## 5.3　设备选型与配置

随着机械制造业的迅速发展，目前骨料生产系统的生产设备种类和型号越来越多，骨料生产系统设计应充分了解原料特性和各种加工设备的特性，选择合适的加工设备。

### 5.3.1　基本原则

骨料系统设计的主要加工设备选型应遵循以下基本原则：

（1）应取得同类岩石的加工试验资料，了解原料的硬度、可碎性（功）指数、磨蚀性指数、破碎粒度曲线等参数，当无同类岩石加工试验资料时，应进行骨料生产性试验。

（2）设备配置应满足工艺流程需要，对原料的岩性变化和产品级配需求波动有一定的适应能性，避免成品骨料级配失调。

（3）上、下道工序所选用的设备负荷应均衡，同一作业宜选用相同的型号规格的设备，以简化工艺，方便维修。

（4）大型、特大型骨料生产系统应选用与生产规模相适应的大型设备，同一作业的设备数量宜不少于两台。

（5）当砂石原料具有高硬度和强磨蚀性时，特大型、大型骨料生产系统的主要设备宜整机备用，中小型骨料生产系统的主要设备可适当降低设备负荷率。

（6）应用成批生产的定型产品，优先选用高效、节能、环保的先进加工设备，并适当考虑后续工程利用的可能性。

### 5.3.2　主要加工设备的特性和适用条件

骨料生产系统一般将直接用于破碎、筛分分级、制砂、清洗的设备称为主要加工设备，用于砂石料储存、运输、调整及控制生产过程的设备为辅助设备，这里研究的设备是指主要加工设备。

（1）破碎设备。破碎设备（又称破碎机）的类型有：颚式破碎机、旋回破碎机、圆锥破碎机、反击式破碎机、锤式破碎机等。破碎机类型选择应根据原料的岩性（可碎性、磨蚀性）、所需的处理能力、原料的最大粒径、需要产品的粒径等确定。各种破碎机的工作原理如下：

1）颚式破碎机。颚式破碎机主要靠动颚和定颚的挤压破碎物料，定颚固定在机架上，动颚的运动形式分为简单摆动型和复杂摆动型两种。

简单摆动型动颚悬挂在悬挂轴上，当偏心轴旋转时，带动连杆做往复运动，从而使两块推力板也随着做往复运动，通过推力板的作用，推动悬挂轴上的动颚做往复运动。当动颚向定颚靠近时，落在颚腔内的物料受到颚板的挤压作用而破碎。当动颚离开定颚时，已破碎的物料在重力作用下下落，小于排料口的物料排出破碎腔，大于排料口的物料留在破碎腔内受到下一次挤压破碎。破碎机工作时，动颚上各点均以悬挂轴为中心，做简单圆周运动，所以称为简单摆动型。

复杂摆动型的动颚直接悬挂在偏心轴上，受到偏心轴的直接驱动，动颚的底部用一块推力板支撑在机架的后壁上。当偏心轴转动时，动颚一方面对定颚做往复运动，同时还顺着定颚有一定程度的上下运动，物料不仅受到挤压，还受到剪切和研磨破碎。破碎机工作时，动颚上各点的运动轨迹都不一样，顶部接近圆弧，而底部为椭圆轨迹。由于动颚上各点的运动轨迹比较复杂，所以称为复杂摆动型。

国内有些矿山机械厂也曾制成混合摆动型破碎机，动颚和连杆均安装在偏心轴上，动颚各点的运动轨迹均为椭圆，可有效提高破碎机生产能力，但因为偏心轴及轴承受力很大，很容易损坏，而且结构过于复杂，因此没有得到推广。

颚式破碎机主要组成部分包括机架、偏心轴、大皮带轮、飞轮、动颚、侧护板、肘板、肘板后座、调隙螺杆、复位弹簧、固定颚板与活动颚板等。颚式破碎机结构见图5-4。

2）旋回破碎机。旋回破碎机动锥体支承在球面轴承上，并固定在一个悬挂竖轴上，竖轴置于偏心套筒内，而偏心套筒又置于止推轴承上。动锥体与竖轴一同由偏心轴套带动，偏心轴套借水平轴及皮带轮并经伞齿轮来传动。皮带轮则由电动机经三角皮带传动。

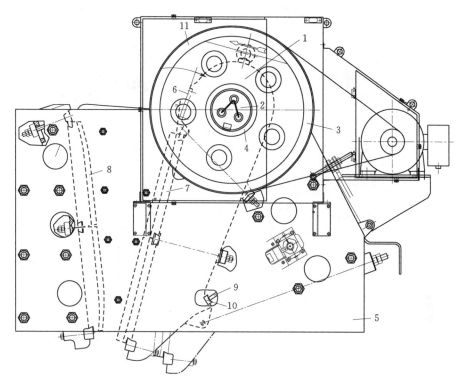

图 5-4　颚式破碎机结构图

1—动颚；2—偏心轴；3—飞轮；4—机架；5—侧板；6—护板；7—活动颚板；
8—固定颚板；9—肘板；10—肘板后座；11—大皮带轮

竖轴的下部装进偏心套筒中，当偏心套筒旋转时，以轴划出一个圆锥面。动锥的锥体周期性地靠近与离开定锥的锥面，当动锥靠近定锥时，产生破碎作用，离开时已破碎物料随重力下落，到达第二次破碎位置，直到排出破碎腔。动锥相对定锥既有垂直运动，又有平面运动。因此，物料在破碎腔内即受到挤压，也受到剪切、弯曲和磨削，破碎效率较高。它的破碎动作是连续进行的，故工作效率高于颚式破碎机。

　　旋回破碎机主要组成部分包括传动轴、机座、偏心套、破碎圆锥、中架体、横梁、原动、油缸、液压部、电器控制部分、润滑系统等。MK-Ⅱ42-65 旋回破碎机部分结构见图 5-5。

　　3）圆锥破碎机。圆锥破碎机主要用于中碎和细碎，按其破碎腔的形状不同可分为标准型、中型、短头型等。

　　圆锥破碎机工作原理为电动机通过三角皮带和皮带轮驱动传动轴，传动轴通过齿轮驱动偏心套，偏心套驱动主轴使动锥产生旋摆运动，动锥做旋转运动时和固定锥体衬板之间产生周期性的相对运动，对从上部进入破碎腔的物料进行挤压破碎。

　　圆锥破碎机主要组成部分包括传动轴、机座、破碎圆锥、偏心套、液压部、电器控制部分、润滑系统等。圆锥破碎机部分结构见图 5-6。

　　4）反击式破碎机。利用高速旋转的转子上的锤头（锤板），对送入破碎腔内的物料产生高速冲击而破碎，且使已破碎的物料沿切线方向以高速抛向破碎腔另一端的反击板，再

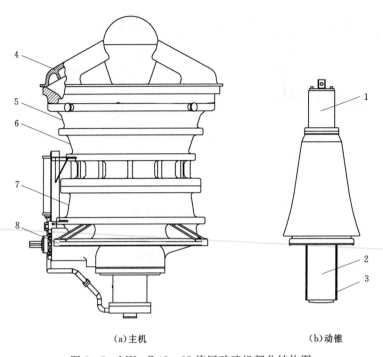

（a）主机 （b）动锥

图5-5　MK-Ⅱ42-65旋回破碎机部分结构图

1—主轴；2—液压部；3—偏心套；4—横梁；5—上架体；6—中架体；7—下架体；8—机座

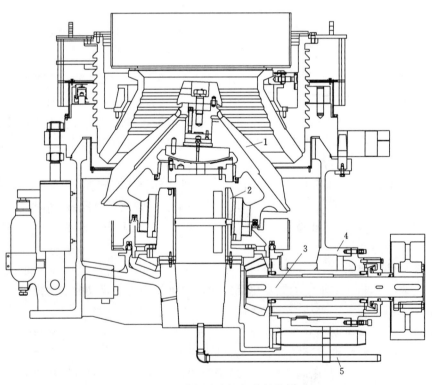

图5-6　圆锥破碎机部分结构图

1—破碎圆锥；2—偏心套；3—传动轴；4—机座；5—液压部

次被破碎，然后又从反击板反弹到板锤，继续重复上述过程。在往返途中，物料间还有互相碰击作用。由于物料受到板锤的打击、与反击板的冲击以及物料相互之间的碰撞，物料不断产生裂缝，松散而致粉碎。当物料粒度小于反击板与板锤之间的缝隙时，就被卸出。调整反击架与转子之间的间隙可达到改变物料出料粒度和物料形状的目的。

反击式破碎机主要组成部分包括反击锤、转轴、转盘、皮带轮、飞轮、轴承座、进料口、上部机壳、下部机壳等。反击式破碎机部分结构见图 5-7。

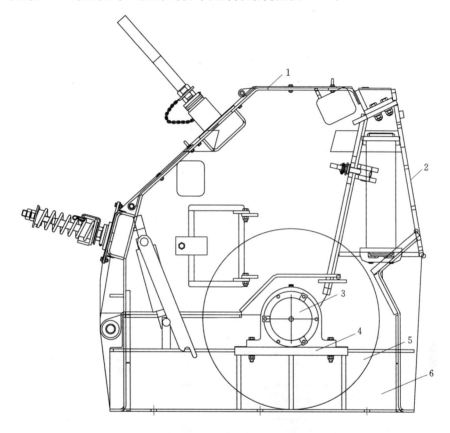

图 5-7　反击式破碎机部分结构图
1—上部机壳；2—进料口；3—转轴；4—轴承座；5—皮带轮；6—下部机壳

5）锤式破碎机。与反击式破碎机原理类似，主要靠破碎机锤头的冲击作用而破碎物料，在转子下部设有筛板，物料进入破碎机后，立即受到高速旋转的锥头冲击而破碎，经破碎后的物料中小于筛板孔径的粒级通过筛板排出，大于筛孔的物料留在筛面上继续受到锤头的打击和研磨，部分破碎的物料从锤头处获得动能，高速撞击机壳内壁的衬板而产生二次破碎。整个破碎过程中，也有部分物料相互撞击破碎。

破碎机的类型、特点和适用范围见表 5-6。

当原料为中等可碎或易碎岩石，选用反击式破碎机作为粗碎设备时，应进行粗骨料生产级配与使用级配的平衡复核。选用反击式破碎机作为中、细碎时，应进行破碎试验并根据试验成果，按照《水工混凝土施工规范》（DL/T 5144—2001）的要求，核算各级粗骨料的中径筛余量。

表 5-6　　　　　　　　　　破碎机的类型、特点和适用范围表

| 序号 | 类型 | 特　点 | 适用范围 |
|---|---|---|---|
| 1 | 颚式破碎机 | 主要形式有双肘简单摆动型和复杂摆动型两种。<br>优点：结构简单，工作可靠，外形尺寸小，自重较轻，配置高度低，进料口尺寸大，排料口开度容易调整，价格便宜。<br>缺点：衬板容易磨损，产品中针片状含量较高，处理能力较低，一般需配置给料设备 | 能破碎各种硬度岩石，广泛用作各型骨料生产系统的粗碎设备。小型颚式破碎机亦可用作中碎设备 |
| 2 | 旋回破碎机 | 一般有重型和轻型两类，其动锥的支承方式又分普通型和液压型两种。<br>优点：处理能力大，产品粒型好，单位产品能耗低，大中型机可挤满给料，无需配置给料机。<br>缺点：结构复杂，外形尺寸大，机体高，自重大，维修复杂，土建工程量大，价格昂贵，允许进料尺寸小，大中型机要设排料缓冲料仓 | 重型适于破碎各种硬度岩石，轻型适于破碎中硬以下岩石。一般用作大型骨料生产系统的粗碎设备，小型机亦可作为中碎 |
| 3 | 圆锥破碎机 | 有标准型、短头型三种破碎腔，弹簧和液压两种支承方式。<br>优点：工作可靠，磨损轻，扬尘少，不易过粉碎。<br>缺点：结构和维修都复杂，机体高，价格昂贵 | 适用于各种硬度岩石，是各型骨料生产系统中最常用的中、细碎设备 |
| 4 | 反击式破碎机 | 有单转子和双转子，单转子又有可逆和不可逆式，双转子则有同向和异向转动等型式。骨料生产系统常用单转子不可逆式破碎机。<br>优点：破碎比大，产品细，粒型好，产量高，能耗低，结构简单。<br>缺点：板锤和衬板容易磨损，更换和维修工作量大，扬尘严重，不宜破碎塑性和黏性物料 | 适用于破碎中硬岩石，用作中碎和制砂设备，目前有些大型设备也可用于粗碎 |
| 5 | 锤式破碎机 | 有单转子、双转子、可逆和不可逆式，锤式铰接和固定式，单排、双排和多排圆盘等型式。骨料生产系统常用的是单转子、铰接、多排圆盘的锤式破碎机。<br>优点：破碎比大，产品细，粒形好，产量高。<br>缺点：锤头易破损，更换维修量大，扬尘严重，不适于破碎含水率在 12% 以上和黏性的物料 | 适用于破碎中硬岩石，一般用于小型骨料生产系统细碎；有蓖条时，用于制砂。目前已较少应用 |

　　破碎机处理后物料的粒度曲线，一般应通过试验确定，当无法取得试验资料时，也可采用设备生产厂家推荐的同类岩石典型曲线。

　　除了固定的破碎机外，对于经常需要搬迁作业的系统，还可以选择移动破碎站。移动破碎站是将破碎机安装在可行走的底盘上，能够对物料进行现场破碎，并可随原料开采面的推进而移动的成套设备。

　　移动破碎站根据其行走底盘不同可分为轮胎式和履带式两大类，根据其组合方式不同

又可分为标准型、闭路型、单级组合、二级组合等。现代的移动破碎站可按需求进行模块化组合，可选用各种不同类型破碎机，可为单独的粗碎设备，也可按要求组成粗碎、中碎两段破碎系统，小型移动破碎站还可与筛分设备组合。

履带式移动破碎站有良好的地形适应能力，适用于矿山采掘现场使用，多用于粗碎，主要采用的破碎机有颚式破碎机和反击式破碎机。水利水电工程人工骨料生产系统多采用履带式移动破碎站。移动破碎站可节省破碎机基础土建费用，方便移动和转场，不需现场装配。因运输物料由毛料变为经破碎的半成品，可有效减少运输车辆损伤，降低运输车辆维护成本。其缺点是：设备位于开采区域内，需要经常移动避炮，采用柴油驱动成本较高，而采用电力驱动需要较长的大直径电缆，电缆移动较困难。

轮胎式移动破碎站主要适用于场地条件较好的领域，如建筑垃圾再利用、城市基础建设、公路铁路施工等，也可用于水利水电工程的中碎、细碎，主要配置中小型破碎设备。

移动破碎站集受料、破碎、传送等工艺设备为一体，通过工艺流程的优化使其具有优秀的岩石破碎、骨料生产、露天采矿的破碎作业性能，可通过不同机型的联合，组成一条强大的破碎作业流水线，完成多需求的加工作业。其设计先进、性能优良、生产效率高、使用维修方便、运营费用经济、工作稳定可靠。目前移动破碎站的开发呈现数字化、并行化、集成化、模块化的趋势，已发展出可以远程监视、遥控操作的先进设备，将成为今后破碎设备的重要发展方向。

（2）筛分设备。筛分设备分为振动筛和固定筛两大类，骨料生产系统应用较多的是振动筛。

固定筛有格筛和条筛两种，一般用于粗碎车间或天然骨料生产系统的采料场隔离超径石，但筛分效率很低，只有50％～70％，而且由于没有振动，物料很容易堵塞筛孔，清理筛板费时费力，影响生产，一般只在当天然砂石料开采场的储量很大而超径石较多，开采时需将超径石全部丢弃时采用，其他情况很少采用。

振动筛分为偏心振动筛、纯惯性振动筛、自定中心振动筛（单轴振动筛）、重型振动筛、直线振动筛（双轴惯性振动筛）、共振筛、折线筛（双轴等厚筛）、高频筛等类型。振动筛的分类、特点及适用范围见表5-7。

表5-7　　　　　　　　　　　振动筛的分类、特点及适用范围表

| 序号 | 类型 | 特　　点 | 适　用　范　围 |
|---|---|---|---|
| 1 | 偏心振动筛 | 1. 筛框由偏心轴直接带动，在垂直面内做封闭轨迹运动，振幅等于偏心距的2倍；<br>2. 振动力大，结构坚固，振幅不随给料量的大小而变化，筛孔不宜堵塞；<br>3. 惯性力大，常不宜完全平衡，因而引起建筑物震动，轴承构造比较复杂 | 用于筛分粗粒物料，筛孔尺寸可达100～250mm，以往常做砂石料的第一道筛分，现已被惯性振动筛所代替 |
| 2 | 纯惯性振动筛 | 1. 利用偏心块激振器使筛子产生振动，其传动轴与皮带轮同心；<br>2. 激振器随筛框振动，从而引起皮带轮振动，致使电机工作不稳定，影响电机寿命；振幅随给料量的变化而变化，影响筛分效率 | 用于中、细颗粒筛分；现已很少使用 |

| 序号 | 类型 | 特 点 | 适 用 范 围 |
|---|---|---|---|
| 3 | 自定中心振动筛（单轴振动筛） | 1. 原理同纯惯性振动筛，但皮带轮和传动轮不同心。有皮带轮偏心式和轴承偏心式两种，晒分时，皮带轮中心能在空间保持不动；<br>2. 电动机工作稳定，激振力大，可获得较大振幅，因而筛分效率高；构造简单，制造容易，激振器不需要精确平衡；<br>3. 筛子振幅变化，影响筛分效率的稳定；启动、停机过程中，经过共振区振幅大，对设备和建筑物不利 | 广泛应用于给料均匀的中、细颗粒筛分 |
| 4 | 重型振动筛 | 1. 系皮带轮偏心式的自定中心单轴惯性振动筛；<br>2. 激振器采用带旋转式偏心重的消振装置，消除了经过共振区的大振幅现象；启动力矩小，对基础动负荷小，结构坚固，能承受较大的冲击负荷；<br>3. 因结构重，振幅大有时出现筛箱、横梁断裂现象 | 用于筛分粗粒物料，筛孔尺寸可达 250～400mm，常作预筛分，处理超径石 |
| 5 | 直线振动筛（双轴惯性振动筛） | 1. 振动由两根带有偏心重的轴作反向的同步回转而产生，运动轨迹是直线；<br>2. 筛面多水平安装，配置高度小，振幅大，筛面大，处理量高，筛面各点运动轨迹相同，有利于物料的筛分；<br>3. 构造复杂，价格高，激振器重量大，能量消耗大，振幅不易调整 | 用于粗、中、细物料的筛分，也可适用于脱水、脱泥、脱介 |
| 6 | 共振筛 | 1. 是一种在接近共振状态下工作的筛分设备；<br>2. 处理能力大，筛分效率高，振幅大，电耗小，结构紧凑，工作平稳，动负荷小；<br>3. 制造较复杂，设备重量大，振幅很难稳定，调整比较复杂，使用寿命短，价格高 | 可用于各种物料筛分，也可适用于脱水、脱泥、脱介，已淘汰，很少应用 |
| 7 | 折线筛（双轴等厚筛） | 1. 筛面采用不同倾角的折线，物料在筛面上的运动速度递减，料层厚度保持不变；<br>2. 处理能力高，减少筛孔堵塞，筛分效率高，设备配置较方便；<br>3. 筛面结构复杂，安装高度大 | 适用于细粒（粒径小于25mm）物料筛分 |
| 8 | 高频筛 | 1. 筛分效率高；<br>2. 振幅小；<br>3. 频率高 | 适用于粒径小的物料 |

（3）制砂设备。目前常用的制砂设备为立轴冲击式破碎机和棒磨机。对于硬度特别高、特别难碎的岩石，也有采用超细腔型（短头型）圆锥破碎机制砂。当原料为硬度较低的岩石（如石灰岩、白云岩、大理岩等），小型骨料生产系统也可采用反击式破碎机制砂。

1）立轴冲击式破碎机。立轴冲击式破碎机工作原理为电动机经三角胶带带动破碎机转子，需破碎物料一部分通过叶轮上部分料器供给高速旋转的转子；另一部分通过破碎腔在离心力作用下向转子外高速投射，线速度达 60～80m/s。由转子抛射的物料与腔内物料成直角碰撞，继而产生物料在腔内旋流，高效率发挥破碎性能。

立轴冲击式破碎机主要是由电动机、传动装置、主轴总成、叶轮、给料斗、分料器、涡动破碎腔、底座、润滑装置等几部分组成。立轴冲击式破碎机部分结构见图5-8。

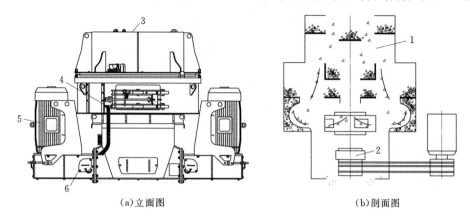

(a)立面图　　　　　　　　　　　　　(b)剖面图

图5-8　立轴冲击式破碎机部分结构图

1—涡动破碎腔；2—主轴总成；3—给料斗；4—润滑装置；5—电动机；6—底座

立轴冲击式破碎机按腔型一般分为两类，即"石打铁"和"石打石"。"石打铁"是指通过高速旋转的抛料口将物料直接打到破碎机腔体内的衬板上，其破碎效果较好、成砂率较高，但物料对衬板等易损件的磨蚀相对较强；"石打石"是通过分料器将物流分成两股，一股在破碎机腔体内形成料垫，一股通过高速旋转的抛料口抛出，打到腔体内的料垫上，其破碎效果略差、成砂率略低，但物料不直接冲击腔体内衬板，对易损件的磨蚀相对较小。两类立轴冲击式破碎机在水电工程应用中均有比较成功的案例。一般当原料为难碎岩石、磨蚀性较强时，宜选用"石打石"立轴冲击式破碎机，原料为中等可碎或易碎岩石、磨蚀性中等或较弱时，宜选用"石打铁"立轴冲击式破碎机。

2）棒磨机。棒磨机工作原理为电动机通过减速器使周边齿轮减速和传动并带动筒体旋转。筒体内部装有适当的磨矿介质钢棒。磨矿介质在离心力和摩擦力的作用下，被提升到一定的高度后呈抛落状态运动。被磨制的矿石等物料，由给矿口连续地给入筒体内部，被运动的介质所磨碎或击碎，并通过溢流（湿式）和连续给料的作用而排出于机外。

棒磨机主要组成部分包括电机驱动、减速器、周边齿轮减速器、空心轴、筒体、进料和出料部分、钢棒、高锰钢衬板。棒磨机部分结构见图5-9。

棒磨机具有结构简单、操作方便、设备可靠、产品粒形好、粒度分布均匀、质量良好稳定等优点，适用于难碎岩石、中等可碎和部分易碎岩石，对于特别易碎的原料（如大理岩），棒磨机加工会导致石粉含量非常高，造成脱粉困难，且多余石粉只能丢弃造成浪费。由于棒磨制砂的单位能耗高、钢棒耗量大、齿轮润滑油耗量大、噪音大、运行成本高，但其不需要配套检查筛分，如单独作为制砂设备应进行经济技术比较。一般情况不作为主要制砂设备，仅用于调节产品石粉含量和细度模数。

3）超细腔型圆锥破碎机。制砂效果不受原料粒型和颗粒级配的影响，能破碎难碎岩石，但处理能力比立轴冲击式破碎机低，价格昂贵。当原料为难碎岩石（如玄武岩）时，可用于与立轴冲击式破碎机配合制砂，减少立轴冲击式破碎机的循环处理量，可有效改善

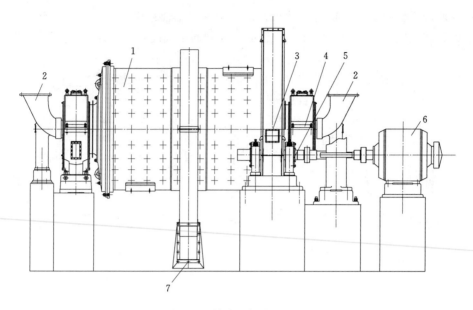

图 5-9　棒磨机部分结构图

1—筒体；2—进料部分；3—周边齿轮减速器；4—空心轴；5—减速器；6—电机驱动；7—出料部分

立轴冲击式破碎机的制砂效果。

4）反击式破碎机。可用于易碎岩石制砂，但级配不够稳定，粒径偏粗，一般只用于小型或对产品质量要求不高的加工系统。

（4）分级脱水设备。水利水电工程骨料生产系统常用的分级脱水设备有螺旋分级机和水力旋流器。

1）螺旋分级机。螺旋分级机主要用于分级、脱水和洗砂，当成品砂石粉含量偏高时，也可用于脱除部分石粉。螺旋分级机按其溢流堰相对高度分为高堰式、沉没式、低堰式三种，其适用范围见表 5-8。

表 5-8　　　　　　　　　各类螺旋分级机的适用范围表

| 序号 | 型式 | 分级粒度/mm | 适　用　范　围 |
|---|---|---|---|
| 1 | 高堰式 | ≥0.15 | 适用于粗粒分级 |
| 2 | 沉没式 | <0.15 | 适用于细粒分级、控制石粉含量 |
| 3 | 低堰式 | | 适用于洗砂脱水 |

人工骨料生产系统一般采用宽堰型长螺旋分级机（溢流口较矿用分级机宽），以减少细砂流失，加强脱水效果。对于含泥量较大的天然砂，宜采用带有叶桨的螺旋洗砂机。经过螺旋分级机脱水后的成品砂含水量约为 18%～20%。

2）水力旋流器。水力旋流器是利用离心力进行水力分级的一种设备，骨料生产系统一般用于浓缩料浆和回收细砂，经水力旋流器脱水的细砂含水率约为 20%～25%。水力旋流器一般与高频筛组合使用。

水力旋流器的优点是占地面积小，土建费用省，操作维护简单；缺点是需要配套砂泵，砂泵及旋流器本身磨损严重。

（5）洗石设备。含有泥块或黏性夹泥的原料在筛面上压力水冲洗往往达不到质量要求，应考虑采用洗石机清洗，洗石机同时还兼有减少骨料棱角和改善骨料粒型的作用。

常用的洗石机一般有槽式洗石机和圆筒洗石机两种，槽式洗石机又有倾斜式和水平式两种，具有体积小、处理能力大、洗石效果好等优点，目前在国内的特大型、大型骨料生产系统中广泛采用。其缺点是只能清洗较小粒径的物料（最大为 70～80mm）、能耗高。圆筒洗石机可以清洗的最大粒径可达 300～400mm，可用来清洗粗碎后的半成品或天然骨料生产系统的原料，清洗时间可调而且单位能耗低。缺点是外形尺寸较大，一般需要单独布置车间，设备和基础费用都较高。

（6）给料设备。给料设备的主要作用是使系统在稳定的负荷下进行连续可控正常的生产，当给料机停止动作时，又能起到闸门的作用，制止物料流动。

骨料生产系统给料设备有电磁和惯性振动给料机、板式给料机、槽式给料机、圆盘给料机、带式给料机和棒条振动给料筛等。常用的给料机特点和适用条件见表 5-9。

表 5-9 各种给料机的特点和适用条件表

| 设备名称 | 特 点 | 适 用 范 围 |
|---|---|---|
| 电磁和惯性振动给料机 | 体积小、重量轻，结构简单，安装方便，无机械摩擦，维护简便，运转费用低，便于自动控制。但噪声大，不宜输送黏性物料 | 给料粒径范围 0.6～500mm（粒径 50mm 以上给料能力减少），不能承受仓内料柱压力 |
| 板式给料机 | 能承受仓内料柱压力，给料均匀，允许给料粒径可达 1500mm，但设备笨重，价格高，维修工作量大 | 需承受仓内料柱压力，给料粒径大的场合 |
| 槽式给料机 | 结构简单，给料均匀，运行可靠，维修简便，可调节给料量和承受料仓料柱压力，适用于黏性物料的给料，但设备动力和结构尺寸较大 | 适用于 450m 以下的中等粒径物料的给料 |
| 圆盘给料机 | 系容积计量的给料设备，给料均匀调整容易，管理方便，但结构复杂、价格高、布置空间大 | 适用于细粒非黏性物料的给料，一般用作棒磨机的给料 |
| 带式给料机 | 给料均匀，给料距离可长可短，工艺布置有较大的灵活型，但不能承受料柱压力，物料粒径大时，胶带磨损较快 | 适用于 300mm 以下的粒径给料 |
| 棒条振动给料筛 | 结构简单，使用寿命长，振幅和激振力大，给料粒径可达 1000mm，生产能力可达 900t/h，兼有预筛分和给料的作用 | 可替代预筛分和给料机 |

（7）计量设备和金属探测器。计量设备主要包含汽车衡和皮带秤，是生产控制和统计用的辅助设备，目前所用的汽车衡和皮带秤都是电子式的。

汽车衡按秤体结构可分为：U 形钢汽车衡、槽钢汽车衡、工字钢汽车衡、钢筋混凝土汽车衡；按传感器可分为数字式汽车衡、模拟式汽车衡、全电子汽车衡。汽车衡俗称地磅，他们的基本配置是一样的，主要由承重传力机构（秤体）、高精度称重传感器、称重显示仪表三大主件组成，可完成汽车衡基本的称重功能，也可根据不同用户的要求，选配打印机、大屏幕显示器、电脑管理系统，完成更高层次的数据管理及传输的需要。

皮带秤是指对放置在皮带上并随皮带连续通过的松散物料进行自动称量的衡器。电子皮带秤承重装置的秤架结构主要有双杠杆多托辊式、单托辊式、悬臂式和悬浮式4种。双杠杆多托辊式和悬浮式秤架的电子皮带秤计量段较长，一般为2~8组托辊，计量准确度高，适用于流量较大、计量准确度要求高的地方。单托辊式和悬臂式秤架的电子皮带秤的皮带速度可由制造厂确定，适用于流量较小的地方或控制流量配料用的地方。电子皮带秤有累计和瞬时流量显示，具有自动调零、半自动调零、自检故障、数字标定、流量控制、打印等功能。

人工骨料生产系统为了防止金属块体进入破碎机而导致破碎机过载损坏，常在破碎机前安装金属探测器，一般同时配备电磁除铁器，清除料流中的金属块体。

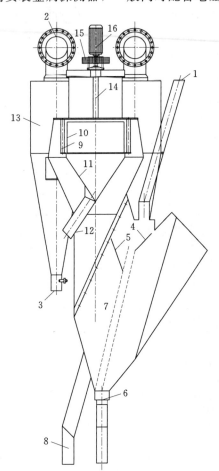

图 5-10　分选脱粉机结构图
1—进料口；2—旋风收尘器出风管；3—细粉进口；
4—打散板；5—分级板；6—粗砂出口；7—中砂
集料锥；8—中砂出口；9—弧形导流板；
10—笼形转达子；11—细砂集料锥；
12—细砂出口；13—旋风收尘器；
14—传动轴；15—皮带轮；
16—电机

金属探测器利用电磁感应的原理，利用有交流电通过的线圈，产生迅速变化的磁场。这个磁场在金属物体内部能产生涡电流。涡电流又会产生磁场，倒过来影响原来的磁场，引发探测器发出蜂鸣声。金属探测器的精确性和可靠性取决于电磁发射器频率的稳定性，一般使用的工作频率为80~800kHz。工作频率越低，对铁的检测性能越好；工作频率越高，对高碳钢的检测性能越好。检测器的灵敏度随着检测范围的增大而降低，感应信号大小取决于金属粒子尺寸和导电性能。

金属探测器一旦检测到金属物，会进行声光报警，并立即启动安装在其后面的电磁除铁器，将金属物清除。选择金属探测器时，应注意选择合适的探测精度，不宜过于灵敏，否则容易出现误报警。

（8）分选设备的工作原理：利用风机，将物料悬浮，通过物料的下落速度不同，利用组合分级和反击，逐级分选。分选脱粉机结构见图5-10。

通过破碎机、制砂机振动筛后，制成0~5mm的人工砂，用带式输送机送入风选设备，物料进入打散区，在导流板与反击板的作用下，不同粒径的砂料在下落过程中，砂粒产生不同的下落速度，使砂粒与砂粒之间产生数次相对碰撞、摩擦，砂粒表面的石粉被剥落下来，在风力的作用下脱离砂的表面。

入口进来的物料经多级打散板打散、剥离，各打散板之间从左侧吹来的风将料流中的中粗料及细料吹离,粗砂从底部粗砂出料口排出。悬浮于气流中的物料随风进入分级区的多层分级板之间,分级板将悬浮于气流中的物料进一步去除相对较粗的物料,粗料沿分机板下滑,被风再次吹起,反复分选,最后粗粉并入粗砂。出分级板的风带料进入中料分级区,在中料分级区由于气流减速,方向偏转,产生中砂的重力沉降和撞击器壁而沉降,中砂从中砂出口排出。气流带料进入细料分级区,在细料分级区,在弧形导流板作用下产生旋转,形成离心沉降和重力沉降双重作用,细砂落入下方细砂集料锥,由细砂出口排出。粉料随气流进入脱粉区,在笼型转子的作用下甩出稍粗料(细砂),细砂撞击弧形导流板落入细砂集料锥,含粉气流进入旋风筒进行气固分离,分离出的细砂由粉料口排出,较为干净的空气经出风管进入风机循环使用。

通过采用调整风速、风量大小来调整砂的石粉含量和细度模数。

### 5.3.3 主要加工设备的配置

(1) 破碎设备配置。破碎设备是骨料生产系统的核心部件,破碎设备配置是否合理,直接影响骨料生产系统的生产能力、产品质量、生产成本等重要技术经济指标。

破碎机的配置应根据被破碎岩石的岩性、硬度、给料粒径、需要的处理能力并结合工程所在地的地形、地质、交通条件、工程施工工期等因素综合分析确定。地质条件差、地形过于平缓、交通条件受限的工程,不宜配置大型旋回破碎机。

破碎机的铭牌处理能力是指在标准条件下(中等硬度岩石,松散密度为 $1.6t/m^3$)开路破碎时的处理能力。一般骨料生产系统粗碎的给料情况与标准条件基本相同。因此,实际处理能力与铭牌处理能力基本相同或略高。中碎给料粒度一般为 $150\sim350mm$、细碎给料粒度一般为 $40\sim150mm$,与标准条件相比,其粒度组成偏粗。因此,中、细碎设备(特别是圆锥破碎机)的实际处理能力低于铭牌处理能力,国产设备尤为明显。

破碎设备一般要求负荷率不超过 $80\%$ 为宜,旋回破碎机、圆锥破碎机由于尺寸庞大、价格昂贵、故障率不高、土建工程量大,一般可不考虑整机备用。颚式破碎机、反击式破碎机安装简单方便、价格相对较低、土建工程量小,可考虑整机备用。特别是反击式破碎机锤头和衬板易磨损,更换和维修工作量大,应适当降低负荷率。

(2) 筛分设备配置。振动筛配置应根据原料的含泥量、可洗性、所需的处理能力、筛分原料的级配曲线等确定。在计算筛分设备处理能力时,应计入给料量的波动,多层筛应逐层计算,按最不利层选择型号并校核出料端的料层厚度,要求筛网出料端的料层厚度不大于筛孔尺寸的 $3\sim6$ 倍(用于脱水时取小值)。

振动筛的单位面积的筛分能力按式(5-1)计算:

$$Q=BEDVHTKPWSM \tag{5-1}$$

式中　$Q$——单位面积的计算筛分能力,$t/(m^2 \cdot h)$;

　　　$B$——单位面积筛网的基本筛分能力,$t/(m^2 \cdot h)$,见表 5-10;

　　　$E$——筛分效率校正系数,见表 5-11;

　　　$D$——筛层校正系数,见表 5-12;

　　　$V$——大于筛孔孔径粒料含量的校正系数,见表 5-13;

　　　$H$——小于筛孔孔径 $1/2$ 的粒料含量的校正系数,见表 5-13;

　　　$T$——孔形校正系数,见表 5-14;

$K$——物料状态校正系数，见表 5 - 15；

$P$——粒形校正系数，见表 5 - 16；

$W$——容重校正系数，取物料容重与 1.6 的比值；

$S$——开孔面积校正系数，见表 5 - 17；

$M$——淋水筛分校正系数，见表 5 - 18。

表 5 - 10　　　　　　　　每平方米筛网的基本筛分能力 $B$ 值

| 孔径/mm | 0.8 | 1.6 | 2.3 | 4.0 | 5.0 | 10.0 | 12.5 |
|---|---|---|---|---|---|---|---|
| $B/[t/(m^2 \cdot h)]$ | 6.5 | 9.9 | 11.0 | 15.7 | 18.0 | 32.0 | 38.0 |
| 孔径/mm | 20.0 | 25.0 | 32.0 | 40.0 | 75.0 | 100.0 | 120.0 |
| $B/[t/(m^2 \cdot h)]$ | 48.0 | 55.0 | 60.0 | 65.0 | 90.0 | 110.0 | 120.0 |

表 5 - 11　　　　　　　　筛分效率校正系数 $E$ 值

| 筛分效率/% | 40 | 50 | 60 | 70 | 80 | 90 | 92 | 94 | 96 | 98 |
|---|---|---|---|---|---|---|---|---|---|---|
| $E$ | 2.3 | 2.1 | 1.9 | 1.6 | 1.3 | 1.0 | 0.9 | 0.8 | 0.6 | 0.4 |

表 5 - 12　　　　　　　　筛层校正系数 $D$ 值

| 层次 | 顶层 | 第二层 | 第三层 | 第四层 |
|---|---|---|---|---|
| $D$ | 0.90 | 0.80 | 0.70 | 0.63 |

注　一般不用第三层、第四层。

表 5 - 13　　　　　　　　粗细粒料校正系数 $V$ 值、$H$ 值

| 给料中粗或细粒含量/% | 0 | 5 | 10 | 15 | 20 | 25 | 30 | 35 | 40 | 45 |
|---|---|---|---|---|---|---|---|---|---|---|
| 粗粒料 $V$ | 0.91 | 0.92 | 0.93 | 0.95 | 0.97 | 1.00 | 1.03 | 1.06 | 1.09 | 1.13 |
| 细粒料 $H$ | 0.40 | 0.45 | 0.50 | 0.55 | 0.60 | 0.70 | 0.80 | 0.90 | 1.00 | 1.10 |
| 给料中粗或细粒含量/% | 50 | 55 | 60 | 65 | 70 | 75 | 80 | 85 | 90 | 95 |
| 粗粒料 $V$ | 1.18 | 1.25 | 1.33 | 1.42 | 1.55 | 1.75 | 2.00 | 2.60 | 3.40 | 4.30 |
| 细粒料 $H$ | 1.20 | 1.30 | 1.40 | 1.50 | 1.60 | 1.70 | 1.80 | 1.90 | 2.00 | 2.10 |

注　粗粒料指大于筛孔孔径物料，细粒料指小于筛孔孔径 1/2 的物料。

表 5 - 14　　　　　　　　孔形校正系数 $T$ 值

| 孔形 | 方孔 | 长筛孔 | | 圆孔 |
|---|---|---|---|---|
| 长/宽 | 1 | 2～3 | 3～6 | |
| $T$ | 1.0 | 1.1 | 1.4 | 0.8 |

表 5 - 15　　　　　　　　物料状态校正系数 $K$ 值

| 物料的表面状态 | $K$ | 备注 |
|---|---|---|
| 含有淤泥或黏土的碎石、砂、砾 | 0.75 | |
| 表面湿的或取自料堆含水率大于 6% 的砂石原料 | 0.85 | |
| 干的碎石、表面含水率小于 4% 的砂石原料 | 1.00 | 淋水筛分取 1.0 |
| 干的砂、砾石、加热筛分 | 1.25 | |

表 5-16　　　　　　　　　　　　　粒形校正系数 *P* 值

| 针片状含量/% | 5 | 10 | 15 | 20 | 30 | 40 | 50 | 60 | 70 | 80 |
|---|---|---|---|---|---|---|---|---|---|---|
| *P* | 1.00 | 0.95 | 0.90 | 0.85 | 0.80 | 0.75 | 0.70 | 0.65 | 0.60 | 0.55 |

表 5-17　　　　　　　　　　　　　开孔面积校正系数 *S* 值

| | 孔径/mm | 100 | 70 | 50 | 38 | 32 | 20 | 12 | 5 | 3 |
|---|---|---|---|---|---|---|---|---|---|---|---|
| *S* | 标准筛 | 1.40 | 1.37 | 1.35 | 1.28 | 1.18 | 1.12 | 1.04 | 0.74 | 0.66 |
| | 加重标准筛 | 1.28 | 1.28 | 1.28 | 1.18 | 1.09 | 0.99 | 0.99 | 0.67 | 0.60 |

表 5-18　　　　　　　　　　　　　淋水筛分校正系数 *M* 值

| 孔径/mm | 0.8 | 1.6 | 2.4 | 3.2 | 6.4 | 8.0 | 10.0 | 12.7 | >19.0 |
|---|---|---|---|---|---|---|---|---|---|
| *M* | 1.25 | 1.50 | 1.75 | 1.90 | 2.00 | 1.90 | 1.75 | 1.50 | 1.00 |

注　每吨物料的冲洗用水量为 1~2t。

为保证有效的筛分，要求在筛网卸料端的料层厚度不大于筛孔尺寸的 3~6 倍，用于脱水时取小值。物料在筛面上的运动速度，对于倾角 18°~20°的斜筛，可按 0.3~0.4m/s 估算；倾角为 22°~25°时，则取 0.5~0.6m/s。

筛分设备相对破碎设备而言，价格较低，而增加筛分车间处理能力、提高筛分效率能有效减少循环破碎量，降低破碎机的负荷率，降低生产成本。因此，除小型系统外，筛分设备一般应采用较低的负荷率，以不超过 75% 为宜，设备数量不少于两台，并配置整机备用。

（3）制砂设备配置。立轴冲击式破碎机的处理能力一般应根据生产性试验确定，无试验资料时，可采用生产厂家提供的同类岩石典型破碎曲线确定。

棒磨机处理能力受很多因素影响，变化范围很大（目前国内常用的 MBZ2136 棒磨机在溪洛渡中心场人工骨料生产系统加工玄武岩，处理能力仅 20t/h，在大岗山大坝骨料生产系统加工花岗岩，处理能力可达 65t/h），设备配置时宜通过试验确定其处理能力。无条件试验时，也可采用类比法确定，或参照生产厂家的产品目录确定。

制砂设备设计负荷率以不高于 75% 为宜，数量应不少于两台，并应整机备用。特别应注意的是，水利水电工程前期施工时，浆砌石、喷混凝土、房建等工程较多，用砂量很大（可达 60% 以上），如骨料生产系统需要为前期工程提供骨料，应按前期的用砂率复核制砂设备的负荷率。

（4）带式输送机配置。带式输送机的输送能力应根据相应的选型手册或厂家提供的产品说明计算，各种部件应根据相应的选型手册或厂家提供的产品目录选择。值得说明的是，水利水电工程人工骨料生产系统一般运行时间相对较短，带式输送机栈桥一般在现场制作，其制作精度常常偏低，导致带式输送机运行阻力常大于理论计算值，在计算功率及选用驱动装置时应考虑这一因素。

带式输送机的设计输送能力，应满足系统各种运行工况的输送量要求，并应计入料流量波动系数。输送能力校核时，应考虑系统短时间投入包括备用设备在内的全部设备满负荷生产的运行工况。筛分车间的出料胶带机，应考虑所有成品碎石不进仓，全部进入下一道工序加工，或成品碎石全部进仓，不分料给下一工序的工况，还应考虑筛分原料级配波动导致每层筛面出料量波动，建议筛分楼出料带式输送机的带宽及功率均在计算的基础上提高一个等级。

输送成品的长距离胶带机，计算输送能力时应考虑不同规格骨料频繁切换导致胶带机利用率降低，一般利用系数按 0.6~0.8 取值，输送距离远、用料点（拌和系统）调节料仓容积小时取小值，反之取大值。

带式输送机的宽度，除按运输能力计算复核外，还应根据其所运物料的粒径大小复核，一般胶带机宽度应不小于所运物料最大粒径的 3 倍。输送物料含水率大于 20% 或瞬时载荷可能超过设计值的 30% 时，应对带宽进行复核。

骨料生产系统的带式输送机的倾角，一般以向上不超过 15°、向下不超过 4° 为宜。当受到布置区域地形条件限制，所需向上倾角大于 15° 时，宜选用波状挡边带式输送机；所需向下倾角大于 4° 时，应针对制动器进行专项设计分析，但最大不宜超过 12°。输送湿法生产的细骨料（含水率大于 15%）的胶带机，其向上倾角宜不超过 12°，选用带宽应比计算提高一级，且不宜小于 650mm。

带式输送机的带速宜为 1.6~4.0m/s，条件恶劣，维修不方便的部位，宜选用较低带速，同一系统宜尽量选用相同带速，以利统一储存备品备件。

在带式输送中，对机长大于 1.5km 的带式输送机称为长距离带式输送机。长距离转弯带式输送机因其从投资到运行维护都比多条输送机搭接的所需的费用和功率低，在当今水利水电工程项目中应用越来越多。

长距离带式输送机系统由于其特殊的经济性，目前已广泛应用于水电工程，如龙滩、向家坝、锦屏二级、龙开口、黄登等水电站工程均采用了长距离带式输送机运输成品或半成品砂石料。长距离带式输送机具有下列优点：

1）可以实现连续高效、大运量运输。

2）适用于任何地形，如丘陵地带和坡地，特别适用于山谷地带的运输；容易跨越河流、铁路、公路、居民区和工业区。

3）维护管理工作量少。

4）易于采用集中控制。

#  6 骨料生产系统布置

骨料生产系统的布置应根据工程总布置、地形地质条件、生产工艺、系统规模、周边环境等情况进行合理规划。系统布置应满足技术先进、施工方便、运行可靠、经济良好、安全环保等要求。

## 6.1 骨料生产系统的选址

骨料生产系统布置的关键是厂址选择，厂址的选择要满足国家和地方政府法律所规定的用地要求，并综合考虑水源、电源、场地的地形和地质状况、外围交通条件以及至采石场和混凝土生产系统的距离等主要因素，还应考虑移民和环境等因素。具体地说，厂址选择应考虑下列主要原则及注意事项：

（1）厂址首先考虑设置在料场附近，若受其他条件的限制。厂址不能选择在料场附近时，就可考虑将厂址选择在混凝土生产系统附近，如果混凝土生产系统附近也不具备建厂条件时，也可在料场和混凝土生产系统之间选择。

（2）厂址选择时应尽量避开不利的地质条件，分析场地开挖对地层结构扰动后的影响，必要时还应考虑系统运行加载后的影响，避免地质灾害的发生。

（3）厂址选择靠近河床时，要考虑防洪度汛标准，以确定其系统布置的高程。

（4）厂址最好靠近已有的、可利用的交通运输线路、水源和主要输电线路。

（5）厂址应尽可能远离城镇和居民生活区，必须在城镇和居民生活区附近设厂时，应保持必要的防护距离。

（6）厂址选择尽量避免占用耕地、良田和林地，必须占用时待完工后应考虑复耕或恢复林地。

## 6.2 总体布置

### 6.2.1 主要原则及注意事项

（1）总体布置要满足生产工艺的要求，应根据工艺流程特点，做到投资省、建设快、指标先进、运行可靠、生产安全并符合环境保护要求。

（2）总体布置既要集中紧凑，减少征地，又要留有一定余地，方便其运行与维护。

（3）尽量合理、充分利用地形，为物料的自流运输创造条件，并应尽量简化内部物料运输环节，提高系统运行的经济性。

（4）各车间和附属设施应结合对外和厂内运输道路进行布置。

（5）辅助车间应尽量靠近服务对象，水电设施宜靠近主要使用车间布置。

（6）应避免在溶洞、滑坡、泥石流及填方地段布置破碎、筛分及制砂等重要生产车间，若必须在上述地段布置时，应进行充分的技术经济论证，并采取可靠的处理措施。

（7）布置应满足工程安全生产、安全度汛、消防及环境保护方面的要求。

一般而言，如果一个骨料生产系统的布置是安全的，能满足设计要求，建设及运行的总投资相对较为经济，能便于系统的运行管理，还能避免对社会和环境造成负面影响，那么这样的布置就是科学的、合理的。

### 6.2.2　布置条件

骨料生产系统在总体布置上既要兼顾料源及混凝土生产系统的位置，又要考虑与水、电等资源的空间距离，还应与场地的实际地形地貌相适应，外围交通条件也要能满足工程运输需要。但在实际工程中常常很难同时满足这些条件，甚至有些因素还相互矛盾。在工程总体布置时，对这些实际条件的适应度即要统筹兼顾，也要区别对待，应系统地、综合地比较，最大限度满足不同条件下总体布置与生产运行时的可行性、经济性、安全性及社会性。下面分几个方面并以工程实例加以说明。

（1）地形条件。从总体布置上来说，骨料生产系统适宜布置在较缓的坡地上，以较小的场地平整工程量就能实现系统层次分明的立体化布置，储料仓可利用冲沟进行布置，可节约土建工程量和减少料仓死库容。但在每个工程的具体布置时都有其特定的地形条件。小湾水电站左岸人工骨料生产系统在布置上是充分利用实际地形地貌并与其相适应的典范，小湾水电站骨料生产系统布置在坡度为 35°～55°的山坡上，其场地狭窄。如何解决物料的运输及储存是工程布置的难点。由于场地不足，该系统在布置上采用了竖井＋平洞的方式用于毛料的垂直运输，并将两座大型粗碎车间布置在地下洞室内。成品骨料采用竖井储存及平洞胶带机运输。小湾水电站骨料生产系统不仅解决了在狭窄、陡峭的场地上布置骨料生产系统的难题，而且实现了工程安全、稳定的运行，节省了工程投资。

（2）地质条件。地质条件是影响系统布置的关键因素，黄登、大华桥水电站骨料生产系统成品加工区布置在梅冲河区域。后对该区域进行了详细地质勘察，其地形地貌及工程地质基本情况为：梅冲河骨料生产主系统场地狭窄，山体陡峻，落差大。梅冲河骨料生产系统原设计布置区域高程 1633.00～1800.00m，地形坡度为 20°～42°。布置区域为松散堆积物，松散堆积物厚 5～20m。整体地形较陡，布置较为困难。整个场地范围内的地层表部为坡崩积层（$Q^{dl+col}$）的碎石质粉黏土夹块石。下伏基岩为三叠系上统小定西组（$T_3xd$）变质玄武岩夹变质凝灰岩。坡崩积层（$Q^{dl+col}$）为杂色（灰褐色、紫红色、紫灰色、黄色、黄褐色）碎石质砂质黏土夹块石，土层中块石及碎石含量为 30％～40％，场地范围内钻孔最大深度 31.1m，未揭穿该层。根据平面布置设计，梅冲河骨料生产系统最高开挖边坡高度达 176m（含混凝土系统高 40m 的边坡），开挖基本上未能揭穿坡积层，且边坡稳定存在安全隐患。而大格拉采场下的坡地较为开阔，地形较缓且地质状况良好，开挖边坡较低，整体布置较为宽松，相对于运行期系统检修及维护都较为便利。因此，大格拉的地形地貌和地质情况更适宜于布置骨料生产系统。

为了避开该区域不利的地形及地质状况，在对黄登、大华桥水电站骨料生产系统布置方案进行了分析比较后，方案调整为把骨料生产系统成品加工区从梅冲河移至大格拉，梅冲河只布置成品料仓，这有利于保证系统的正常稳定运行。

（3）水源条件。骨料生产系统用水量较大，水源对系统的布置影响也至关重要。向家坝水电站骨料生产系统的实际布置条件比较复杂，选定的料场距坝址较远（约 31km），通常情况下，应考虑将骨料生产系统布置在料场附近，因为运输成品砂石骨料到坝区相对于运输半成品或毛料在输送总量上要小一些，但料场离水源较远（与水源直线距离约 15km，提升高度超过 1000m）。而该系统生产工艺存在洗石、骨料冲洗和湿法制砂等诸多用水环节。经从技术、经济的角度进行论证后，最终将骨料生产系统拆分为两大部分并分开布置，将不需要用水的半成品生产部分布置在料场附近，将用水量较大的成品生产部分布置在坝区混凝土生产系统附近，使得整个系统的布置与水源相适应。

# 6.3 车间布置的基本方法

## 6.3.1 车间的布置原则

（1）车间布置应有一定灵活性，既能提前形成生产能力，满足施工前期砂石料需要，还可以及时调整生产方式，适应原料粒度变化及不同骨料级配要求。

（2）同一作业的多台相同规格的设备，应尽量对称或同轴线布置在同一高程上，以便于流程变换或设备互换，设备间距应满足安装、操作、维修要求。

（3）利用地形简化内部骨料运输和场地排水，楼（地）板也应有一定的坡度，以便于冲洗和排水。

（4）除寒冷地区外，破碎、筛分、制砂车间可露天设置，但电气设备应适当保护。成品砂堆场有脱水要求的，应设防雨棚。

（5）所有高出或低于地面 0.5m 的操作平台或地坑，均应设栏杆。传动部件应有防护罩，以确保安全生产。管道的架空高度不小于 2m。

（6）设备的操作面宽度。当设备的一边为固定设施或墙壁时，净宽一般不小于 1500mm。小设备或不经常操作的设备，净宽可减小至 1000mm 左右，但不小于 800mm。两台设备共用一个操作面时，净宽一般为 1500～2000mm。

（7）通道。主要通道宽度为 1500～2000mm；次要通道宽度为 700～1000mm；输送机廊道的人行道不小于 700mm；检修道为 500mm。

## 6.3.2 车间布置的顺序

在进行车间布置时一般首先考虑对几个控制性车间进行布置，首先应对粗碎车间进行布置，粗碎车间是整个系统的龙头，其布置影响整个系统的流向；其次考虑对半成品料仓和成品料仓进行布置，因为半成品料仓和成品料仓占地面积相对较大，所以一般在圈定的范围内进行布置其选择的余地相对较小。粗碎车间、半成品料仓和成品料仓布置初步确定之后，再进行中间其他车间的布置，并进行协调性和连贯性调整，最后进行道路及其他辅助车间的布置。

### 6.3.3 车间布置的基本方法

（1）粗碎车间的布置。

1）粗碎车间宜靠近并低于料场设置，但必须留有足够的安全距离。大、中型旋回破碎机，可采用直接入仓挤满给料方式，机下应设缓冲料仓，其活容积不宜少于两个车厢的卸料量。小型旋回或颚式破碎机，应采用连续给料方式，需配置重型板式给料机、振动给料筛或槽式给料机。

2）破碎机受料仓的大小应根据卸料方式，每次卸料量，来车间隙时间等因素确定，一般可考虑相当于 15～30min 的处理量或 50～100t 左右的储存量。大型破碎机可采用 10～20min 的处理量。但最小不得小于两个车厢的容积。小型破碎机是否设置受料仓，其容量多少，可根据具体情况决定。

3）粗碎车间的超径石处理可配置必要的起吊设备、挖掘设备或配置破碎锤。

4）粗碎车间采用自卸汽车喂料时应设置回车坪，回车坪的大小一般根据粗碎车间的规模、自卸汽车的型号和流量等确定。必须确保粗碎车间满负荷生产的情况下，多台自卸汽车同时卸料时有足够的回车半径和交汇错车时的安全距离。

5）粗碎车间的配置高差应根据具体选定的设备而定。粗碎车间的配置高差参考值见表 6-1。

表 6-1　　　　　　　　　　　　粗碎车间设备配置高差表

| 选 用 机 型 | 配置高差/m | 选 用 机 型 | 配置高差/m |
|---|---|---|---|
| PX1200 旋回破碎机 | 18～20 | 1500×2100 颚式破碎机 | 14～16 |
| MK-Ⅱ42-65 旋回破碎机 | 18～20 | 1200×1500 颚式破碎机 | 12～14 |
| PX900 旋回破碎机 | 15～17 | 900×1200 颚式破碎机 | 10～12 |
| NP1620 反击式破碎机 | 2～14 | 600×900 颚式破碎机 | 9～11 |
| PX500 反击式破碎机 | 12～14 | | |

（2）中细碎车间的布置。

1）配置方式：①粗碎机、预筛分机和中碎机开始生产时，可将预筛分机组和中碎机按阶梯配置，如地形高差允许，还可与粗碎车间或其调节料仓布置在一起，这样布置紧凑，管理方便，并能利用物料自流运输，无须用或少用中间的带式输送机连接；②中、细碎车间与筛分楼构成闭路生产，宜将中、细碎设备并列布置在一个车间内。

2）中、细碎车间布置要求。①中、细碎车间一般情况下应设调节料仓，以满足中、细碎设备满负载生产安全；中、细调节料仓的容量为破碎机的 10～20min 处理能力的用量；调节料仓和中、细碎机组之间须加设给料机，一般可选用惯性振动给料机、槽式给料机或胶带给料机；②在不设调节料仓的情况下，一般用带式输送机直接供料；③车间一般不配固定式的起吊设备，检修可用移动起吊设备；安装有 3 台以上中、细碎机的中细碎车间可设梁式起重机，起重能力须根据破碎机检修时需要起吊的最大部件重量来决定；④为防止铁件进入破碎机，应在中、细碎车间进料的带式输送机上设置金属处理装置；⑤中细碎车间的配置高差应根据具体选定的设备而定，中细碎车间设备配置高差见表 6-2。

表 6-2　　　　　　　　　　　　　　中细碎车间设备配置高差表

| 选 用 机 型 | 配置高差/m | 选 用 机 型 | 配置高差/m |
|---|---|---|---|
| HP500 圆锥破碎机 | 9～11 | S350 反击式破碎机 | 8～9 |
| GP500 圆锥破碎机 | 10～12 | NP1313 反击式破碎机 | 7～9 |
| GP300 圆锥破碎机 | 7～8 | NP1520 反击式破碎机 | 8～9 |

（3）筛分车间的布置。

1）筛分车间的调节料仓及进料。筛分车间的作用是对破碎后的物料进行分级，一般与破碎车间配套布置。为保证供料均匀和连续运行，可设置中间调节料仓，料仓的储量不小于一台班的处理量，仓下布置振动给料机或槽式给料机给料。中间料仓一般布置为廊道给料式料仓，用带式输送机直接向筛分机供料，最好一条带式输送机只供一台筛子用料。供两台时，需用分岔溜槽分料，溜槽末端宜尽量展宽（宽度较筛宽小150～200mm），以使物料沿全宽均匀进入筛分机。筛分机进料不能直接冲向筛网。

2）筛分车间的空间尺寸。筛分机的布置高度（进料带式输送机与地面的高差）应满足筛上物料重力自流排料的要求。两台以上的筛分设备应对称布置。在有传动系统一侧，人行道不小于1.2m；另一侧不小于0.8m，两台筛子中间通道一般不小于1.0～1.5m。

3）干式筛分应与防雨、除尘设施配套布置。湿法生产时，应根据筛洗车间的用水量合理布置给排水设施。螺旋分级机既可布置在筛分楼内的底层，亦可集中布置在筛分楼的外部。

（4）制砂车间的布置。常用的制砂设备有棒磨机、超细碎圆锥破碎机和立轴冲击式破碎机。制砂车间布置的基本原则有：

1）制砂车间应设中间料仓，料仓应有8～16h的生产储备量，当制砂与破碎、筛分作业工作制度相同时取小值，反之取大值。料仓下需配置给料机，常采用圆盘、胶带和电磁振动给料机，如采用棒磨机制砂，车间布置应考虑加棒方便。采用超细碎圆锥破碎机或立轴冲击式破碎机制砂时，应与筛分设备构成闭路，并保持给料粒度、给料量的连续和稳定。

2）采用棒磨机制砂时，棒磨机两端进料和加水量应保持均衡稳定，需在给水管上装有流量计，并设专用的恒压水池。在多雨地区，中间料仓需设防雨棚。为保证给料均衡一般在带式输送机出料口设分岔溜槽，并在分岔溜槽上部设置格式或摆式分料器分料。

3）采用棒磨机制砂时，车间高差需11m，采用超细碎圆锥破碎机或立轴冲击式破碎机高差需8～9m。

4）制砂车间需配置相应的洗砂机，如采用超细碎圆锥破碎机或立轴冲击式破碎机，还需设检查筛分，与制砂设备形成闭路。洗砂机设在检查筛分下。

5）制砂车间可单独采用棒磨机或超细碎圆锥破碎机、立轴冲击式破碎机，也可联合制砂。

6）制砂车间一般不配置固定的检修用起吊设备。采用棒磨机制砂时为清理断棒和补加钢棒，可设加棒装置，并需备用钢棒和断棒的堆存地。

7）制砂车间的废水浑浊度高，其废水排水沟的坡度应达 2%～5%。

（5）成品料仓的布置。

1）成品堆料仓尽量靠近并高于混凝土生产系统布置。

2）不同粒径的成品堆料仓相邻布置时，为避免各级骨料混杂，需设置可靠的隔料墙，隔料墙高度应不小于 0.8m 的超高。

3）粒径大于 40mm 的粗骨料堆存，当自由落差大于 3m 时，应布置缓降设施。

4）成品砂仓应设置防雨棚，湿法制砂时砂仓底部宜布置排水盲沟。

5）有脱水要求的成品砂仓，至少应设 3 个仓，轮流使用。

# 6.4 骨料生产系统布置实例

（1）三峡水利枢纽工程下岸溪人工砂石加工系统。下岸溪人工砂石加工系统由半成品加工区和成品加工区两部分组成。半成品加工区布置于下岸溪沟左侧，成品加工区布置于下岸溪沟右侧，半成品加工区与成品加工区用两条跨沟胶带机连接。料场开采最终面高程 298.00m，粗碎车间卸料平台布置在料场附近，高程 300.00m，与料场开采最终面高程基本一致。半成品堆场布置在粗碎车间下方，高程 240.00m，堆料高度 50m，容积 9.5 万 m³。活容积可保证粗碎车间三个班连续生产。预筛分车间和中碎车间布置在一起，高程 220.00m。成品加工区的筛分车间、细碎车间、立轴冲击式破碎机制砂车间和棒磨机制砂车间均布置于高程 180.00m 的平台上，成品粗骨料仓布置在高程 160.00m 的平台上，粗骨料装车台布置在粗骨料仓下面，高程 132.00m，成品细骨料仓布置在高程 142.00m 的平台上，细骨料装车台布置在细骨料仓下方，高程 120.00m。下岸溪人工砂石加工系统布置具有下列特点。

1）系统规模大，占地范围广，为减少移民征地和土建工程量，系统分左右岸分别布置半成品加工区和成品加工区。

2）半成品加工区和成品加工区之间的连接采用高立柱、大跨度带式输送机。

3）成品粗骨料堆仓采用点阵式布置，解决了骨料高强度输送问题，节约了土地费用。

4）取水系统采用趸船式水厂船，集取水、净化工艺于一体。

5）避开了成品加工和成品运输对当地居民的干扰。

6）粗碎车间靠近料场布置，毛料运输成本较低。

7）缩短了成品砂石料的运输距离，降低了运输成本。

8）设置双砂堆料场，解决成品砂脱水问题。

（2）向家坝水电站太平料场和马延坡人工砂石加工系统。向家坝水电站太平料场和马延坡人工砂石加工系统设计处理能力 3200t/h，料场距成品加工系统公路里程约 65km，直线距离约 31km。半成品加工区布置在太平料场附近的大湾口，成品加工区布置在大坝附近，中间由 5 条总长 31.1km 的带式输送机连接，并将输送线布置在隧道内，该输送方案特别适合该地区高山、峡谷地形，不仅节省了工程投资，还避免了破坏地表植被及影响居民。

料场终采高程为 1276.00m，粗碎车间卸料平台布置在料场附近，高程 1176.00m，比料场终采高程低 100m。1 号半成品堆场布置在粗碎车间下方，高程 1108.50m，容积 4.6 万 $m^3$，活容积 2.8 万 $m^3$，可保证粗碎车间两个班连续生产。预筛分车间和中碎车间布置在一起，高程 1089.20m。粗碎和中碎车间布置在长距离胶带机输送线之前，洗石工序布置在马延坡成品加工区，与常规的洗石工序布置在预筛分车间的下面是不同的，主要原因是：大湾口加工区缺少水源；为控制输送线的物料小于 200mm，减少物料对长距离胶带机的磨损。在长距离胶带机输送线前布置一个较大 2 号半成品料堆，总容积 33 万 $m^3$，在长距离胶带机输送线后布置一个较大的 3 号半成品料堆，总容积 45 万 $m^3$，这样布置既可保证长距离胶带机连续运行，又可保证输送线在出现异常情况时，成品加工系统有足够的料源保证加工系统连续运行，确保工程的顺利进行。成品加工区布置在马延破高程 557.90～480.50m 处，3 号半成品料堆布置在高程 557.90～554.00m，成品料仓布置在高程 500.30～480.50m，成品料仓粗骨料容积为 26 万 $m^3$，细骨料容量为 21 万 $m^3$，成品骨料能满足混凝土高峰期连续浇筑 20d。废水处理采用尾渣库方案。

向家坝水电站太平料场和马延坡人工砂石加工系统布置具有下列特点。

1）半成品加工区布置在太平料场附近的大湾口，成品加工区布置在马延坡，解决了系统用水问题。

2）半成品运输采用 31.1km 的洞内长距离带式输送机取代 65km 的公路运输方案，减少了移民征地、环境破坏，经济效益显著，节能降耗明显。

3）系统内设置大容积堆场，保证了长距离带式输送机连续高效运行，并提高混凝土骨料供应的保障能力。

4）采用尾渣库废水处理方案，做到了废水零排放和循环利用，有效地解决了废水处理问题，节约了废水处理成本，经济环保。

（3）龙开口水电站燕子崖人工骨料生产系统。燕子崖骨料生产系统主要由毛料场、粗碎车间、半成品运输系统、磨河沟右侧砂石成品加工系统、成品长距离带式输送机、坝区成品转料堆等组成。

燕子崖骨料生产系统采石场位于燕子崖山顶，开采范围为高程 2075.00～2240.00m。粗碎车间布置在料场北侧高程 2100.00m，由一条长约 900m 公路与料场相连，毛料开采后直接由自卸车运至粗碎车间。从粗碎车间至第一筛分车间高差达 570m，采用三条竖井底下加平洞的方式输送半成品料，垂直运输在竖井内直接利用自重进行，水平运输利用布置在竖井下部平洞内的胶带机进行。通过三条竖井与底下平洞，将半成品料运送至高程 1570.00m 的半成品堆场，再通过胶带机将半成品输送至高程 1530.00m 的第一筛分车间调节料仓。

砂石主要加工车间布置在磨河沟出口附近，夹在禾米沟与上部山坡陡坎之间，其中第一筛分车间布置在沟左侧，其他加工车间及成品堆场布置在右侧。为使车间布置紧凑，同时尽量减少占地范围及场地平整工作量，车间总体布置在高程 1470.00m、高程 1490.00m 及高程 1500.00m 三个台阶上，其中高程 1470.00m 为成品堆场，上部两个台阶为加工车间。加工车间从左至右布置顺序为第一筛分车间、中细碎车间、第二筛分车间、超细碎制砂车间与第三筛分车间、棒磨机制砂车间、石粉回收车间及附属的水处理车间等，砂石加工各车间之间均采用胶带机相连。

砂石加工车间成品堆场与坝区转料仓之间由一条长 6015m 的胶带机相连，将成品料运输至右岸坝区成品转料场。坝区成品转料场布置一成品堆场与一混凝土框架转料仓，其中成品堆场主供大坝右岸上、下游混凝土拌和系统，混凝土转料仓主供左岸混凝土拌和系统。

燕子崖砂石加工系统布置特点：

1）采用三级竖井运输半成品，解决了近 600m 高差的垂直运输难题，降低了运输成本，系统运行安全、可靠、环保。

2）采用明暗结合的 6km 长距离空间曲线带式输送机替代 13km 的公路运输方案，既降低了运输成本，又减小了施工干扰。

3）在长距离胶带机出口设置 22 万 m³ 的成品堆场，保证了系统连续高效运行，并保障了混凝土骨料供应强度。

（4）小湾水电站左岸砂石料加工系统工程。由粗碎车间（1 号、2 号、3 号）、半成品堆场、预筛分车间（含特大石冲洗筛）、中碎车间、细碎车间、筛分车间、制砂车间、检查筛分车间、细砂脱水车间、成品料仓、成品供料系统、供配电系统、供排水系统及相应的临时设施等组成，各车间之间用胶带机连接。

系统设计处理能力 2050t/h，布置在坝轴线下游左岸，位于左岸坝顶公路和马鹿塘至骨料生产系统出渣公路改线段之间，主要车间布置高程 1245.00～1360.00m。坡度 35°～55° 的山坡上，布置面积仅 2.2 万 m²，场地狭小。

1 号、2 号粗碎车间布置在孔雀沟石料场的底部，在石料场采场中心位置设两个直径 6m 的竖井，两个竖井间距 80m，竖井底部高程 1352.00m，1 号竖井顶部高程 1540.00m，深 188m，2 号竖井顶部高程 1516.00m，深 164m。竖井下部均设直径 12m 高 14m 的储料仓，起缓冲和防止堵料的作用。储料仓的底部出料口设重型振动给料机向颚式破碎机供料。3 号粗碎车间布置在马鹿塘至骨料生产系统出渣公路改线段的高程 1360.00m 处，破碎后的产品经胶带机送往半成品堆场。

成品骨料采用竖井储存及平洞胶带机运输。该系统共设置了 10 个成品料竖井，其中 3 个直径为 17m 储存棒磨机生产的砂，3 个直径为 20m 储存立轴冲击式破碎机生产的砂，4 个粗骨料储存竖井直径均为 20m，10 个竖井在平面上呈反 F 形布置，采用了明井与暗井相结合的方法。竖井式储仓总容积 11.36 万 m³。竖井底部设置 4 条平洞，洞内安装胶带机与拌和系统相接。成品料储存于地下，在一定程度上起到保温的作用，可有效减小混凝土系统的制冷负荷。小湾左岸骨料生产系统是对成品料采用竖井＋平洞储存运输、竖井运输毛料。经过多年的生产，系统各方面运行正常，为类似工程提供了很好的借鉴意义。

小湾水电站左岸砂石料加工系统布置具有下列特点：

1）系统采取"多穿少切平台"的台阶式与地下式相结合的布置方式，通过向空中和地下要场地等手段，将系统各车间及运输布置成空间立体形式，并配套完善了系统交通运输和场地开挖支护、建筑物防护等辅助工程。节省占地面积、减少高边坡开挖支护、降低施工干扰，解决了陡峭狭窄区域条件下大型骨料生产系统布置场地严重不足和高边坡稳定性较差的难题。

2）采用两个直径 6m、深 200m 竖井运输毛料（运输能力 2050t/h），采取竖井底部设置大型地下洞室破碎厂（粗碎）、下接带式胶带机运输方案，解决了高陡边坡料场开挖运输及道路布置难题，有效降低了运输成本。

3）成品料仓和成品供料系统均布置于地下，成品料仓全部采用地下储仓方式的大型地下成品竖井群方案，既解决狭窄地形场地限制影响，又可使高温季节的成品料温度低于月平均温度，且保持稳定，有利于降低温控要求严格的特高拱坝的骨料初温。

4）成品料系统采用地下双线式胶带机输送，可满足两个混凝土系统同时供应不同骨料要求。

5）采用干湿结合生产工艺，采取粗细砂不同设备分级生产、分开堆存的布置方式，设置高效浓缩器进行一体化废水处理系统流水线作业，占地少、投资省、节能降耗减排效果明显。

# 7 物料运输

## 7.1 概述

骨料生产系统地形复杂多变，物料运输量大且集中，应综合分析实际地形、地质条件、现有道路情况、运量规模、系统布置等因素选择合理的物料运输方式。

骨料生产系统的物料运输主要有毛料运输、半成品骨料运输以及成品骨料运输。20世纪70~90年代，砂石料场到坝区之间的物料运输方案，基本以自卸汽车运输为主；进入21世纪，随着水电站工程规模日益增大，砂石运输强度和运输总量不断提高，已经普遍采用带式输送机运输方式。龙滩、瀑布沟、向家坝、锦屏Ⅰ级、锦屏Ⅱ级、龙开口等大型水电工程采用长距离带式输送机运输方案，取得明显的经济效益和社会效益。

物料运输方式的选择与工程规模、运行工期、现场地质地形条件以及物料粒径大小有关。物料运输方式选择对比见表7-1。

表7-1　　　　　　　　　物料运输方式选择对比表

| 运输方式 | 适应条件 | 优缺点 |
|---|---|---|
| 轨道运输 | 运行工期长 | 输送能力小，灵活性差，连续性不强 |
| 水路运输 | 天然砂石料开采。骨料生产系统靠近河岸、深水河道 | 输送量大，适合运输多种粒径物料，成本低；受限条件多，不适合大型骨料生产系统 |
| 公路运输 | 适合两地高差不大、地势较平缓、系统距现有公路较近或运距较远、不适合布置带式输送机的情况 | 输送量大且稳定，适合运输多种粒径物料；运输成本较高 |
| 溜井运输 | 地形高差大、直线距离短、场地狭小 | 输送量大，一般适合输送毛料和半成品料，运行成本低；土建投资大 |
| 带式输送机运输 | 除短距离高高落差之外 | 运输连续稳定、运输能力高、运输距离短、运行成本低；一次性投资较大，不适合运输毛料 |

## 7.2 运输方式

目前采用的砂石骨料运输方式主要有5种：轨道运输、水路运输、公路运输、溜井运输和带式输送机运输。

### 7.2.1 轨道运输

轨道运输是指在轨道上采用动力牵引装有砂石骨料的矿车的一种运输方式，其主要设备有轨道、矿车、牵引设备和辅助机械设备等。

轨道运输方式在地下开采矿山和露天矿场中普遍运用，但对于砂石骨料生产系统等短期矿场来说，其投资大、见效慢、输送能力和灵活性较差，连续性不强，曾在早期的水电站如东江、柘溪等水电站使用过轨道运输。随着科技的发展、社会的进步，水电站建设工期呈逐步缩短趋势，砂石骨料的轨道运输方式逐步被淘汰。

### 7.2.2 水路运输

水路运输是利用船舶等水运工具，在江河、湖泊等通道运送砂石骨料的运输方式。其主要组成部分包括港口和船舶。

水路运输方式输送量大、成本较低，但速度慢、风险大，受河道和季节影响大。较为适合运用于深宽河道、骨料生产系统在河岸附近或天然砂石料场等情况。沅水流域的凌津滩水电站水路距上游的五强溪水电站47km，工程建设中，利用五强溪现有砂石料加工系统，将其成品料采用水路运输方式运至凌津滩水电站，节约了工程投资；长江流域的三峡水利枢纽工程前期的天然砂石料采用的水路运输把骨料从小溪塔运至三峡水利枢纽工程坝区。另外，在天然骨料生产系统中，通常采用水路运输方式将天然砂砾石料运送至骨料生产系统。

### 7.2.3 公路运输

公路运输是以公路为运输线，利用汽车等陆路运输工具，做异地移动，完成砂石骨料位移的运输方式。公路运输往往配合装载机、带式输送机等装车设备，以及推土机等堆存设备。

公路运输方式较常见于毛料运输和成品料运输，适用于两地高差不大、地势比较平缓、系统距现有公路较近等情况。在三峡水利枢纽工程下岸溪人工骨料生产系统中，由于石料开采场与粗碎车间高差不大，地势平缓，毛料运输道路的修建相对比较容易，采用公路运输较为经济；骨料生产系统与坝区拌和楼相距12～14km，有现成的高等级公路可利用，成品骨料也采用公路运输方式。金沙江中游观音岩水电站塘坝河骨料生产系统主要分两个区布置，即龙洞区和枢纽区。龙洞区主要有龙洞石料场、龙洞粗碎车间、龙洞半成品转料场和龙洞供水系统；枢纽区主要布置加工系统龙洞半成品转料场之后的所有生产环节的车间及设施。半成品料通过公路运输方式运至塘坝河，龙洞半成品堆场至塘坝河半成品料仓之间公路距离约17km。

### 7.2.4 溜井运输

溜井运输是在垂直落差较大的情况下，溜井包括竖井和斜井。

溜井运输方式适合地势高差大、直线距离短的情况，具有一次性投入大、运行成本低、输送能力大、靠自重运输等特点。国外德沃夏克水电站采石场用了两个直径6m、深约200m左右的竖井输送毛料，地下设粗碎机。国内二滩水电工程已作过浅溜井运送毛料，地下设大型颚式破碎机。龙滩水电站麻村骨料生产系统以直径6m、深约150m的竖井运送毛料；大法坪系统增容改造后又加两个80m深竖井，设地下粗碎车间。小湾水电站采石场毛料运输设 2 个直径 6m、深约 180m 的竖井。

在龙开口水电站燕子崖骨料生产系统中，由于粗碎车间与半成品料仓的高差约 500m，而直线距离只有 220m 左右，采用公路及带式输送机运输物料很难实现，通过详细的技术经济比较，采用三段竖井加平洞方式运输半成品物料，竖井直径均为 3m，高度分别为 109m、106.1m、111.53m。燕子崖骨料生产系统竖井布置见图 7-1。

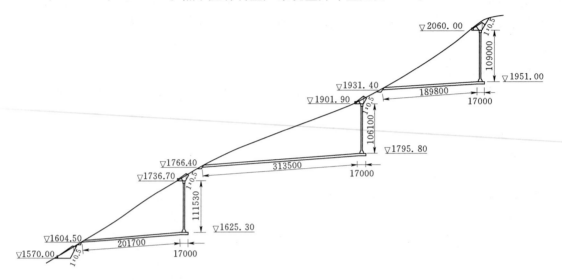

图 7-1　燕子崖骨料生产系统竖井布置示意图（单位：mm）

锦屏Ⅰ级水电站大奔流沟料场地形坡度 55°～65°，在露天道路不可能形成的前提条件下，开采降段道路由约 10km 的地下洞室群组成，石料采用高度 280m、倾角 77°的长斜井转运，井下设粗碎车间。

### 7.2.5　溜槽运输

溜槽运输方式在料场中的应用也相对广泛，如 20 世纪 60 年代的乌江渡水电站、90 年代的二滩水电站和现阶段的锦屏水电站三滩骨料生产系统都取得了溜槽运输方式的成功经验，随着系统规模的增大，溜槽高度和输送量也逐渐增大。

### 7.2.6　带式输送机运输

带式输送机的特点在于形成装载点到卸载点之间的连续物料流，工作原理靠连续物料流的整体运动来完成物流从装载点到卸载点的输送。带式输送机按长度可分为普通带式输送机与长距离带式输送机两种，是水电工程粗细骨料加工和运输中所使用的主要设备。

带式输送机主要通过驱动装置使传动滚筒旋转，借助传动滚筒与输送带之间的摩擦力使输送带运动。带式输送机是一种利用连续而具有挠性的输送带不停地运转来输送物料的输送机。输送带绕过若干滚筒后首尾相接形成环形，并由张紧滚筒将其拉紧。输送带及上面的物料由沿输送机全长布置的托辊（或托板）支撑。它既能输送各种散装物料，又能输送单件质量不太大的成件物品，是应用最广、产量最大的一种输送机。

其主要组成有驱动装置、传动滚筒组、改向滚筒组、（承载、回程）托辊组、拉紧装置、输送胶带、提升导料槽、固定导料槽、清扫器、各种保护装置及机头架、机尾架、高架支腿和中间架等。普通带式输送机结构见图7-2。

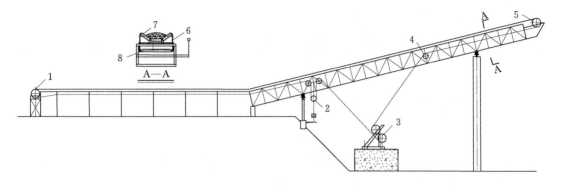

图7-2　普通带式输送机结构示意图
1—尾轮；2—垂拉装置；3—驱动装置；4—改向滚筒；5—头轮；6—支架；7—上托辊；8—下托辊

带式输送机运输方式在砂石骨料生产系统中广泛应用。普通带式输送机即为联结加工系统各车间的纽带，粗碎后的半成品料直至成品砂石骨料的加工环节一般均选用普通带式输送机。而在地形条件复杂、料场与加工系统距离较远时，在与公路运输方式做过经济对比分析后，可采用长距离带式输送机运输方式。

带式输送机运输方式受地形条件限制少，具有运输连续稳定、运送量大、成本低、一次性投入较大等特点。而与公路运输方式比较，长距离带式输送机又具有输送能力高、运行连续可靠、节能环保、技术成熟等特点，适合运用在输送能力高（大于2000t/h）、输送总量大（大于500万t）、运输距离长的大型水电工程项目。该运输方式除毛料运输外，其余如在半成品料、生产过程运输和成品料运输中均被大量使用。

长距离带式输送机已在国内矿山、水泥、码头等行业广泛应用，水电工程如锦屏、龙滩、向家坝水电站相继采用该方式运输砂石骨料。

## 7.3　物料运输系统设计

在物料运输系统中，轨道运输、水路运输、公路运输和普通带式输送机等输送方式的布置、结构等设计形式可按国家现行规范和标准进行设计和施工。

### 7.3.1　溜井运输

溜井运输系统的主要形式有垂直竖井、斜井、溜槽等，一般是在基岩里掘进至上下贯通的井状，辅助以水平洞胶带机运输的布置方式；或者原始坡面上设导料槽等建筑物，达到输送物料的目的。从用途上可分为毛料竖井、半成品料竖井、成品料竖井三种形式。

（1）毛料竖井。毛料竖井即为运输毛料的垂直竖井或溜槽。在结构形式上一般采用圆形断面，井洞直径较大，井身随料场降段而逐步挖除。井壁一般无需支护措施，但需要做好井口周围的防水措施、井下的排水和通风设施等。下面以小湾电站左岸孔雀沟骨料生产系统料场内竖井为例，对竖井的设计和施工做简要介绍。

小湾水电站左岸孔雀沟骨料生产系统布置在8号山梁下游侧至瓦斜路沟支沟地段陡峻

山坡上，料源主要从临近加工系统的孔雀沟石料场开采。料源岩性以黑云母花岗片麻岩为主，夹有角闪斜长片麻岩。孔雀沟石料场为相对独立的山脊，与加工系统直线距离约700m，揭顶高程1700.00m，终采高程1240.00m，总布置面积约为22000m²。工程所需料场有用料开采运输强度达25万m³/月，加上无用料剥离，开挖强度最高达到45万m³/月。

1）竖井系统布置方案的确定。孔雀沟料场具有开采运输强度高、采区面积小、山体高差大、岩层整体性好、运行可靠性要求高的特点，按照料场上下水平运输距离相对较短，每个竖井所通过的石料量基本均衡的原则，确定在料场中心部位对称布置2个深竖井，竖井中心距离为80m。为避免由于竖井降段造成两个竖井同时停产的局面，两竖井井口高程错开一个梯段高度12m，以保证在料场开采运输期间，至少有1个竖井能正常生产运行。

根据料场竖井的具体布置情况，考虑高峰期石料运输强度大，运行期可靠性要求高，确定在各竖井底部设独立的初级破碎出料系统。为与破碎机方案配套，竖井井底部采用单溜口布置形式。每台粗碎机底部各设一条带式输送机，再经2条带式输送机运往骨料生产系统半成品堆场。

2）竖井结构及参数的选择。采用单段式垂直竖井（底部带储料仓）的结构形式。该结构形式具有磨损较低、构造简单、使用可靠及管理方便等优点，且特别适用于地形陡峭的高山型料场。在竖井施工中严格保持井筒的垂直度，避免井筒偏斜或井筒中出现台阶。

竖井设计位置所穿过的岩层坚硬、稳固、整体性好。根据覆盖剥离完成后毛料出露的地形条件，结合加工系统生产的月计划和料场设计开采储量以及骨料生产系统的进料高程，确定1号竖井井口高程1540.50m，竖井底部破碎机洞室的地面高程1324.00m，井深202.5m；2号竖井井口高程1516.50m，井深170.50m。

由于圆形断面具有断面利用率高、受力条件好、石料对井壁的磨损较均匀等优点，因此两竖井采用圆形断面。在开采石料的爆破施工中可能出现直径超过1.0m的大块石，同时为降低粉料黏结而造成"结拱型悬拱"堵塞竖井的可能性，减少石料对井壁的磨损，且使竖井具备一定的储料功能，选取竖井的断面尺寸为φ6.0m。

采场向竖井口卸料方式有三种，分别为推土机送料、装载机卸料和汽车卸料。根据卸料方式，井口采用直筒式结构。井口不考虑采取加固措施，但为了汽车卸料安全，井口设置口字形车挡，同时井口四周必须设置可靠的排水设施。

为了减少竖井下部出料溜口处的堵塞，并在竖井下部储存一定数量的石料，以调节采石场的出料量，在两个竖井的底部均设置储料仓。按竖井断面尺寸适当放大后确定储料仓的断面尺寸φ12.0m，并根据底部放料溜口的宽度和储料仓的断面尺寸确定储料仓高度14.0m。

为减少竖井堵塞、防止竖井跑矿、提高放矿能力、确保人身安全，必须合理确定放料口宽度。放料口宽度取决于所放石料的特性、石料块径及输送设备的规格型号及尺寸，一般不小于石料最大粒径的3倍。孔雀沟石料场溜放石料的最大粒径可能大于1000mm，综合考虑各因素确定放料口宽度为5.0m，放料口高度为5.0m。

放料口的底板倾角由式（7-1）确定：

$$\alpha \geqslant \beta + \delta \qquad\qquad (7-1)$$

式中  $\alpha$——放料口底板倾角;

$\beta$——石料与溜口底板的静摩擦角,花岗岩一般取 $\varphi = 40°$;

$\delta$——角度增加值,一般取 $\delta = 2° \sim 5°$。

为保证放料口顺利放料,且不至于发生跑矿现象,确定放料口底板倾角为 $\alpha = \beta + \delta = 40° + 5° = 45°$。

小湾水电站孔雀沟料场竖井断面见图 7-3。

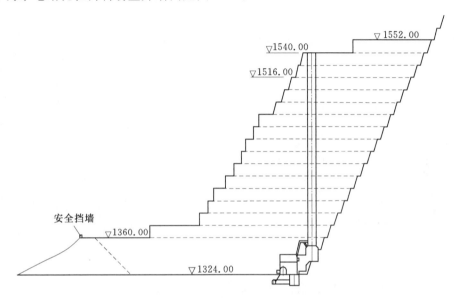

图 7-3  小湾水电站孔雀沟料场竖井断面图

3)竖井的磨损及加固。为降低竖井井壁的磨损速度,竖井运行期间应经常保持处于基本满仓状态,以减少石料对井壁的冲击,正常工况下禁止将竖井内的石料放空。对竖井口及井壁基本不进行加固,但对竖井穿过的不良岩层地段考虑适当加固。

4)竖井的出料及运输洞室布置。竖井出料采用振动放矿方式,可较好地保持放料的稳定性和连续性,并可降低竖井中石料结拱和堵塞的可能性。竖井出口设破碎机室,由振动给料机给破碎机供料,破碎机底部设出料皮带洞。与竖井相配套,分别设置 1 号、2 号两个破碎机室和 A1 号、A2 号两条出料运输皮带洞,破碎机室大小为 12m×19.9m×17m,皮带洞断面尺寸为 3.5m×4m,1 号、2 号两个破碎机室的底板高程 1324.00m,A1 号、A2 号皮带洞底板高程 1314.70m。终采高程洞室顶板之间预留安全厚度,其厚度应大于洞室跨度的两倍。

5)竖井辅助设施。竖井辅助设施包括井口挡护设施、排水设施、操作洞室以及安全通道。

竖井口的车挡采用钢结构,车挡型式为口字形,尺寸为 7m×7m,车挡断面 400mm×600mm。

为了施工运行期卸料的方便,竖井口不设排水沟,但需将井口边缘抬高 0.5m 形成挡水斜坎,斜坎坡度 10°,以防止雨水流入竖井。

根据竖井底部破碎洞室的平面布置，振动给料机和破碎机的控制室设在破碎机室的右侧，地面比破碎机室地面高 2.5m。为防止跑矿时发生人身安全事故，每个控制室设 1 个安全平洞，人员可经安全平洞至交通洞。控制室的安全平洞出口设在破碎机室进洞侧的交通洞内，出口位置距破碎机室边缘水平距离 20m。控制室需单独考虑通风设施，室内含尘量应符合国家规定标准，控制室同时具有良好的密闭性。

6）辅助洞室设计。为了保证竖井和破碎机的运行可靠，需设置相应的辅助洞室。辅助洞室包括 1 号交通洞、排水通风洞、事故勘察洞、声呐洞、变压器室和工具间。

竖井运输方案各洞室技术参数见表 7-2。

表 7-2　　　　　　　　　　　　　竖井运输方案各洞室技术参数表

| 名称 | 起点高程/m | 终点高程/m | 规格/m | 长度/m | 最大纵坡 $i_{max}$/% |
|---|---|---|---|---|---|
| 1 号竖井 | 1540.00 | 1352.00 | $D=6$，$H=188$ | 188.0 | |
| 2 号竖井 | 1516.00 | 1352.00 | $D=6$，$H=164$ | 164.0 | |
| 1 号交通洞 | 1360.00 | 1324.00 | $W \times H=6 \times 7$ | 782.3 | 8.0 |
| A1 号皮带洞 | 1314.70 | 1314.70 | $W \times H=3.5 \times 3.8$ | 13.5 | |
| A2 号皮带洞 | 1314.70 | 1314.70 | $W \times H=3.5 \times 3.8$ | 13.5 | |
| A3 号皮带洞 | 1314.50 | 1314.50 | $W \times H=3.5 \times 4.0$ | 132.3 | |
| A4 号皮带洞 | 1339.00 | 1314.50 | $W \times H=3.5 \times 3.8$ | 445.0 | 5.5 |
| 排水通风洞 | 1314.50 | 1310.00 | $W \times H=1.2 \times 1.8$ | 269.4 | 1.7 |
| 1 号、2 号储料仓 | 1352.00 | 1338.00 | $D=12$，$H=14$ | 24.0 | |

7）排水和通风。根据地质资料，竖井底部各洞室均处于地下水位线以下，必须作好排水设施设计。在 A3 号皮带洞南端设一条排水通风洞至洞外，可以同时起到进风和排水的作用。排水通风洞的大小为 1200mm×1800mm，出口高程 1310.00m，坡度为 1.7%。破碎机室与交通洞的排水通过交通洞与 A3 号皮带洞之间的 6 个 $\phi$150mm 排水孔至 A3 号皮带洞，再经排水通风洞至洞外。$\phi$150mm 排水孔采用 CM351 钻机钻孔。

破碎机洞室运行时将有大量粉尘产生，在破碎机洞室内设置强制抽出式通风设施。新鲜风流流动线路为：排水通风洞→A3 号皮带洞→通风洞→破碎机室。通风洞出口在破碎机室的正对左侧斜上方，通风洞内设 1 台 30kW 轴流风机向破碎机室内供风。在破碎机室右侧边墙上设 1 台 45kW 轴流风机向外抽风，其排风管道经交通洞至洞外，通风管道直径 0.8m。

8）竖井降段措施。竖井降段措施的好坏是直接关系到竖井能否安全运行的关键，两个竖井降段应相互错开，保证有一个竖井能正常运行。竖井降段始终贯彻弱爆破、少扰动的原则施工。

降段时，将竖井周围岩体分成两半部分，第一部分由外向内降段，第二部由内向外降段，以解决施工设备的进出场地。竖井周边 6m 范围内，采用小孔径降段爆破方案，6～40m 的范围内采用减弱爆破作用的梯段爆破方案，40m 以外采用常规梯段爆破方案。

将竖井降段分为三部分（见图 7-4）：第①部分采用 $\phi$105mm 孔径的炮孔，孔网采用

3.5m×3.0m，环向布孔，孔深8.5m，药卷$\phi$90mm，堵塞2.0m，起爆方式采用孔间微差；第②部分作为水平保护层分两次开挖，一次孔深2.5m，二次孔深3.5m；采用$\phi$50mm和$\phi$42mm手风钻钻孔，水平光面爆破法；在预留的保护层厚度内均匀布置3排钻孔，底排为光爆孔，孔径$\phi$50mm，孔距0.5m，钻孔角度为$-10°$；上两排为主爆孔，孔径$\phi$42mm，孔距1.0m；其他参数见表7-3；第③部分6~40m的范围用$\phi$105mm孔径的减弱梯段爆破法，矩形布孔，采用孔间微差起爆以控制起爆单响药量不大于100kg。40m以外采用常规梯段爆破方案，但最大单响药量不应大于1500kg。水平光面爆破技术参数见表7-3。

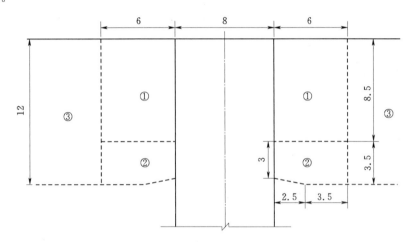

图7-4　竖井降段分区图（单位：m）

①~③—起爆顺序

表7-3　　　　　　　　　　　水平光面爆破技术参数表

| 类别 | 孔径/mm | 孔距/cm | 抵抗线/cm | 药径/mm | 堵塞长度/m | 线装药量/(g/m) |
|---|---|---|---|---|---|---|
| 主爆孔 | 42 | 100 | 1.3~90 | 32 | 0.5 | 1000 |
| 光爆孔 | 50 | 50 | 80 | 25 | 0.4 | 220 |

（2）半成品料、成品料竖井。半成品、成品料竖井，即为储存运输半成品、成品砂石料的竖井。目前国内水电工程已有了该应用，如金安桥、龙开口等水电站骨料生产系统均采用了垂直竖井运输半成品料，二滩、小湾、溪洛渡等水电站骨料生产系统，采用垂直竖井运输成品砂石料。

竖井结构主要包括井口平台开挖、竖井锁口段、竖井井身段、竖井缓冲段、卸料平洞以及胶带机平洞等几部分。

竖井平台边坡开挖和支护方式需根据地质条件确定，一般采取混凝土挂网喷护的形式。竖井锁口段采用钢筋混凝土锁口衬砌。井身段和缓冲段初期进行素喷混凝土支护和二期混凝土挂网加系统锚杆支护，三期进行钢筋混凝土衬砌，但具体支护方式需要结合物料大小、地质条件以及输送强度具体确定，在工程实践中有待进一步论证。竖井底部缓冲段一般采用矩形开挖断面，廊道式结构混凝土衬砌。胶带机平洞采用城门洞形式，高度一般为3.2m，洞宽根据出料胶带机宽度确定，也根据地质条件设计初期喷护、二期混凝土挂网支护或钢格栅支护等形式。

金安桥水电站左岸骨料生产系统的半成品竖井、平洞布置在粗碎车间和半成品料堆之间的山体中，高程在1558.00～1480.00m之间。竖井断面为直径3.5m的垂直圆形，平洞为3.2m×3.2m的城门洞。竖井和平洞交接部位布置了一个6m×6m的缓冲料仓，其下布置了一条钢筋混凝土出料廊道。半成品竖井、平洞内共布置了两台给料机和一条出料皮带。洞井内设有安全通道和观测廊道。金安桥半成品竖井断面见图7-5。

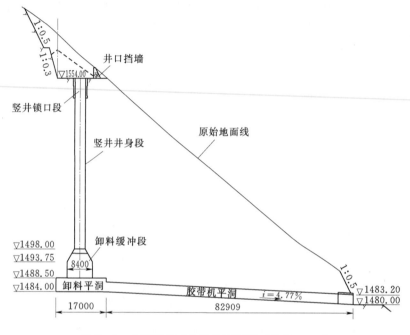

图7-5 金安桥半成品竖井断面图（单位：mm）

（3）竖井安全运行措施。竖井安全可靠地运行，主要是要做好竖井的维护，制定防止堵井措施，以及发生堵井后的处理方法。

根据龙滩水电站、小湾水电站以及金安桥水电站骨料生产系统竖井的运行经验，竖井的安全运行需要采取下列措施：

1）进料要求。在竖井首次进料前，要在井底先铺设粒径小于150mm的砂石料，料层厚度应不小于竖井深度的8%，且最小值应大于10m。作为缓冲垫层，以减少所进物料对井底结构的冲击和破坏。控制物料粒径，根据竖井设计直径和岩壁支护情况的要求，物料尺寸一般不宜超过1m。进料过程中，井内积料每上升20～30m时，底部放料设备应运行一次，保证竖井内的物料处于松动状态，以此类推，往复循环，直至竖井处于满井状态后，竖井即可正常运行。

2）满井运行。竖井运行时，严禁将竖井内的石料放空，一般从井口下降15m左右即须补充进料，确保满井运行，这样可减少石料对井壁的磨损，同时又可减少高落差下料对井壁产生冲击破坏。竖井进料过程中，尽量避免在同一地点长时间下料，定期更换下料点有利于减少粗骨料集中、降低堵井概率。

3）堵井处理。竖井运行过程中，受料源质量、人为操作失误等原因影响，会造成堵井现象。堵井一般发生在井底 30m 以下部位，个别由于受超径石及井身支护锚杆脱落架空物料导致堵井，堵井处理有下列措施：

其一，按满井生产工法加强对竖井运行管理，严禁竖井因设备检修而停运时间过长，保证井中物料处于松动状态，并严格控制进井料源粒径。加强竖井的生产管理，采取有效的排水措施，严禁地表水流入竖井内；严禁废钢钎等杂物落入竖井；不论骨料生产系统是否生产，竖井都应经常放料，以保持竖井内的石料处于松动状态，避免由于石料在重力作用下逐渐被压实，黏结为一体，形成结拱型悬拱。

其二，堵井情况发生后，应先通过监视孔确认堵井位置，根据堵井长度采用长竹竿或氢气球捆绑炸药送至堵井点进行爆破松动处理；如储料仓与竖井相交位置物料板结而形成的堵井，应通过放料口对侧设置疏通平洞及辅助出料口，辅以小药量爆破或利用振动给料机松动夯实的积料。

其三，竖井运行过程中，应预防注意跑矿现象的发生。当井内石料不足且长时间未出料，井中的石料压实而形成不透水层，加之地表水和裂隙水大量涌入竖井，则井内水位不断升高到超过一定限度后，以泥石流的形式冲出卸料口，形成跑矿。预防发生跑矿现象，则需采取在井口设置防洪排水设施、保持井内满仓运行等措施。

### 7.3.2　长距离带式输送机运输

（1）长距离带式输送机是指单条运输长度达 1500m 以上的带式输送机，其工作原理与普通带式输送机相同，均以电动机作为动力，胶带为牵引装置。长距离带式输送机适用于交通不畅、运输距离长、输送量大等施工场所，具有安全性能高、投资成本低、占用场地小、临建工程量小及环境污染轻等特点。长距离带式输送机对输送带、驱动装置、制动装置、拉紧装置等关键部分选择要求较高，其余部分与普通胶带机基本相同。其输送带的类型主要有：整体编织织物层芯带、分层织物层芯带、钢丝绳芯带等；驱动装置组成部分主要包括：电动机、联轴器、减速器、软启动装置、传动滚筒组等。长距离带式输送机的连接方式为电动机＋软启动＋减速机＋传动滚筒，其之间均采用联轴器连接。

（2）设计原则与普通带式输送机不同之处。

1）采用动态分析方法。带式输送机传统的设计方法是静态设计，把输送带视作刚体，输送机起动时各质点就被认为是同时运动，然而输送带事实上是具有黏弹特性的黏弹性体，动张力在输送带中的传递需要一定的时间，各质点才能依次开始运动。对于低速短距离输送机，此问题不会太大，但对于高速长距离输送机，这一段时间如果不够长，就会丧失输送带与传动滚筒保持正常传动所需的张力条件，造成输送带在传动滚筒上打滑而不能正常起动。

2）常采用 CEMA 计算方法。美国 CEMA（输送机制造商协会）输送带张力和功率计算方法是一种具有较大影响的计算方法。在长距离大型胶带输送机设计中，一般采用 CEMA 标准可以很方便地进行初步设计，然后采用动态分析方法对设计参数进行调整优化。

3）软启动装置的应用。为了适应长距离、大运量带式输送机的特殊要求，驱动装置应具有良好的启动特性。近年来国内外研究开发了多种形式的软启动驱动装置（或系统），并在不同工况条件下得到应用。目前，比较常用的用于长距离带式输送机的软启动装置有：调速型液力耦合器、变频调速、CST 系统。

4）多点驱动及功率平衡。根据长距离带式输送机的具体布置特点，合理选择多点驱动，有利于减小输送带张力和驱动功率，优化受力分布，从而节约设备投入成本。

采用主从控制技术来实现多套驱动装置之间的速度同步和力矩平衡，主从控制分为从机速度控制和从机力矩控制。从机速度控制适用于柔性连接，从机的速度给定来自于主机的速度输出；从机力矩控制适用于刚性连接，从机的力矩给定来自于主机的力矩输出。

5）变向转弯设计。在许多情况下，由于输送任务的要求，或者由于地形、地物、地质条件和矿山开采方式的限制，为了降低运输成本，增加单机长度，有时带式输送机必须作弯曲变向运行，弯曲运行是解决该问题的根本途径。

（3）现状和发展趋势。长距离带式输送机主要用于大型港口、码头、矿山等领域作业周期比较长的输送系统。长距离带式输送机系统 20 世纪 80 年代开始引入我国，近年来在大型煤矿、港口、水泥行业逐步得到应用。

世界上最早使用的长距离带式输送机是西班牙在西撒哈拉的高原地区的布·克拉磷灰石露天矿，该线路长达 100km，由长 $6.9 \sim 11.8$km 的 11 条带式输送机组成，带宽为 1000mm，带速为 4.5m/s，运量为 2000t/h，于 1972 年投入使用。

天津港散货物流中心到南疆煤码头的输煤带式输送机的单机长度是国内最大的，其输送距离 $L = 8984$m，功率 $N = 4 \times 1750$kW，该机在尾部进行水平转弯，其半径分别为 3000m 和 4000m，运量为 6600t/h，于 2002 年投入使用。

目前，国外长距离带式输送机最大带速已达 12m/s；国内的最大带速达 5.8m/s，最大输送量 8400t/h。高带速、大运量、大功率是今后长距离带式输送机发展的必然趋势。因此，除了进一步完善和提高现有元部件的性能和可靠性，还需要不断地开发研究新的技术和元部件，如高性能可控软启动技术、动态分析与监控技术、高效储带装置、快速自移机尾、高速托辊等，使长距离带式输送机的性能得到进一步提高。

水利水电工程长距离带式输送机在向家坝、锦屏、龙开口等水电工程中得到广泛利用。国内部分水电工程长距离带式输送机主要技术参数见表 7-4。

表 7-4　　　　　国内部分水电工程长距离带式输送机主要技术参数表

| 序号 | 工程名称 | 机号 | 带宽/mm | 带速/(m/s) | 输送能力/(t/h) | 水平长/m | 提升高/m | 驱动功率/kW | 转弯半径/m |
|---|---|---|---|---|---|---|---|---|---|
| 1 | 向家坝 | B1 | 1200 | 4.0 | 3000 | 6721.00 | −211.00 | 900 | |
| | | B2 | 1200 | 4.0 | 3000 | 6651.00 | −24.00 | 3×900 | |
| | | B3 | 1200 | 4.0 | 3000 | 8298.00 | −104.00 | 4×900 | |
| | | B4 | 1200 | 4.0 | 3000 | 3927.00 | −45.00 | 2×630 | |
| | | B5 | 1200 | 4.0 | 3000 | 5499.00 | −63.00 | 3×630 | |
| 2 | 锦屏 | 210 | 1200 | 2.8~4.2 可调，常用带速 3.5 | 2800 | 5900.00 | −135.00 | 4×400 | 1200 |
| | | 110 | 1200 | 2.8~4.2 可调，常用带速 3.5 | 2800 600(成品料) | 5900.00 | −135.00 | 6×400 | 1200 |

| 序号 | 工程名称 | 机号 | 带宽 /mm | 带速 /(m/s) | 输送能力 /(t/h) | 水平长 /m | 提升高 /m | 驱动功率 /kW | 转弯半径 /m |
|---|---|---|---|---|---|---|---|---|---|
| 3 | 龙开口 | | 1200 | 4.0 | 2500 | 6060.00 | -131.00 | 1×560 | 1000 |
| 4 | 瀑布沟 | | 1000 | 4.0 | 1000 | 3978.00 | -461.00 | 2×560 | |
| 5 | 龙滩 | | 1200 | 4.0 | 3000 | 4000.00 | -20.00 | 3×560 | |
| 6 | 溪洛渡 | S2 | 800 | 2.0 | 400 | 2368.57 | -66.85 | 2×185 | |

# 8  物 料 存 取

为了保证骨料生产与供应连续、质量稳定可靠和提高设备的运行效率，骨料生产系统一般需要设置堆存料场。主要包括毛料、半成品料和成品料堆场。各种物料的存取应考虑系统布置、地形地貌、供应强度、系统规模、气候条件等因素。

## 8.1  储存

堆料场的容量应按其用途结合砂石料的开采、加工、运输设备能力和地形、气候、河流的水文条件，以及混凝土的浇筑强度等因素确定。在骨料加工过程中，存在多种不同型式的储存方式。一般可按料堆性质和堆料方法分为两种型式。料堆性质又可分为储料备用、调节生产、专用储存等方式；按堆料方法可分为汽车堆料方式和带式输送机堆料方式。

### 8.1.1  容量确定

堆料场的总储备容量（含骨料加工厂的毛料、半成品和成品堆料场以及混凝土工厂的堆料场）应满足调节混凝土高峰时段施工的需要。砂石堆料场的总储量一般不宜少于高峰期 10d 的用量。

在满足必要的成品料储备的前提下，应尽可能多存放毛料或半成品料，以减少堆存设施的造价和堆存费用。

当水下开采或陆基水下开采时，汛期停采所需的砂石宜储备毛料，以利加工厂均衡生产；如冬季停采所需的砂石设备加工有难度，则需储备成品料。对于以上情况停采的天然料场，储量则按停采期间的砂石最大需用量的 1.2 倍校核。

当砂石料场位于大坝上游水库区内时，则需在水库蓄水淹没前开采储备所需的砂石料，也宜储存毛料。

如砂石厂采用湿法生产工艺，其成品砂的料堆应考虑充足的脱水时间（一般为 7d），为保证脱水质量需划分生产堆存区、脱水堆存区和使用堆存区等三个分仓。

系统内各工序间的调节料堆的储量应以保证连续生产为原则，各类堆料场容量选择见表8-1。

表 8-1　　　　　　　　　各类堆料场容量选择参考表

| 项目 | 用　　途 | 容　　量 | 备　　注 |
|---|---|---|---|
| 毛料堆料场 | 陆上砂砾石料场 | 活容积大于 4h 的处理量 | |
| | 河滩或水下砂砾石料场 | 活容积大于 8h 的处理量 | |

| 项目 | 用途 | 容量 | 备注 |
|------|------|------|------|
| 半成品堆料场 | 粗碎后的半成品 | 高峰时段 3～5d 砂石需用量 | |
| | 筛分料仓 | 筛分车间生产 2～4h 的处理量 | |
| | 中碎料仓 | 中碎车间生产 0.5～1h 的处理量 | |
| | 细碎料仓 | 细碎车间生产 0.5～1h 的处理量 | |
| | 制砂原料仓 | 制砂车间生产 2～4h 的处理量 | 若单独采用棒磨机制砂，活容积为棒磨机 8～12h 的处理量 |
| 成品堆料场 | 成品粗骨料仓 | 混凝土浇筑高峰 3～5d 砂石需用量 | 利用装载机、斗轮取料机等取料时，可将总容量视为活容量 |

## 8.1.2 按料堆性质分类

（1）储料备用。天然骨料生产系统中，由于天然砂砾石料因汛期、冰冻期停采或水库内砂石料场在施工后期被淹没，均需先期开采储存，以供停采时使用。利用工程弃渣作砂石料加工料源时，因开挖和混凝土施工期往往不同步，也需储备工程弃渣，待加工生产时回采使用。

储料备用的堆存方式比较适合工程工期短、加工能力较小的骨料生产系统，如长洲三线四线船闸工程的天然骨料生产系统，在河道上游设置了一个 14.4 万 $m^3$ 的毛料堆存场，系统内毛料堆存场库容为 7 万 $m^3$，可以满足汛期停采期间的加工生产任务；在金沙江溪洛渡水电站中心场骨料生产系统中，由于是利用该工程的洞挖弃渣生产砂石骨料，为此，在系统的下游侧布置一个库容为 400 万 $m^3$ 的癞子沟渣场，为系统加工生产提供料源。

（2）调节生产。在加工生产环节中，需要配置各种类型的物料储存设施，起到一定的调节和均衡生产的作用。设置中间调节料仓（罐、仓、斗）后，将骨料生产系统分成若干个在一定程度上相对独立的小生产单元，可避免前后工序间的相互影响，有利于负荷稳定，并能使前后工序按不同的工作制度进行生产。

加工系统的半成品料堆，可使粗碎或预筛分车间连续生产；中细碎车间设置调节料仓，可稳定中细碎设备的负荷，提高设备使用效率；各筛分车间设置调节料仓，可保证砂石骨料连续生产等。

（3）专用储存。用以进行混凝土骨料的特殊加工处理，如骨料的冷却、加热、脱水使用的仓、罐等，成品骨料装车仓、成品骨料仓等，均属于骨料生产系统专用储存料仓。堆料场类型见表 8-2。

表 8-2　　　　　　　　堆 料 场 类 型 表

| 类别 | 堆 存 材 料 | 说　　明 |
|------|------------|---------|
| 储料备用 | 天然骨料生产系统的天然毛料、人工骨料生产系统所需的开挖料 | 堆储的场地要求低，堆料高度无严格限制，单位面积储量大，若块石原料粒径较大则堆放与装运均需大型的设备 |
| 调节生产 | 经初步加工的石料堆，中间加工的物料均属半成品 | 堆储的场地要求不高，堆料高度无严格限制，单位面积储量大，堆放与装运可用一般的设备，但储备量需满足后续加工要求 |
| 专用储存 | 砂石骨料成品 | 堆场的地面要做处理，做好排水设施，堆储作业要避免破碎、分离、混料和污染，单位面积的储量少，造价较高，储备量亦要满足一定需求计划 |

### 8.1.3 按堆料方法分类

（1）汽车堆料。主要适用于堆存毛料和半成品料，当天然砂砾石及工程开挖利用料作为料源时，其毛料一般采用汽车堆存方式。该堆存方式直接采用汽车从栈桥、路堤、边坡上进行堆料，采取卸、推结合，不需受料设施。

汽车堆料方式具有存储量大、存取方便的特点，对存储场地要求低，堆料高度无严格限制，一般选择地势较为开阔、适合运输设备存储和装运的场地。

（2）带式输送机堆料。带式输送机堆料又分为单点（多点）定点堆料和条形堆料。

1）单点（多点）定点堆料方式可用于堆存半成品料和成品料，堆料高度可达 30m 以上。对于成品粗骨料，为了防止骨料分离，粒径大于 40mm 的骨料需设缓降设施。该类堆存形式常用带式输送机堆料，料堆成圆锥形，容量较小，但设备较为简单，运行维护较为方便，常用于小型堆料场和中间调节堆料，也普遍用于成品粗骨料的堆存。单点定点堆料方式见图 8-1，两点定点堆料方式见图 8-2。

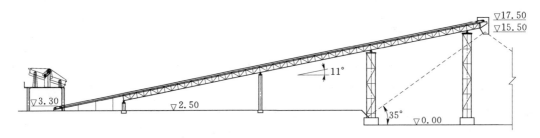

图 8-1　单点定点堆料方式图

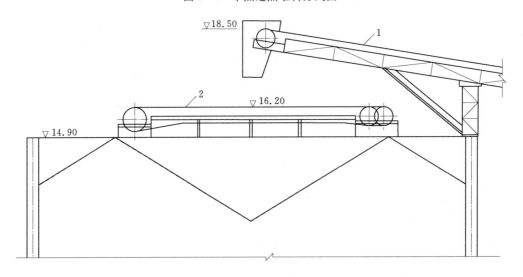

图 8-2　两点定点堆料方式图
1—带式输送机；2—可逆带式输送机

2）条形堆料。料堆呈长条形，容量大，堆存设备常用配仓带式输送机或卸料小车。成品砂仓一般采用该形式，大型骨料生产系统的中间调节料仓也较为常用。配仓带式输送机条形堆料方式见图 8-3。

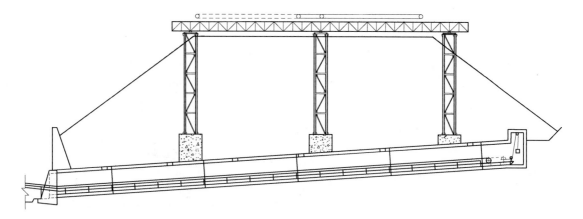

图 8-3　配仓带式输送机条形堆料方式图

## 8.2 取料

取料方式分为带式输送机取料和机动设备取料两种方式。带式输送机取料适应于骨料生产系统半成品料、调节仓、成品料取料；机动设备取料适应于毛料和成品料取料。具体采用哪种方式需要根据取料量的大小和工程实际情况进行技术经济比较后确定。

当成品骨料运输量大，运行时间较长时，一般优先采用带式输送机取料，反之，则采用机械取料。

当现场地势陡峻、地形复杂、地质条件差，不合适布置取料道路时，或者混凝土拌和系统距骨料生产系统比较近，则优先选择采用带式输送机取料，与上拌和楼的带式输送机合并。

### 8.2.1 带式输送机取料

采用带式输送机取料方式时，将带式输送机布置在廊道内，是目前水利水电工程普遍采用的一种取料方式。堆料场的物料通过廊道中的给料设备卸到带式输送机上，运往使用地点。该方式具有生产效率高、运行费用低等优点，但土建工程投资较大，施工工期长，对地基地质条件要求高。单带式输送机廊道净空尺寸见表 8-3，带式输送机取料布置见图 8-4。

表 8-3　　　　　　　　　单带式输送机廊道净空尺寸表　　　　　　　　单位：mm

| 带宽 | $H$ | $A$ | $A1$ | $A2$ | 备注 | 简图 |
|---|---|---|---|---|---|---|
| 500 | 2200 | 2000 | 800 | 1200 | | |
| 650 | 2200 | 2100 | 800 | 1300 | | |
| 800 | 2400 | 2300 | 900 | 1400 | | |
| 1000 | 2600 | 2500 | 1000 | 1500 | | |
| 1200 | 2800 | 2700 | 1100 | 1600 | | |
| 1400 | 3200 | 3000 | 1300 | 1700 | | |

**注**　表中的净高 $H$ 仅供参考，其实际取值与带式输送机高度、给料设施以及给料的最大粒径有关。

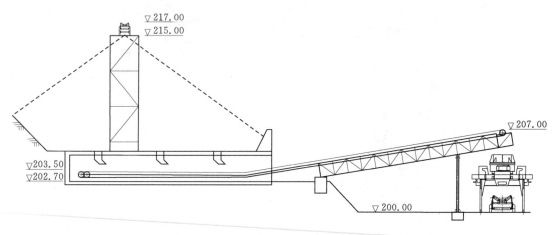

图 8-4　带式输送机取料布置图

廊道轴线一般与堆料场轴线平行或垂直布置，廊道顶板取料口高于堆场地面，是为了防止地表水从取料口流入廊道，取料口周边可设置挡水凸台。特别是湿法生产的成品砂堆场，为控制成品砂的含水率，进料口需设置挡水凸坎。

为了防止廊道内部积水，廊道底板应设大于 5‰ 的纵坡。廊道顶板根据堆料高度而设取料口，一般每隔 6～8m 设置一个，且不宜少于 3 个，适当增加取料口可减少堆料场的死容积，还可提高供料的可靠性。通过几个取料口同时卸料还有利于弥补骨料分离的缺陷。

放料设备采用振动给料机、气动弧门，手动弧门在输送量不大，输送物料品种单一的情况下也可采用。当遇事故停电时电动弧门不能自动关闭，将会出现骨料堵塞廊道的事故，故应谨慎采用。振动给料机适合各种粒径的物料，弧门适合于小粒径（一般小于 150mm）的物料给料。较长的独头廊道应设安全出口，保证运行人员有安全撤离的通道，同时还可兼顾廊道内的通风。

根据砂石加工工艺流程，带式输送机在各加工车间、堆存设施之间转运半成品、成品骨料。带式输送机的布置需综合考虑平面、立面关系，保证砂石输送能力和输送机倾角满足设计要求。

在金安桥骨料生产系统中，系统毛料处理能力 2000t/h，成品骨料生产能力 1700t/h，成品骨料供应最大强度达到 67 万 t/月。该系统成品料仓共布置 10 个独立仓，其中小石仓、中石仓、大石仓、特大石仓各 1 个，总储量为 64000m³，砂仓 6 个，储量为 63000m³。其中砂仓又分常态混凝土砂仓和碾压混凝土砂仓，各 3 个。

料仓采用廊道带式输送机取料方式，成品骨料仓底部设有 6 条钢筋混凝土廊道和 6 条出料胶带机，分别向拌和楼和装车台供料。其中粗骨料仓 2 条，砂仓 2 条，粗细骨料共用 2 条。廊道底板纵向坡降为 1.3%（砂仓）和 3.1%（粗骨料仓），顶板纵向每隔 10m 左右设置一个取料口，并安装电动卸料弧门，尾部均设有排风安全通道。金安桥水电站成品料仓带式输送机取料布置见图 8-5。

## 8.2.2　机动设备取料

机动设备取料，可以不设廊道，因而可大大简化堆料场的设施，减少土建工程量和缩

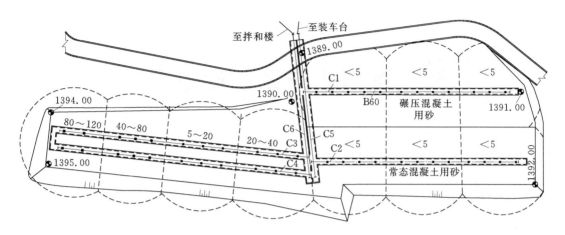

图 8-5　金安桥水电站成品料仓带式输送机取料布置图（单位：mm）

C1~C6—带式输送机编号

短施工工期。主要适用于工期较短或总供应量较小的中小型骨料生产系统或受地质条件所限的堆料场。机动设备取料的运行费用较高，近年来由于装载机性能改善，经济效益有了提高，装载机取料应用越来越普遍。

毛滩水电站砂石骨料生产系统毛料处理能力 750t/h，原料为天然砂砾石料。系统建安工期 5 个月，运行期 2 年 4 个月。骨料生产系统坐落在青衣江防洪堤外围，属于耕田区，地基承载力较差。为此，该系统成品骨料堆场采用装载机配合自卸汽车的取料方式，不必建设成品骨料仓取料廊道，大大减少土建工程量，节约建安工期；同时，利用防洪堤地势较为开阔、交通便利的特点，方便骨料生产系统的取料、销售等运行工作。

呼和浩特抽水蓄能电站骨料生产系统毛料处理能力 800t/h，成品生产能力 665t/h。系统以开采料为料源。系统运行工期为 4 年，砂石料生产总量约 201 万 t，采用装载机→自卸汽车的取料方式。

# 骨料生产系统设备安装

## 9.1 概述

随着我国水电施工技术的发展，混凝土骨料生产系统规模日趋大型化，加工设备的处理能力、品种类型、安装方式都取得了很大的进步，同时对设备安装的要求越来越高。

20世纪90年代以后我国众多水电工程骨料生产系统，如：二滩、三峡、小湾、龙滩、构皮滩、向家坝等一批特大型、大型水电站中，成功引进品种繁多的国际先进新型的特大型、大型设备。从而对砂石生产系统的安装技术、工序、方法、进度指标提出更高的要求，以保证工程需求。

## 9.2 准备工作

设备安装前应进行四个方面的准备工作：检查、编制设备安装计划、吊装设备配置、设备安装人员配置。设备安装前应开展3个方面检查：一是对设备检查；二是对基础检查；三是对安装场地检查。设备安装计划编写，应按照设备技术要求，提出进度计划安排、安装措施、人员配置。安装工具的配置，应根据设备随机工具到场情况，提出采购和自制特需的辅助工具。设备运输到工地时，常常不能做到一次性安装就位，选择适宜型号的转运及吊装设备是重要准备工作之一。

### 9.2.1 检查

（1）设备检查。第一，对设备的完整性进行检查，了解设备在运输、装卸过程中是否有损坏和锈蚀以及生产厂商提供的元件是否缺失等情况，查箱号、箱数以及包装情况，装箱清单、设备技术文件资料及专用工具；第二，技术资料检查。检查设备资料的完整性，包括设备的使用说明书、技术性能及安装精度，安全技术操作规程，安装图、基础图、部件清单等辅助设备的图纸和资料。

（2）基础检查。首先是对混凝土基础或金属底座基础的设计计算和核定进行验收，检查基础与设备底座尺寸，及其预留地脚螺栓孔数据；同时对划定安装基准线的相关数据进行检查，即设备定位基准的面、线和点实际值与安装基准线允许偏差检查，及平面位置安装基准线与基础实际轴线允许偏差是否符合设备定位基准的面、线和点对安装基准线的标高允许值。检查安装检测设备使用精度要求，其测量仪器设备应经国家计量检定机构检定合格。安装使用的基准线，应牢固、可靠和便于使用控制设备的安装尺寸和安装精度，且保留到安装验收合格后。设备基础检查合格后方可进行安装。

（3）场地检查。分存放场地与安装场地的检查。对于存放场地按设备不同、系统规模不同进行检查。对整机到位的设备，存放场地应与安装场地合为一体，对于分部件到位的设备应尽量将存放场地靠近安装场地。检查面积是否满足要求，场地是否积水，起重设备装卸场地，以及载重运输设备道路等。设备堆放场地面积见表9-1。

表9-1 设备堆放场地面积表

| 序号 | 设备名称 | 运输情况 | 存放面积 |
|------|----------|----------|----------|
| 1 | 旋回破碎机 | 多部件运输 | 80m×80m/单台 |
| 2 | 圆锥破碎机 | 整机；附属件较多 | 50m×50m/单台 |
| 3 | 颚式破碎机 | 整机 | 20m×20m/单台 |
| 4 | 反击式破碎机 | 整机 | 20m×20m/单台 |
| 5 | 立式破碎机 | 整机 | 20m×20m/单台 |
| 6 | 棒磨机 | 多部件运输 | 60m×60m/单台 |
| 7 | 普通振动筛 | 分机运输 | 30m×30m/单台 |
| 8 | 高频筛 | 整机 | 20m×20m/单台 |
| 9 | 普通胶带机 | 部件运输 | 120m×120m/系统 |
| 10 | 长距离胶带机 | 部件运输 | 沿线存放 |

安装场地的检查，应从吊装设备型号、吊装所需的平面及空间尺寸，以及对场地的地基承载条件、空间是否有高压线进行勘测检查，达到设备顺利安装目的。

## 9.2.2 编制设备安装计划

系统设备安装前必须根据设备情况编排详细的设备安装计划，并对安装人员进行技术交底，安全监察员对安装人员进行安全交底，以上交应形成交底记录以备案。其主要安装计划有：人员组织、设备清点、吊装及运输、安装进度、设备试运转验收。主要设备安装时间见表9-2。

表9-2 主要设备安装时间表

| 序号 | 设备名称 | 安装时间 |
|------|----------|----------|
| 1 | 旋回破碎机 | 15～30d/台 |
| 2 | 圆锥破碎机 | 5～15d/台 |
| 3 | 颚式破碎机 | 5～10d/台 |
| 4 | 反击式破碎机 | 3～8d/台 |
| 5 | 立式破碎机 | 3～8d/台 |
| 6 | 棒磨机 | 45～50d/台 |
| 7 | 普通振动筛 | 3～5d/台 |
| 8 | 高频筛 | 3～5d/台 |
| 9 | 普通胶带机 | 2～5d/100m |
| 10 | 长距离胶带机 | 5d/500m |

### 9.2.3 吊装设备配置

吊装设备配置与安装设备类型单件重量、场地及系统规模有关，通常应选用50t、25t、16t吊车，其数量的配置由系统规模与安装时间确定。对大型旋回破碎机，在没有设置龙门吊时，设备安装需配置1台100t以上吊车。

### 9.2.4 设备安装人员配置

设备安装人员计划，按设备类型、进场设备整机、零部件运输方式进行安排。对以零部件方式进入工程的设备，必须由机电、土建技术人员根据设备情况，编制详细的施工组织设计，并对安装人员进行技术、安全规程、设备性能培训，并对相关人员进行交底，形成记录以备案。在特大型人工砂石料的设备安装中，应有设备制造厂家对粗碎、中碎、细碎设备的安装进行现场指导。设备安装人员配置见表9-3。

表9-3 设备安装人员配置表

| 序号 | 设备名称 | 人员配置 | 备注 |
|------|----------|----------|------|
| 1 | 旋回破碎机 | 10人/台 | 单机处理能力大于700t/h |
| | | 15人/台 | 单机处理能力大于1200t/h |
| 2 | 圆锥破碎机 | 5人/台 | |
| 3 | 颚式破碎机 | 4人/台 | |
| 4 | 反击式破碎机 | 3人/台 | |
| 5 | 立式破碎机 | 3人/台 | |
| 6 | 棒磨机 | 10人/台 | |
| 7 | 普通振动筛 | 3人/台 | |
| 8 | 高频筛 | 3人/台 | |
| 9 | 普通胶带机 | 4人/100m | |
| 10 | 长距离胶带机 | 12人/4000m | |

# 9.3 主要设备安装

骨料生产系统主要设备的安装因种类、性能、工作原理不同所表现出的安装特点、程序、方法也各不相同。

分部位到位的设备因设备部件多、重，装备工序复杂，安装精度要求高。因此，要求安装人员有一定的机械设备安装知识，有较丰富的安装经验和配合协调能力。

整机到位的设备，其安装重点在于整机的调整与连接输出装置，对安装人员技术能力要求相对简单。

### 9.3.1 破碎设备

破碎设备品种繁多，其安装技术参数应按生产设备厂家提供的详细数据执行。

(1) 旋回破碎机。旋回破碎机的安装程序为：破碎机底座→中架体（定锥衬板的安装）→偏心套→传动部→液压缸→动锥→横梁（顶帽）→润滑系统及冷却系统→其他（平台、扶梯、防护栏）部件→试运转。

1）破碎机底座的安装。在基础地脚螺栓附近的四个边脚处放置找平垫铁，用水平仪测量，确认完全水平后，用起重机将破碎机底座安装就位。破碎机底座的找正应达到下列要求：确定找正、调平的定位基准、线或点，并将找正、调平的值记录存档，以备今后对设备进行运行监测和修复时参考使用；底座必须与基础严格垂直；测量直线度、平行度和同轴度满足要求；调整底座用的垫铁和平垫铁根据设备工作载荷，根据设备负荷，按有关公式作专门设计，每一垫铁组的面积和厚度，确保设备工作平稳；底座垫铁端面、斜垫铁应露出设备底面外缘 10～30mm；垫铁组伸入设备底座底面的长度应超过设备地脚螺栓的中心。

2）中架体（机架定锥衬板）的安装。清除毛刺、划痕或接触表面上的铁锈或脏物，在中架体的锥形配合面和水平面上涂油。用钢丝绳将中架体吊起，保持水平，将中架体慢慢向前推进，降低到精加工的锥度配合处。插进部分定位销，按机座部的上法兰来校准所有靠锥面接触的法兰间隙，对其公称值的相互偏差在整个圆周的任意点不得大于技术指标。紧固定位销，保证圆周上每一个定位销受力均匀。

定锥体衬板的安装，先将衬板吊起，沿中架体上的定位槽安装好，再用楔铁将各段衬板楔紧。清理干净后，浇筑固定衬板的水泥砂浆（或锌合金），严格按照中架体装配图中所列的各项技术要求进行施工。

3）偏心套、传动部的安装。先用钢丝绳将传动轴吊起，在传动毂体法兰和底座的接合处，加入适当的垫片以调整小齿轮的位置。调整小齿轮传动轴的轴向间隙，确保其值在规定值范围内。吊装偏心套，安装时要确保合金面不受损坏或弄脏；保证齿的大端面平齐，齿轮的侧向间隙在规定值之间，偏心套与防护罩之间的间隙应符合设备安装要求，偏心套内孔的偏心方向和油缸的摩擦盘方向一致。

4）液压缸的安装。先将液压缸吊至底座的下面，安装人员从地沟进入底座下面，指挥慢慢调整定位。液压缸的中摩擦盘与下摩擦盘的中心偏移应符合设备要求，上摩擦盘固定在动锥主轴的下端，与动锥一起放入液压缸。

5）动锥的安装。安装动锥衬套，用螺帽压紧，然后灌注环氧树脂（或锌合金）。在动锥底部球面密封处涂满干油。用专用吊环将动锥吊起，放入底座内的液压缸上。在中架体和底座内用木头将动锥楔住，以方便横梁的安装。

6）横梁的安装。清除所有油孔和加工面上的污物。将横梁吊起，利用中架体上的法兰校准后再紧固销钉。紧固销钉时要保证横梁和中架体上法兰间隙偏差在整个圆周的任意一点上不超过规定值。顶帽安装时，在横梁中心孔内填满润滑油。用钢丝绳将顶帽吊起，固定在横梁上。

7）润滑系统及冷却系统安装。检查润滑油泵、油泵电机、高压油管是否齐全、完整。安装润滑油泵基座，保证基座独立安装在地面基础，不与破碎机等有振动工作状态的设备相连接。将油泵安装在基座上，安装高压油管，使整个液压系统连通。安装油泵电机电源及控制部分。在油箱内严格按设备安装使用说明书注入液压油。

8）其他（平台、扶梯、防护栏）部件安装。根据现场情况，制作安装合适的工作平台、人行道、扶梯和防护装置。平台、扶梯、防护装置安装制作应达到下列要求：防护设施应安全、实用；焊缝应牢固美观，栏杆焊接处应打磨光滑。制作和悬挂各种安全警示标示和安全操作规程。安装结束后刷防锈漆一遍。

（2）圆锥破碎机。圆锥破碎机的安装程序为：主机架总成→传动轴总成→偏心套总成→球面瓦总成→动锥总成→定锥→定锥衬板及给料斗→给料配置。

1）主机架总成的安装。主机架需安装到混凝土基础上或钢结构上。主机架与基础用螺栓连接。主机架吊装必须用设备配置的起吊部件，不能用其他部件代用。起吊主机架时，在主机架法兰的底面涂少许油，防止其他填料污染主机架法兰。将主机架放到基础上的厚10mm的垫片上。基础为混凝土时，螺栓周围、钢垫圈的顶部应插入C形垫片将破碎机找平。这将使主机架和基础之间有大约厚30mm的灌注层，该厚度是使用混凝土填料合适的厚度。浇筑材料到龄期后，破碎机方能运行。

2）传动轴总成的安装。安装O形环，并在O形环上涂上清洁的润滑脂放到传动轴架小齿轮端上。安装磨损环，将磨损环安装到传动轴架的槽内，并涂上胶水固定。然后在磨损环上涂干净的油脂。在O形环的机架环周围灌满12mm硅橡胶。当安装传动轴架时，硅橡胶被挤出并填满传动轴架和机架环之间的空隙。将传动轴架小齿轮端的内法兰临时放到滑板或滑板支架上，再将传动轴总成推入机架的孔内与机架配合部。把三根专用六角头千斤顶螺钉（取自工具箱），按120°间隔穿过轴架法兰的螺孔，拧入机架的螺纹孔内。传动轴架两个法兰与主机架间为过盈配合，为防止受力不匀，应轮流少量拧紧每个千斤顶螺钉，直到螺钉达到机架螺纹孔的底部为止。取下千斤顶螺钉，在千斤顶螺钉的头部和法兰之间装垫圈或垫片。再少量拧紧每个千斤顶螺钉，直到其达到螺纹孔的底部为止。继续轮流拧紧这些螺钉，使传动轴架压进机架，直到轴架在外法兰与机架贴紧为止。将传动轴架护板放到传动轴架上，护板上的开口应与传动轴架每侧的凸缘对齐。检查轴向游隙。若破碎机以整机发运，则轴向游隙在工厂已调好，传动轴必须能够自由内外移动。

3）偏心套总成的安装。彻底清理主轴的外壁和顶面，主机架上的大齿轮井和偏心套衬套的内壁，消除刻痕、刮痕和芒刺。清理固定在主机架上的下推力轴承的上表面及拴接在偏心套底部的上推力轴承的下表面。确认固定上、下推力轴承的螺钉和弹簧垫片已紧固好。利用偏心套顶部的螺纹孔将起吊环固定到偏心套总成上，将两个环首螺钉拧到吊环上。在主轴、偏心套及两个推力轴承上均涂一薄层油。把环首螺钉挂到合适的起吊装置上，在主轴上方缓慢落下偏心套。偏心套衬套的斜边将帮助对正部件的中心，放下偏心套直到上推力轴承底部落在下推力轴承上。可能需要轻轻地转动偏心套，使大、小齿轮齿牙完全啮合，确保偏心套完全落在下推力轴承上。确认大、小齿轮正确啮合，当齿顶隙和侧隙合适后，可拆下偏心套起吊板。

4）球面瓦总成的安装。球面瓦架安装，安装定位销钉，将其拧入主轴顶部的螺孔内。在球面瓦架上安装两个环首螺钉，并将它们挂在起重量合适的起吊装置上。按规定的温度（环境温度以上）加热球面瓦架，并尽快将其安装到主轴上。在安装被加热的零件时，应使用加厚、绝热良好的手套。将球面瓦架沿着定位销钉向下落在主轴上，务必使球面瓦架紧密坐在主轴顶上。用塞尺穿过球面瓦架侧面的检查孔检查并确认球面瓦架已平坐在主轴上（无间隙）。拆掉定位销钉，将垫上锁紧垫圈的螺钉穿过球面瓦架拧入主轴上的螺孔内。交替拧紧螺钉，每次拧入少许直至拧紧到规定的扭矩值。在部件冷却后，复查螺钉的扭矩值。球面瓦安装，通过收缩球面瓦或膨胀球面瓦架安装新的球面瓦。在安装球面瓦之前对球面瓦架进行重新加热使之超指定的环境温度。在安装球面瓦之前冷却球面瓦架使之低于指定的环境温度。将球面瓦上面的环首螺钉挂在合适的起吊装置上。将球面瓦对位，球面瓦底部的通孔套在球面瓦架上的定位销钉上，然后将球面瓦落至球面瓦架上。

5）动锥总成的安装。如果分料盘一直安装在动锥上，必须在动锥总成装入破碎机之前将分料盘拆下来。彻底清洗偏心套、上下动锥衬套孔、动锥球面轴承和球面瓦。检查所有表面的光洁度，用细砂布磨掉任何划痕或碰伤。检查所有油路并确认它们已完全清洁。使用常规破碎机润滑油，对偏心套外表面、动锥衬套表面、动锥球面轴承和球面瓦轴承表面进行充分润滑。用随机圆形动锥吊板，将合适的起吊环首螺钉拧入动锥吊板的偏置螺纹孔中。将动锥吊板固定在锁紧螺栓上。用随机起吊工具，将动锥吊起并与球面瓦座对中。环首螺钉的偏心位置将产生一个轻微的不平衡从而使动锥以一定角度悬垂着，以便使动锥和偏心套相同的角度悬垂。转动动锥使它的高边即向上倾斜的一边，尽可能地对准偏心套较厚边侧。小心地降下球面瓦上方的动锥。偏心套的顶边已倒角，有助于动锥与偏心套对中。慢慢把动锥落到偏心套上，如果必要，轻轻推动动锥，并将其吊至能够与偏心套配合的位置上。落下动锥直到动锥正确坐在球面瓦上。当动锥球面轴承完全落到球面瓦上，动锥被正确定位时，重新吊起动锥6～10mm并让动锥悬吊在此位置上。然后开动润滑泵并让泵运转5～10min。这将有助于冲洗掉破碎机被打开时所集聚的所有尘土。同时，轴承得到预先润滑，有助于启动机器。而后关闭泵，将动锥落回到球面瓦上并从锁紧螺栓上卸下吊板。用螺钉和锁紧垫圈将分料盘固定在锁紧螺栓顶部，将螺钉锤紧后，应该填塞硅树脂密封螺钉和锁紧垫圈顶部周围，以防止水渗入并腐蚀螺钉和锁紧螺栓。

6）定锥、定锥衬板及给料斗的安装。应该拆掉调整帽，把调整帽紧固到定锥顶部的螺栓和垫圈，将起吊钢丝绳和锚环吊挂在调整帽的吊耳上，把调整帽吊离定锥。彻底清洁定锥、调整环和锁紧环上的螺纹，除去所有污物和防锈剂，用一块布蘸上二硫化钼粉末擦摩定锥、调整环和锁紧环上的螺纹表面（这个步骤可使金属表面黏上一层润滑膜从而使定锥能更加自如地转动；这些螺纹上最初的二硫化钼润滑膜是在制造厂涂上的）。在螺纹上涂以充足的润滑剂，该润滑剂是油脂和5％～10％二硫化钼粉末的混合物。将调整帽和其他零部件装配到定锥上。将装配好的整个部件吊装到锁紧环上。在定锥部件旋入到锁紧环和调整环内之前，必须将锁紧缸减压。将定锥旋入锁紧环和调整环内。

7）给料配置的安装。破碎能否获得最高效率，直接取决于给料配置。如果给料适量，物料均匀地布满破碎腔，破碎机就能实现最高效率。正确的给料方法是物料给料适当地落到分料盘上，避免进料偏向给料口一侧，布料不均匀。在料斗的顶部应安装一个给料箱，从漏斗来的物料先落到死角上，然后垂直落下，更加均匀地落到分料盘上，并应尽量使细料和粗料的偏析保持在最小的程度，以最大限度地减小衬板不均匀磨损。为使破碎机获得最理想的效果，给料机要能够调节给料量，使物料堆积到破碎腔以上3/4（挤满给料）。该料位沿整个破碎腔均匀上升。给料设备必须有足够大的规格保证破碎机的最大给料量。控制进入破碎机的给料速度及从高处落到破碎机内的物料，避免物料落入破碎腔底部造成调整环不正常跳动，从而导致主机架与调整环接触面的严重损坏。

8）排料配置。排料室应留有检查孔，以便入内进行清理和检查。排料室内设有隔板，形成破碎物料的"料垫"，承受下落矿石的撞击。如果采用漏斗，它与水平面的倾斜度必须大于45°；如果物料具有较大的粘贴性，倾角还要增大。在主机架和排料室底部之间以及排料口或漏斗和带式运输机或提升机之间，应留有足够的空间，防止物料堵塞排料通道，避免造成物料在动锥下堆积，影响破碎机的运转。

（3）颚式破碎机。颚式破碎机的安装程序为：主机架→动颚→张紧杆→摆杆座及摆杆→定颚和动颚颚板→斜板和楔块→飞轮→电机→润滑系统→其他装置→整机调试。

1）主机架的安装。安装主机架时需要用起重机将破碎机安装到一个钢结构或混凝土基础上，并作以下调整：机座的纵向中心线与基础的纵向中心线相吻合，误差不大于规定值。破碎机横向中心线与基础的横向中心线相吻合，误差不大于规定值。用水平仪对破碎机机座进行校平调正。紧固地脚螺栓，用专用工具保证地脚螺栓的紧固力及紧固力矩。

2）动颚总成的安装。安装动颚总成时，需要做到以下几点：彻底清洗机座轴承箱座；小心地将动颚总成吊入机座；将螺栓、螺母涂抹润滑脂并紧固在轴承箱上，用扭力扳手预拧紧全部机外螺栓，在螺母所处的机座位置上做出记号，用扭力套筒扳手再次拧紧。

3）张紧杆的安装。用钢丝绳将动颚吊起，将动颚慢慢向前推进。将张紧杆蹄形块用张紧杆销连接到机体上。把张紧杆拧进张紧杆蹄形块内并进行紧固。

4）摆杆座及摆杆的安装，摆杆座的安装，检查动颚和摆杆座板上的加工槽，将褶皱和凸起磨平。清理干净后将摆杆座安装入槽内。摆杆座两头对称，可换头安装。将导向片拧紧到摆杆座板相应位置，使其凸耳朝内，以阻止摆杆座从摆杆座板中掉落。摆杆的安装，清洗干净摆杆和摆杆座的所有接触表面，用钢丝绳将动颚吊起，轻轻移动，将动颚向前推进，安装摆杆座橡胶罩和压紧嵌条，将动颚转回到原来位置，安装张紧杆弹簧，用螺旋千斤顶将张紧杆弹簧压缩到规定值。

5）定颚和动颚颚板的安装。将颚板吊起缓缓落在下支撑楔板上。调整颚板位置，使之与动颚对齐。确认颚板与动颚紧密贴合。适当地安装并拧紧锥头定位夹紧螺栓。定、动颚板的安装都采用同样的方法。

6）斜板和楔块的安装。斜板的安装，将斜板吊起，使斜板与定颚板对齐。将斜板上的凹槽与动颚板上的凸肩进行配合、锁紧。为安全起见，在斜板上（吊耳的下方）焊上两个安全键，避免楔形压板移动时产生斜板松动的危险。键和斜面相结合可形成榫销连接。楔块的安装，安装颚板楔形压块、螺栓和橡胶垫片。拧紧楔块螺母使颚板处于可靠的定位。楔块不应与颚板支承面产生接触，以保持对颚板一定的夹紧力。

7）飞轮的安装。彻底清洗轮毂、轴和键表面。把键轴放入轴上键槽。将飞轮装上轴，轻轻拧紧螺母以免产生间隙。转动锁紧螺母，将飞轮沿锥轴径推入移动到底，使得飞轮位移在规定值以内。将锁紧垫片舌片弯入螺母相应槽内，锁紧螺母。将端盖装入飞轮。

8）电机的安装，将电机缓缓吊装到电机基座上。对准电机的基础中心线并且固定。安装V形皮带，通过电机座调整螺栓调整电机位置，来调整V形皮带的张紧度。将V形皮带张紧度调整到规定程度。电机正确安装后，飞轮顶部将会转向破碎腔。检查V形传动带电机对正情况，确信电机与偏心轴保持平行，电机轮槽与飞轮带槽直线对齐。安装颚式破碎机的电气控制部分及其他辅助电气部分。

9）润滑系统的安装。检查润滑油泵、油泵电机、高压油管是否齐全、完整。安装润滑油泵基座，保证基座独立安装在地面基础，不与破碎机等有振动工作状态的设备相连接。将油泵安装在基座上，安装高压油管，使油泵和破碎机的四个润滑脂嘴连接起来。安装油泵电机电源及控制部分。向油泵里注入足够量的润滑油。

10）其他装置的安装。根据现场情况，制作安装合适的工作平台、人行道、扶梯和防护装置。平台、扶梯、防护装置安装制作应达到下列要求：防护设施应安全、实用；焊缝应牢固美观，栏杆焊接处应打磨光滑；制作和悬挂各种安全警示标示和安全操作规程。安装结束后刷防锈漆一遍。

11）整机调试。对设备进行调试之前，必须会同所有工程施工人员，结合施工图纸和技术文件对破碎机各结构部件的安装质量进行全面检查。检查排料口的设定，就是调整破碎机腔下端二颚板之间的距离；检查排料口的开度，通过增加或减少位于摆杆座板后面的调整垫片来调整；排料口的调整必须在破碎机非工作状态下进行。松动张紧杆螺母，通过螺旋千斤顶，松开张紧杆和压缩弹簧；用千斤顶把摆杆座往回顶，松开调整垫片；按调整要求，增减垫片。将千斤顶伸缩杆慢慢释放回；借助千斤顶将张紧杆上的螺母拧紧，使弹簧压缩到规定的位置；初始启动，检查所有螺纹联结件的紧固情况，检查全部轴承的润滑情况。空载下运转机器，建议机器空载下初始运行直至最高温度，冷却后再重新启动，检查破碎机转速，转速不应超过规定转速。破碎机运行时，检查有无异常噪声，如有应立即停机，对机器进行检查，查明噪声来源并正确处理。随时监测轴承温度，当温度高于设定值，时应立即查明原因并正确处理。在机器运行初期，颚板紧固螺栓会有一定松动。每次运行一个台班后，重新检查所有螺栓的松紧状况。机器的整个工作期内，颚板均应略微上移。

（4）反击式破碎机。反击式破碎机的安装程序为：主机→驱动装置防护罩→三角皮带→电机→液压系统→其他装置→整机调试。

1）主机的安装。用适宜的起重机将主机安装就位。基座调整应达到下列指标：纵向中心线与基础的纵向中心线相吻合，横向中心线与基础的横向中心线相吻合，误差均不大于规定值。用水平仪对破碎机机座进行校平调正。安装并固定地脚螺栓，用专用工具保证地脚螺栓的紧固力及紧固力矩。

2）驱动装置的安装。安装破碎机的电气控制部分及其他辅助电气部分。

3）三角皮带驱动装置的安装。清理皮带轮凹槽中的所有润滑油、润滑脂或铁锈；确信皮带轮正确定位和两轴之间保持平行；禁止用外力强行将皮带装到皮带轮上，应该缩短中心距，直到皮带能够轻松滑入。在根据标准节距算出中心距之后，应使两个皮带轮能够在规定数值范围内靠拢，以便在不损坏的情况下安装皮带。采用挠度法或拉伸法张紧皮带。

4）电机的安装。将电机缓缓吊装到电机基座上。对准电机的基础中心线并且固定。安装V形皮带时，通过调整电机座螺栓调整电机位置，来调整V形皮带的张紧度。将V形皮带张紧度调整到规定程度。检查V形传动带电机对正情况，确信电机轮槽与飞轮带槽直线对齐。

5）液压系统的安装。检查液压油泵、油泵电机、高压油管是否齐全、完整。安装液压油泵基座，保证基座独立安装在地面基础，不与破碎机等有振动工作状态的设备相连接。将油泵安装在基座上，安装高压油管，使油泵和破碎机的液压油嘴连接起来，安装油泵电机电源及控制部分，向油泵里注入足够量的液压油。

### 9.3.2 制砂设备

（1）立轴冲击式破碎机。安装程序为：机架→机体主要部件→轴承箱→传动皮带→振动开关→连锁开关。

1）机架安装。机架安装包含支腿安装及设备与机架的安装。四个支腿下端用螺栓固定在混凝土基础的预埋钢板上，每个支腿用 $4 \times M20$ 螺栓。自制支腿刚度应得到保证。破碎腔总成通过 $8 \times M20$ 的螺栓固定在机架的 2 根主梁上。

2）机体主要部件安装。主机部分通常为整机吊装，初始设备对其部件不进行安装。在运行中，因易损件在机体内，需了解主要部件抛料头、上下耐磨板、分料盘、给料筒、转子总成安装的安装方法。①转子抛料头组件安装时，确认转子抛料头板、抛料头夹块板所有安装配合面没有任何突起的斑点、污垢、石料等；调整抛料头板与抛料头夹块板，并将抛料头固定销插入抛料头夹块板前部的孔中固定；按规定的扭矩上紧抛料头固定螺栓。②上、下耐磨板安装时，将表面清洁、没有污垢的上、下耐磨板放入转子内，一侧紧靠转子壁的内侧，并将耐磨板向前推至转子前部夹板，紧靠抛料头夹块板；装上耐磨板固定楔，调整位置，使上、下耐磨板就位，再紧固转子旋转方向圆周端面的固定销钉。③分料盘安装时，将表面清洁的分料盘固定插销对准分料盘侧面的插孔就位且紧固；安装时应使分料盘侧面固定孔对准转子顶板对应的安装孔，在每一个转子抛料口将固定插销插入分料盘三侧；确定插销已完全插入转子顶板和分料盘。④给料筒安装时，将给料筒放入给料组件固定架中的定位盘，确认定位盘上没有石块等杂物后，装上给料筒夹箍环，通过 2 个固定楔块将给料筒夹箍环固定。⑤转子总成安装时，彻底清洗主轴、轴键、锥形座套、转子圆凸和顶部密封盘，在表面涂抹一层稀油，在转子圆凸的锥孔表面涂上蓝色或红丹后装进位于主轴上的锥形座套，确认转子锥孔完全依靠转子的重力落在锥形座套上，与锥形座套接触至少大于 80% 的圆周面积及 80% 的锥形座套长度。

3）轴承箱安装。轴承箱在运行维护中需对其进行安装。将经过除锈、凹痕、刮痕的轴承箱外表面、轴承箱壳体及锥环的装配表面涂抹稀油，将轴承箱装入箱壳体内，使轴承箱的润滑脂排放口与壳体的排油槽对应，采用星字形顺序拧紧上、下螺栓。

4）传动皮带安装。装上配套使用的传动皮带。将马达液压操纵手柄置于张紧位置，用泵动液压手动泵张紧马达皮带。通过皮带张紧检视口检查皮带的张紧力，当张紧度正确时，上紧马达安装板的固定螺栓。将液压操纵手柄放回中心位置。对于双驱动设备，两边应调整到相同的精确度。

5）振动开关安装。振动开关是通过永久磁体的吸引力与受到一个加速度后的振动球体（钢球）的动能存储量平衡而实现工作的。开关安装于垂直面带约束球体的锥座上。振动开关的复位也可通过手动或电动复位。振动开关的调节点在于控制球体与磁体的距离，这个调节是旋转开关顶部的调整螺钉。振动开关单元应使用 M4 螺栓牢固地安装在垂直面上，复位机构在底部。

6）连锁开关安装。延时时间设定在 $5 \sim 8\text{min}$，任何时间调整是使用小的螺丝刀小心地调节位于主电路板右上角的电位计，直至达到期望的时间。系统的安装只能由有资格证的电气人员进行。电磁线圈、时间继电器回路只能在设备处于断开位置时进行，且在设备处于接通位置、通行钥匙松开时隔离断电。

（2）棒磨机。安装程序为：基础螺栓→主轴承→回转部分→大齿轮→传动部分→其他部件→试车与验收。

1）基础螺栓安装。将基础螺栓安装到设备预留的基础孔中。轴承底盘与地脚螺栓，均应作磨机空负荷试车，二次紧固之后，再进行二次灌注水泥。

2）主轴承安装。在两个主轴承底盘上面，做出纵向（轴向）和横向（径向）的中心线标记。纵向两中心线应在同一直线上，横向两中心线应平行，上平面水平度应使用仪器测量相对标高。两主轴承底盘的横向中心线间的距离，应符合图纸和设备实际尺寸，考虑热膨胀的伸长量，轴承底座和底盘平面应均匀接触，其局部间隙、连续长度、深度应符合技术指标。

球面接触应配研，其接触斑点、接触四周边缘、深度间隙按照说明书要求配研，接触间除涂抹润滑脂，并保证转动灵活。主轴瓦在装配前，也应与对应的中空轴颈配研，其接触弧面角度、接触面上的斑点及每 25mm×25mm 面积内的接触点也需按要求配研。轴承上的刮油板和轴颈上的油勺在安装时保证刮油板向下刮油，油勺向上提油的方向，不得有误。

3）回转部分安装。回转部分包括：进料部和筒体部。筒体两端与进出料法兰的接触平面在装配时，在此结合面上不准加任何垫片。筒体两端法兰在把合时，找正其同轴度，在法兰止口处，用塞尺检测其周围间隙，均匀后，再把紧螺栓，螺栓把紧后间隙应保持均匀。轴颈应清洁，没有擦伤、损坏等痕迹，并涂以润滑油。采用适宜的起吊设备及起吊部位，并保持平稳无冲击地安放与轴承之上。调整轴承与轴颈的轴向间隙，在筒体的外侧应留有间隙，以保证热膨胀的需要。用千分表和连通水平仪等工具，检查其两端轴颈的径向跳动和水平度，其径向跳动、水平度偏差应符合要求。检查合格后，方可铰制固定销孔。

4）大齿轮安装。棒磨机大齿轮的径向跳动、轴向振摆的安装结束指标控制是大齿轮的安装要点，对超差须进行调整齿轮与法兰同轴度或加垫片，合格后拧紧螺栓。筒体衬板、端衬板、格子板等安装后，筒体内的环向间隙应用水泥砂浆填充。棒磨机端衬板的簸箕板背后空隙，用水泥砂浆填充。

5）传动部分安装。在装配之前，滚动轴承、轴承座以及传动轴小齿轮等，均应进行彻底清洗后，方可进行装配。传动轴承底盘、轴承座及传动轴等位置，均应进行严格检查，并保证齿轮啮合性能要求。齿轮齿面接触率沿齿长方向、沿齿高方向、齿侧间隙均应在技术要求之内。减速器与小齿轮传动轴、电机轴的不同轴度公差、两轴的歪斜度是安装的重要控制值。最后安装齿轮罩与密封环等零件，注意运行时不发生干涉。

6）其他部件安装。联合给料部安装后，主轴承润滑油勺连接应牢固，不得有松动和摇摆；溜槽给料器与回转件留有间隙。

### 9.3.3　筛分设备

（1）筛分设备部件安装。安装程序为：振动筛底座→筛箱→电动机底架→复合弹簧→激振器及支座→万向联轴节→调整弹簧支座→电动机及电控调整→给料装置→试运转。

1）振动筛底座、筛箱、电动机底架的安装。在经复查后的基础尺寸吊装振动筛底座，紧固筛子底座与地脚螺栓，筛子底座与基础平面应在同一水平面上，左右误差均在技术指标以内。然后吊装筛箱，使上、下定位坐销对中弹簧支撑坐孔，调整使其筛箱无偏斜、四支座弹簧均匀承压，筛箱的两端即进料端和出料端与筛板平面要求左右方向保持水平。电动机架安装在钢梁支撑基础上，要求电动机轴线与激振器轴线应在同一垂直平面内。

2）激振器及支座、万向联轴节的安装。清洗干净激振器所有零件后方可安装，安装时不得硬性敲打或有别劲，偏心块与压盘应对齐，每一处偏心块所加付偏心块或配重板厚度、数量必须相同，万向联轴节与两侧激振器的连接必须同心。应使支座与筛箱安装座上的挡块密合，激振器支座安装完毕后，用手扳动偏心块，若有阻力过大或卡死等现象存在，必须找出加以调整。

3）给料装置的安装。物料应均匀地布满筛面，实现最高效率。在检修破碎机时，该给料装置的结构应便于拆卸。

（2）筛分设备整机的安装。振动筛一般整机发运，各部件在出厂前已安装并调试好，无须现场组装。通常只做如下检查：检查全部螺栓的紧固程度，并且在最初工作一班后，重新紧固一次；检查三角胶带的张紧力，避免在启动或工作中打滑，并且确保三角胶带轮的对中性；确保所有运动件与固定物之间的间隙。

### 9.3.4 带式输送机

带式输送机设备安装程序为：各部件到位检查→基础及地脚螺栓施工→驱动装置→头尾架→支腿→中间架→下托辊→上托辊→传动滚筒→改向滚筒和拉紧滚筒→清扫器→胶带敷设→接头硫化胶结→输送设备试运转前的检查→空负荷试运行→调试→负荷试运行。

在安装前检查胶带机部件与设计图纸到位情况，基础螺栓施工固结质量与安装尺寸。

（1）驱动装置的安装。将驱动装置全部安装在驱动架上，电机的地脚螺栓开始安装时不要紧定，留有调节余地，再紧固经找正调整完好的驱动装置架与基础螺栓。电机与减速器、传动滚动的联轴器的调整应按照测量技术指标，经检测，均达到安装精度后，将所有连接螺栓紧固。

（2）头尾架、中间架及其支腿安装。先用吊车将头部及尾部吊装就位，根据已放样好的基础线将设备找正，并用线坠及水平尺找正设备的垂直度及水平度。将地角板与预埋件连接，使设备固定。然后安装中间架，安装时重点是保证其各段中间架安装水平性和上托辊的高度偏差，通常采用放线施工工艺来控制水平及高差。机架中心线与输送机纵向中心线的重合、机架中心线的线轮廓度在任意长度内的偏差、直线段中间架的宽度允许偏差、中间架对建筑物地面的垂度误差、中间架在沿垂面内的直线度误差、中间架接头外左右及高低的偏移等均应符合胶带机安装技术指标要求。托辊装配后，应转动灵活、相邻三组托辊辊子上表面母线的相对标高差均应符合规范，安装时可采用顶丝、垫片进行调整。

（3）传动滚筒、改向滚筒和拉紧滚筒、清扫器安装。滚筒装配时，轴承和轴承座油腔中充润滑脂。头尾部所用转动滚筒、拉紧滚筒应首先安装在机架体上，清扫器的安装在胶带安装后。传动滚筒横向中心线与输送机纵向中心线偏差满足要求。对于多驱动滚筒两滚筒轴线的平行度偏差、拉紧滚筒行程、清扫器与输送带的接触长度均应按照规范值控制。

（4）胶带敷设与接头硫化胶结。胶带敷设前，先安装好上下托辊组。输送带连接应保证其平直，敷设时因其场地限制采用机械施工较难，通常应用专制夹具及手拉葫芦将由上托辊穿入的胶带牵引到位。对长距离胶带机，应设置导向滚筒车式开卷装置工艺设备，即将胶带用一根通轴架设于钢支架上，钢支架与轴接触处可自由转动。开卷用的机具、人工和附件应配置适宜。胶带的敷设采用的主要机具施工为吊车及卷扬机，吊车主要用来摆设皮带卷，卷扬机主要用来牵引皮带。用接力的方式进行皮带的牵引，以减少皮带铺设时间。胶带硫化时，先固定胶带，用紧线器等作为拉力，将上下覆盖胶沿芯体切除，打磨整个加工部位，用线确认两端胶带的中心线是否一致。固定两端胶带，用溶剂擦拭加工部位，上下侧都涂刷浆胶。温度低时应采用保护措施。

# 10 配电及控制

## 10.1 概述

骨料生产系统配电与控制是骨料生产系统的重要组成部分，骨料生产系统配电和控制的稳定性直接影响整个骨料生产系统的运行。对系统配电和控制应根据骨料生产系统的设备配置和负荷布置情况进行整体研究，以确保系统运行的稳定性和经济性。

随着计算机技术的发展，骨料生产系统全面采用计算机集中控制技术，提高了系统运行的可靠性，降低了生产成本。

## 10.2 骨料生产系统配电

根据骨料生产系统在整个水电站辅助企业所处的位置及电力负荷分类的方法，骨料生产系统的负荷为三级，骨料生产系统附近只需建一个 35kV 的变电所便能满足砂石料加工系统稳定运行。在没有外来电源的情况下，需要配置发电系统。目前，所有骨料生产系统电源主要有 10kV、6kV 和 0.4kV 三种电源，要使用电设备效率发挥很高，显然它的额定电压必须与电网的电压一致，考虑到线路上和变电设备上的损耗，要求使用电设备能经济有效地运行，变电设备二次侧的电压要比电网和设备额定电压高 10% 左右。

骨料生产系统的施工和生产供配电的接线方式主要采用直接干线接线方式（见图 10 - 1）。此接线方式优点是接线简单，运行方便，容易发现故障；缺点是供电的可靠性较差。

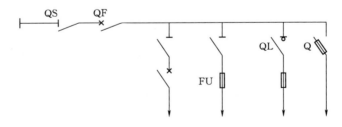

图 10 - 1 直接干线接线方式图

骨料生产系统变（配）电所是联系开关站与设备的中间环节，起着变换与分配电能的作用。主要由变压器、高压开关柜（断路器）、低压开关柜（隔离开关、空气开关、电流互感器、计量仪表）、母线等组成。变（配）电所位置选择应考虑下列条件：

（1）接近负荷中心，降低电能损耗，节约输电线用量。

（2）进出线方便。

（3）接近电源侧。

（4）设备吊装、运输方便。

（5）不应设在有剧烈振动的场所。

（6）不宜设在多尘、水雾（如大型冷却塔）或有腐蚀性气体的场所，如无法远离时，不应设在污染源的下风侧。

### 10.2.1 配电所的形式和布置

（1）高压配电室。高压配电室内设置高压开关柜，柜内设置断路器、隔离开关、电压互感器、母线等。高压配电室的面积取决于高压开关的数量和柜的尺寸。高压配电一般设有高压进线柜、计量柜、电容补偿柜、馈线柜等。高压柜前留有巡检操作通道，应大于1.8m。柜后及两端应留有检修通道，应大于1m。高压配电室的高度应大于2.5m，高压配电室的门应大于设备的宽度，应向外开。

（2）变压器室。当采用油浸变压器时，为使变压器与高、低压开关柜等设备隔离应单独设置变压器室。变压器室要求通风良好，进出风口面积应达到$0.5 \sim 0.6 m^2$。对于设在地下室内的变电所，可采用机械通风。变压器室的面积取决于变压器台数、体积，还要考虑周围的维护通道。10kV以下的高压裸导线距地高度大于2.5m，而低压裸导线要求距地高度大于2.2m。

（3）低压配电室。低压配电室应靠近变压器室，低压裸导线（铜母排）架空穿墙引入。低压配电室有进线柜、仪表柜、配出柜、低压补偿柜（采用高压电容补偿的可不设）等。低压配出回路多，低压开关数量也多。低压配电室的面积取决于低压开关柜数量，柜前应留有巡检通道（大于1.8m），柜后维修通道（大于0.8m），低压开关柜有单列布置和双列布置（柜数量较多时采用）等。

变电所的建设还应满足以下条件：①变电所应保持室内干燥、严防雨水进入；②变电所应考虑通风良好，使电气设备正常工作；③变电所的高度应大于4m，应设置便于大型设备进出的大门和人员出入的门，且所有的门应向外开；④变电所的容量较大时，应单设值班室、设备维修室、设备库房等。

（4）厢式变电站。目前水电站建设地理条件和交通条件较差，系统建安工期短、建安要求高的采用厢式变电站配电方式比可以大大地节约场地，节约安装调试时间，同时集装箱配电房重复使用率比较高，可以大大地节约成本。并有利于企业推行配电标准化。

厢式变电站主要由多回路高压开关系统、铠装母线、变电站综合自动化系统、通信、远动、计量、电容补偿及直流电源等电气单元组合而成，安装在一个防潮、防锈、防尘、防鼠、防火、防盗、隔热、全封闭、可移动的钢结构厢体内，机电一体化，全封闭运行，主要有下列特点：

1）技术先进安全可靠。厢体部分采用目前国内领先技术及工艺，外壳一般采用镀铝锌钢板，框架采用标准集装箱材料及制作工艺，有良好的防腐性能，保证20年不锈蚀，内封板采用铝合金扣板，夹层采用防火保温材料，厢体内安装空调及除湿装置，设备运行不受自然气候环境及外界污染影响，可保证在$-40 \sim +40$℃的恶劣环境下正常运行。

厢体内一次设备采用全封闭高压开关柜、干式变压器、干式互感器、真空断路器，弹簧操作机构、旋转隔离开关等国内技术领先设备，产品无裸露带电部分，为全封闭、全绝缘结构，完全能达到零触电事故，全站可实现无油化运行，安全性高，二次采用微机综合自动化系统，可实现无人值守。

2）自动化程度高。全站智能化设计，保护系统采用变电站微机综合自动化装置，分散安装，可实现"四遥"，即遥测、遥信、遥控、遥调，每个单元均具有独立运行功能，继电保护功能齐全，可对运行参数进行远方设置，对厢体内湿度、温度进行控制和远方烟雾报警，满足无人值班的要求；根据需要还可实现图像远程监控。

3）工厂预制化。设计时，只要设计人员根据变电站的实际要求，作出一次主接线图和箱外设备的设计，就可以选择由厂家提供的箱变规格和型号，所有设备在工厂一次安装、调试合格，真正实现变电站建设工厂化，缩短了设计制造周期；现场安装仅需厢体定位、厢体间电缆联络、出线电缆连接、保护定值校验、传动试验及其他需调试的工作，整个变电站从安装到投运大约只需 5～8d 的时间，大大缩短了建设工期。

4）组合方式灵活。厢式变电站由于结构比较紧凑，每个箱均构成一个独立系统，这就使得组合方式灵活多变，可以全部采用厢式，也就是说，35kV 及 10kV 设备全部箱内安装，组成全厢式变电站；也可以仅用 10kV 开关箱，35kV 设备室外安装，10kV 设备及控保系统箱内安装，骨料生产系统用电设备一般为 10kV 和 0.4kV 设备。黄登、大华桥骨料生产系统的配电形式为：变压器 10/0.4kV 单独配置，设在厢式变外，0.4kV 配电设备均设在集装箱内，这样可以达到无油化。总之，厢式变电站没有固定的组合模式，使用单位可根据实际情况自由组合，以满足安全运行的需要。

5）投资省见效快。厢式变电站较同规模常规变电所可减少投资 40%～50%。从运行角度分析，在厢式变电站中，由于先进设备的选用，特别是无油设备运行，从根本上彻底解决了常规变电所中的设备渗漏问题，变电站可实行状态检修，减少维护工作量。

6）占地面积小。以两个变压器 4000kVA 规模的变电所为例，建设一座常规 10kV 变电所，大约需占地 200m² 左右，而且需要进行大规模的土建工程；而选用厢式变电站，主变箱和开关箱两厢体占地面积约 50m²，仅为同规模变电所占地面积的 1/4，可充分利用空间位置。

7）外形美观，易与环境协调。厢体外壳采用镀铝锌钢板及集装箱制造技术，外形设计美观，在保证供电可靠性前提下，通过选择厢式变电站的外壳颜色，从而极易与周围环境协调一致。

8）厢式变电站就某些方面还存在着一些不足，具体表现在：①防火。厢式变电站一般为全密封无人值守运行，虽然全部设备无油化运行且装有远方烟雾报警系统，但是厢体内仍然存在火灾隐患，如：电缆、补偿电容器等，一旦突发火灾，不利于通风，也不利于火灾的扑救，因此应考虑设计自动灭火系统，会增加厢式变电站的制造成本。②扩容。厢式变电站由于受体积及制造成本所限，出线间隔的扩展裕度小，如想在原厢体中再增加 1～2 个出线间隔是比较困难的，必须再增加厢体才能做到。③检修。由于厢式变电站在制造时考虑制造成本及厢体体积所限，使厢式变电站的检修空间较小，不利于设备检修，特别是事故抢修。

### 10.2.2 配电负荷的计算和无功补偿

计算负荷是确定供电系统、选择变压器容量、电气设备、导线截面积和仪表量程的依据，也是整定继电保护的重要数据。计算负荷确定的是否正确合理，直接影响电器和导线的选择是否经济合理。负荷计算常用需要系数法、二项式和利用系数法。在骨料生产系统一般采用需要系数法。

（1）有功计算负荷：

$$P_{ca} = K_d \sum P_e \qquad (10-1)$$

式中　$K_d$——用电设备组的需要系数，可按表10-1选取；

$\sum P_e$——用电设备组的设备容量之和。

（2）无功计算负荷：

$$Q_{ca} = P_{ca} \tan\varphi_{um} \qquad (10-2)$$

式中　$\varphi_{um}$——用电设备组的加权平均功率因数，见表10-1。

（3）实际计算负荷：

$$S_{ca}^2 = P_{ca}^2 + Q_{ca}^2 \qquad (10-3)$$

因各种用电设备组最大负荷一般不会在同一时刻出现，而且参差不齐，所以在计算整个系统的总负荷时，要把各个用电负荷组计算负荷的总和乘以最大负荷的同时系数，一般骨料生产系统最大负荷同时系数取0.9。用电设备组的需要系数和功率因数见表10-1。

表10-1　　　　　　　　　用电设备组的需要系数和功率因数表

| 用电设备组名称 | $K_d$ | $\cos\varphi$ | $\tan\varphi$ |
|---|---|---|---|
| 生产用通风机 | 0.75~0.85 | 0.80~0.85 | 0.75~0.62 |
| 泵、活塞压缩机 | 0.75~0.85 | 0.80 | 0.75 |
| 棒磨机、破碎机、筛分机、搅拌机 | 0.75~0.85 | 0.80~0.85 | 0.75~0.62 |
| 连锁的连续运输机械 | 0.65 | 0.75 | 0.88 |
| 非连锁的连续运输机械 | 0.50~0.60 | 0.75 | 0.88 |
| 金工车间 | 0.25~0.30 | 0.45~0.50 | 1.98~1.73 |
| 木工车间 | 0.25~0.35 | 0.60 | 1.38 |
| 修理车间 | 0.20~0.25 | 0.65 | 1.17 |
| 水泵站 | 0.50~0.65 | 0.80 | 0.75 |
| 空压站 | 0.70~0.85 | 0.75 | 0.88 |

（4）无功功率补偿。骨料生产系统生产用电设备多为感性负荷，功率因数低，除由供电电源取有功功率外，还需供给大量的无功功率，无功功率的输送将造成电能损耗和电压损失，且限制了电气设备的送电能力，考虑到整个电网对用电用户的要求和企业本身的经济效益，提高功率因数很有必要。在骨料生产系统中提高功率因数主要考虑人工补偿方式，而人工补偿方式主要采用静电电容器补偿方式。此种方式具有设备重量轻，安装方便，投资少，故障范围小，有功损耗小，易如维护等特点。静电电容器无功补偿容量为：

$$Q_c = P_{ca}(\tan\varphi_1 - \tan\varphi_2) = P_{ca}q_c \qquad (10-4)$$

式中 $P_{ca}$——有功计算负荷，kW；

$Q_c$——无功补偿容量，kVA；

$q_c$——补偿率，kW/kVA，可按表 10-2 选取；

$\varphi_1$、$\varphi_2$——补偿前、后功率因数角。

表 10-2                     补偿率 $q_c$ 值表                    单位：kW/kVA

| 补偿前 $\cos\varphi_1$ | 补偿后 $\cos\varphi_2$ | | | | | | | | | | |
|---|---|---|---|---|---|---|---|---|---|---|---|
| | 0.80 | 0.82 | 0.84 | 0.86 | 0.88 | 0.90 | 0.92 | 0.94 | 0.96 | 0.98 | 1.00 |
| 0.50 | 0.08 | 1.04 | 1.09 | 1.14 | 1.20 | 1.25 | 1.31 | 1.37 | 1.44 | 1.52 | 1.73 |
| 0.52 | 0.89 | 0.95 | 1.00 | 1.06 | 1.11 | 1.16 | 1.22 | 1.28 | 1.35 | 1.44 | 1.64 |
| 0.54 | 0.80 | 0.86 | 0.92 | 0.97 | 1.02 | 1.08 | 1.14 | 1.20 | 1.27 | 1.36 | 1.55 |
| 0.56 | 0.73 | 0.78 | 0.84 | 0.89 | 0.91 | 1.00 | 1.05 | 1.12 | 1.19 | 1.28 | 1.46 |
| 0.58 | 0.66 | 0.71 | 0.76 | 0.81 | 0.87 | 0.92 | 0.98 | 1.04 | 1.11 | 1.20 | 1.41 |
| 0.60 | 0.58 | 0.64 | 0.69 | 0.74 | 0.80 | 0.85 | 0.91 | 0.97 | 1.04 | 1.13 | 1.34 |
| 0.62 | 0.52 | 0.57 | 0.62 | 0.67 | 0.73 | 0.78 | 0.84 | 0.90 | 0.97 | 1.06 | 1.27 |
| 0.64 | 0.45 | 0.51 | 0.56 | 0.61 | 0.67 | 0.72 | 0.78 | 0.84 | 0.91 | 1.00 | 1.20 |
| 0.66 | 0.39 | 0.45 | 0.49 | 0.55 | 0.60 | 0.66 | 0.71 | 0.78 | 0.85 | 0.94 | 1.14 |
| 0.68 | 0.33 | 0.38 | 0.43 | 0.49 | 0.54 | 0.60 | 0.65 | 0.72 | 0.79 | 0.88 | 1.08 |
| 0.70 | 0.27 | 0.33 | 0.38 | 0.43 | 0.49 | 0.54 | 0.60 | 0.65 | 0.73 | 0.82 | 1.02 |
| 0.72 | 0.22 | 0.27 | 0.32 | 0.37 | 0.43 | 0.48 | 0.54 | 0.60 | 0.67 | 0.76 | 0.97 |
| 0.74 | 0.16 | 0.21 | 0.26 | 0.32 | 0.37 | 0.43 | 0.48 | 0.55 | 0.62 | 0.71 | 0.91 |
| 0.76 | 0.11 | 0.16 | 0.21 | 0.26 | 0.32 | 0.37 | 0.43 | 0.50 | 0.56 | 0.65 | 0.86 |
| 0.78 | 0.05 | 0.11 | 0.16 | 0.21 | 0.27 | 0.32 | 0.38 | 0.44 | 0.51 | 0.60 | 0.80 |
| 0.80 | | 0.05 | 0.10 | 0.16 | 0.21 | 0.27 | 0.33 | 0.39 | 0.46 | 0.55 | 0.75 |
| 0.82 | | | 0.05 | 0.10 | 0.16 | 0.22 | 0.27 | 0.33 | 0.40 | 0.49 | 0.70 |
| 0.84 | | | | 0.05 | 0.11 | 0.16 | 0.22 | 0.28 | 0.35 | 0.44 | 0.63 |
| 0.86 | | | | | 0.06 | 0.11 | 0.17 | 0.22 | 0.30 | 0.39 | 0.59 |
| 0.88 | | | | | | 0.06 | 0.11 | 0.17 | 0.25 | 0.33 | 0.54 |
| 0.90 | | | | | | | 0.06 | 0.11 | 0.19 | 0.28 | 0.48 |
| 0.92 | | | | | | | | 0.06 | 0.13 | 0.22 | 0.43 |
| 0.94 | | | | | | | | | 0.07 | 0.16 | 0.36 |

## 10.2.3 配电系统的保护

骨料生产系统在施工和运行期间，系统的保护主要有两种形式：跌落式熔断器保护和真空断路器保护。在系统建设期间，变压器容量在 500kVA 及以下可以考虑用跌落式熔断器进行保护，其他情况采用真空断路器保护。在运行期间，变压器采用真空断路器保护，在变压器的低压侧采用智能断路器保护。

对于电气设备主要采用热继电器和专用传感器进行保护，保护设计时应遵循下列原则：

（1）对于 55kW 以下的电机应设过流速断保护和过流延时保护。速断电流整定值为 7 倍电机额定电流值。过流保护整定值为 1.1 倍电机额定电流值，延时 15s。

（2）对于 55kW 以上的电机，除设过流速断保护和过流延时保护外，还应设温升保护。

（3）对于高压电机采用可抽出式高压开关柜（内装真空断路器、带微机控制系统）进行控制和保护。

### 10.2.4 配电系统的防雷与接地

骨料生产主要采用避雷针进行系统防直接雷，采用避雷器和防雷模块进行雷电波及雷电感应的防护。

避雷针保护范围（见图 10-2）。避雷针在地面上的保护半径按式（10-5）计算：

$$r=1.5h \tag{10-5}$$

式中　$r$——地面上保护半径，m；

$h$——避雷针的高度，m

在被保护高度 $h_x$ 水平面上的保护半径按式（10-6）和式（10-7）计算：

当 $h_x < h/2$ 时：$\qquad\qquad r_x=(1.5h-2h_x)p \tag{10-6}$

当 $h_x \geqslant h/2$ 时：$\qquad\qquad r_x=(h-h_x)p=h_ap \tag{10-7}$

式中　$r_x$——避雷针在 $h_x$ 水平面上的保护半径，m；

$h_x$——被保护物的高度，m；

$p$——避雷针高度影响系数，当 $h \leqslant 30m$ 时，$p=1$；当 $30 < h \leqslant 120m$，$p=5.5/h^{\frac{1}{2}}$；若 $h > 120m$，暂按 $h=120m$ 计算。

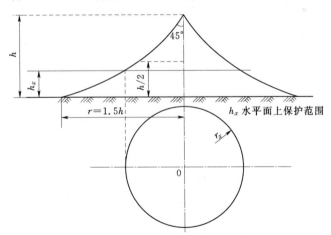

图 10-2　避雷针保护范围示意图

配电系统的接地要求：①必须保证防雷系统的接地电阻不大于 $10\Omega$；②配电所接地电阻不大于 $4\Omega$。因骨料生产系统的预埋件较多，在预埋件作为接地体不能满足接地要求时要考虑增加其他接地体。

### 10.2.5 备用电源

大型砂石骨料生产系统负荷属三级负荷，且系统负荷大，因此一般只对重要设备做二次控制备电保护。考虑到人员疏散、检修需要，其备电系统主要分为保护备电、应急照明备电、应急检修备电三种。

（1）保护备电。保护备电在砂石骨料生产系统中表现为设备的二次控制保护备电，用于应对突遭非正常停电而导致二次控制故障，如直接启动而造成系统高压设备启动瞬间形成超高电流冲击，以至高压跳闸的严重后果。另外高压启动柜一般都有电气数据存储数据包，内部保存设备启动控制数据，长时间无电源供应，可能导致数据包数据丢失。因此这种重要设备必须备有应急电源。一般的解决办法是为重要设备加装 UPS 独立备电系统，通过设备状态反馈判断是否投入备用电源。当系统非正常停电时，继电器工作，UPS 备电系统自动投入控制回路，保证系统重要设备有足够的停机时间。

（2）应急照明备电。大型砂石骨料生产系统大量工作人员在现场作业，为防止因突发照明电源故障而造成现场混乱，供人员疏散、保障员工生命安全。因此，系统必须备有应急照明，包括生产调度指挥中心、高低压配电房、监控保安房、安全输送通道等。

（3）应急检修备电。应急检修备电是指在突发停电或者故障停电时，在不明原因的情况下而搭建起来的应急检修供电电源，在大型砂石骨料生产系统主要指的是配电房应急检修电源。

# 10.3 系统监控

大型骨料生产系统其工艺流程较为复杂，设备相对较多，操作、控制和管理比较繁琐，在以往的砂石监控系统中，控制一般采用计算机集中控制，它主要的缺点是电缆消耗大、成本高，各子系统控制独立性较差，影响系统运行可靠性和增加了维护量。因此，目前骨料生产系统主要采用技术成熟、便于操作、易于管理和维护等特点的分层分布式计算机监控系统，从而保证控制系统结构的合理性和可靠性，也便于整个系统的维护。其主要采用计算机和可编程序控制器（PLC）控制和管理，其中 PLC 为操作控制和数据采集的核心，上位机（计算机）则完成操作、显示、记录和打印报表等功能。该控制系统以本地控制室为基准面（控制站），对骨料生产系统的生产进行辐射控制、管理和统一决策。在生产设备操作运行及发生故障时，能及时、准确地发出相应的信号，并且在上位机与上位机之间、PLC 与 PLC 之间连成网络，确保计算机控制系统的优化管理和可靠运行。为了确保控制系统的安全运行，在本地控制站进线电源上安装防雷模块。

### 10.3.1 控制系统的体系及结构

（1）体系。由于各个子系统工艺流程相对独立，在控制方式上整个骨料生产系统可划分为多个子系统，即本地控制站。它们相互独立，任一子系统都可独立于其他系统进行操作、管理和数据采集，形成下位机控制的基本体系，便于下辖的子系统的单独运行和管理，既方便作业队的划分、操作及管理，又可将控制站的信号和数据上传处理。

（2）结构。控制站为屏和上位机（计算机）台式结构，控制系统由屏和上位机（计算机）、PLC 及控制单元组成，主要功能是实现上位机（计算机）操作和监控外部运行设备的启停控制，显示设备启停状态、设备运行工况、故障报警、打印报表等。各个系统采用 PLC 主机单元及出口隔离继电器单元，电源通过隔离变压器、一体化电源提供，保证控制系统的供电安全可靠。

### 10.3.2 控制方式及要求

（1）骨料生产系统分为下列两级控制：

1）上位机（计算机）控制。

2）PLC 程序自动控制。在各个子系统中以本地控制室为中心，对各自骨料生产系统的生产设备进行控制和监视。在生产设备发生故障时，应能准确地发出报警信号。

（2）控制方式。上位机（计算机）控制可分为自动和单台设备一对一控制两种方式。自动方式运行时，运行人员只需在操作台上进行必要的调度方式选择，操作启、停按钮，系统便可按照预先编制好的 PLC 梯形图软件，完成工艺流程的自动控制；单台设备一对一操作按照工艺流程对现场受控制设备进行启停控制。由于启动柜放置于配电室，所以现地应设立控制箱，且各台设备及胶带机沿线应布置事故开关盒，以方便检修和事故报警。操作方式可通过各自的转换，将其他两种操作方式屏蔽，避免误操作，防止事故发生。

（3）启停原则。本系统为逻辑顺序控制，其原则是逆料流启动，顺料流停机。停机延时时间根据胶带机的运行速度与胶带机长度计算确定，确保正常停机后胶带机上不堆积物料，避免重车启动，保证胶带机的安全运行及变电所正常负荷。对所有 55kW 以上的设备，无论是自动还是手动，在启动时应即刻弹出窗口，并显示二相启动电流值，直至下一个窗口弹出为止。

（4）故障判断。工艺流程运行中某设备故障时（包括电气及现地机械故障），前线设备紧急停机，后线设备继续运行等待停机（料源为前，物料落点为后），并发出报警信号并弹出该设备的对话框，同时进行闪烁；故障在短时间内恢复后，从故障点开始按顺序启动前线停机设备。

（5）信号显示及检测。设备投入正常运行后，在工艺流程画面上相对应的图形作动态显示。

（6）上位机（计算机）控制站具有下列监控功能。

1）上位机操作站能够对整个系统的各工艺设备进行实时监控，完成对系统所有检测点、电气参数检测、计算、报警记录等，是整个系统生产数据处理中心。操作站对所有设备进行自动操作，生产数据报表查询包括班报表、日报表、月报表等。工程师站能实现对报表打印，数据库的维护、删除及下载程序。

2）上位机操作站画面注解、信息提示均应采用简体中文。系统工艺流程、各设备的运行状态画面应采用动态显示。设备设有运行、停止、备用、故障四种状态，以动画形式显示。对于重要的模拟量参数采用数字显示，便于系统运行人员更加直观地监视系统运行状况。

3）各设备的自动、手动状态，均以动画形式显示，并显示所有模拟量检测控制点的实时值。上位机操作站显示整个系统工艺流程及各设备的运行状态。

### 10.3.3 系统配置

（1）系统中输入、输出点的类型分为模拟量输入、数字量输入、数字量输出三种。系统的模拟量输入由电流传感器、电压传感器、电机温度传感器、油压传感器、油温传感器、轴温传感器等检测点组成；数字量输入点由操作按钮、交流接触器辅助触点、胶带跑偏限位开关等组成；该系统的数字量输出点由程控系统中的输出隔离继电器等构成；PLC配置网络通信模块与上位机（计算机）网络进行数据交换。

（2）主机选型。为了使系统能够可靠运行、操作方便，并考虑到维护、维修简单易行，主机选型应本着标准化、通用化、简约化的原则，系统带有通信接口，方便上、下载梯形图程序、数据上传管理机。在考虑系统控制点数的时候，除系统本身实际的控制点数外，还应考虑10％～15％的备用点。

（3）为了使整个控制系统安全稳定运行，一般可使用一体化电源、隔离变压器来增加控制系统的安全性、抗干扰性和稳定性，使控制系统供电更加趋于可靠。同时采用军工级、性能稳定的DC24V直流电源对PLC控制系统供电。对于各设备的驱动，一般采用隔离继电器隔离模块与设备驱动回路，以提高模块的安全性，保证PLC稳定运行。

### 10.3.4 电视监视系统

为直观地反映骨料生产系统现场的生产情况，大型人工骨料生产系统一般采用工业电视监视系统。工业电视监视系统由下列三部分组成。

（1）前端摄像与报警系统。负责对工厂的图像进行监视和信号采集。前端摄像与报警系统的要求：

1）系统能够很清晰的监视目标对象。

2）前端采用红外彩色摄像机监视目标对象。

3）系统能够对目标对象同时多角度监视。

4）系统应有一个全球云台摄像机，能够跟踪监视快速移动的目标对象。

5）系统能够在光线较暗环境下正常监视目标对象。

（2）电视显示系统。通过单个彩色画面，能够清晰地显示监视的任何画面。

（3）数字录像主机控制系统。通过录像主机对智能球型云台上下左右的转动，以及摄像机镜头的放大缩小，对目标对象进行跟踪监视；对所监视到的数据录像存储，对关键段归档刻录备查。

### 10.3.5 控制系统的设计原则

控制系统是保证骨料生产系统可靠运行的关键，同时，又是系统经济运行的前提条件之一，控制系统的设计成功与否，直接决定着骨料生产系统的成败。一般来说，控制系统的设计应遵循下列原则：

（1）先进性。在投资费用许可的情况下，系统应尽量采用先进的技术和设备：一方面能反映系统所具有的先进水平；另一方面又使系统具有强大的发展潜力，以便该系统在尽可能的时间内与社会发展相适应。

（2）可靠性。采用成熟的技术产品，在设备选型和系统设计中都应尽量提高系统的可靠性与易维护性。

（3）安全性。系统设计时，必须采取多种手段防止本系统各种形式与途径的误操作破坏。

（4）可扩充性。系统设计时应充分考虑今后的发展需要，应具有预备容量的扩充与升级换代的可能。

## 10.4 设备选配

电气设备选择是变电所电气设计的主要内容之一，正确选择电气设备是保证电气主接线和配电装置达到安全、经济运行的重要条件，在进行电气设备选择时，应根据工程实际情况，在保证安全、可靠的前提下，积极而稳妥采用新技术，并注意节省投资，选择合适的电气设备。电气设备选择的基本原则：

（1）应满足正常运行、检修、短路和过电压情况下的要求，并考虑远景发展。

（2）应按当地使用环境条件校验。

（3）应力求技术先进和经济合理。

（4）与整个工程的建设标准协调一致。

（5）同类设备应尽量减少品种。

（6）选择的新产品均应具有可靠的实验数据，并经正式鉴定合格。

### 10.4.1 变压器的选择

骨料生产系统变电所中配电变压器的台数和容量应根据负荷大小，对供电可靠性和电能质量的要求及经济运行进行选择。当负荷季节变化较大或负荷比较集中时，可考虑装设两台变压器，两台变压器要满足当一台变压器断开时，另外一台变压器可满足配电室60%的负荷。

当照明负荷较大，或动力和照明共用变压器的情况下，由于负荷变动引起的电压闪变或电压升高，严重影响照明质量及灯泡寿命时，可设照明专用变压器。

变电所中变压器的容量要满足变电所全部用电计算负荷的需要。

### 10.4.2 高压电气设备的选择

（1）选择高压电气设备的一般条件是保证高压电气设备在正常工作条件下能可靠工作，而在短路情况下不被损坏，即按长期正常工作条件选择，按短路情况进行校验。

长期工作条件：①所选用电气设备允许的最高工作电压不得低于所接电网的最高运行电压；②所选电气设备的额定电流是指在额定环境温度下，长期允许通过的电流且应不小于所在回路的最大工作电流；③电气设备的绝缘水平应按电网中可能出现的各种作用电压、保护装置特性以及设备绝缘特性等因素确定，以保证电气设备内外绝缘在工作电压和过电压作用下具有足够的可靠性；④所选电器端子的允许载荷，应大于电器引线在正常运行和短路时的最大作用力。

（2）按短路条件校验：①电气设备在选定后应按最大可能通过的短路电流进行动热稳定校验，用熔断器保护的电器可不校验热稳定，熔断器有限流作用时，可不校验动稳定，用熔断器保护的电压互感器可不验算动热稳定；②短路电流通过电气设备时，电气设备各部件温度（或发热效应）应不超过允许值，且能承受短路电流机械效应的能力。

骨料生产系统的高压开关柜主要选择户内手车式高压开关柜，并且为"五防型"高压开关柜，该柜从电气和机械连锁上采取了一定的保护措施，提高了安全性能。高压断路器主要采用真空断路器，真空断路器具有体积小、重量轻、灭弧室工艺及材料要求高，以真空作为绝缘和灭弧介质，触头不易氧化，可连续多次操作，开断性能好，灭弧迅速，动作时间短，运行维护简单，无火灾及爆炸危险、噪音低等特点。高压隔离开关主要采用户外单柱式 GW9 隔离开关，高压熔断器是电网中广泛使用的电器，它是在电网中人为地设置的一个最薄弱的通流元件，当过流时，元件本身发热而熔断，借灭弧介质的作用使电路断开，达到保护电网线路和电气设备的目的。高压熔断一般可分为管式和跌落式两类，户内广泛采用管式，户外采用跌落式。由于管式熔断器在开断电路时，无游离气体排出。因此，户内广泛采用 RN1、RN2 型管式熔断器，而在户外则广泛采用 RW11 型跌落式熔断器。

（3）互感器是电工测量和自动保护装置使用的特殊变压器。互感器按用途可分为电压互感器和电流互感器两类。

1）电压互感器。电压互感器的结构特点是：一次绕组匝数多，而二次绕组匝数少，相当于降压变压器；二次绕组的额定电压一般为 100V。电压互感器在使用中要注意下列几点：①一次、二次侧必须加熔断器保护，二次侧不能短路，防止发生短路烧毁互感器或影响一次电路正常运行。②电压互感器二次侧有一端必须接地，防止一次、二次绕组绝缘击穿时，一次侧的高电压窜入二次侧，危及人身和设备的安全。③二次侧并接的电压线圈不能太多，避免超过电压互感器的额定容量，引起互感器绕组发热，并降低互感器的准确度。

2）电流互感器。电流互感器的结构特点是：一次绕组匝数少（有的只有一匝，利用一次导体穿过其铁心），导体相当粗；二次绕组匝数很多，导体较细。二次绕组的额定电流一般为 5A。电流互感器在使用中要注意下列几点：①电流互感器在工作时其二次不得开路，二次侧不允许串接熔断器和开关。②电流互感器二次侧有一端必须接地，防止一次、二次绕组绝缘击穿时，一次侧的高电压窜入二次侧，危及人身和设备的安全。

### 10.4.3　低压电气设备的选择

（1）刀开关的选择。在选择刀开关时，要根据用途、环境来确定适当的型号，满足额定电压和额定电流的要求，并按线路短路时的电动稳定和热稳定进行校验。

刀开关安装在额定电压不超过 500V 的线路上，为保护刀开关能安全可靠运行，通过刀开关的计算电流不应大于刀开关的额定电流，即：

$$I_N \geqslant I_j \qquad\qquad (10-8)$$

式中　$I_N$——刀开关的额定电流；

　　　$I_j$——线路的计算电流。

在正常情况下，刀开关可以接通和断开额定电流，对于普通的负荷来说，可以根据负载的额定电流来选择相应的刀开关，若刀开关控制电动机时，由于电动机的启动电流很大，所以选择刀开关的额定电流要比电动机的额定电流大一些。在选择开关时还要选择合适的操作机构，以便操作和维护方便。

（2）熔断器的选择。熔断器一般是指熔体底座和熔体的组合，在选用熔断器时，熔体的熔断电流绝不能大于其底座的额定电流，而熔体的额定熔断电流应根据不同用电设备来选取。

在照明用电线路中，一般熔体的额定电流不小于负载的计算电流，即：

$$I_N \geqslant I_j \qquad (10-9)$$

若负荷是气体放电灯时，在其启动瞬间电流很大。因此，熔体额定电流应选取大一些。

$$I_N \geqslant (1.1 \sim 1.7) I_j \qquad (10-10)$$

式中　$I_N$——刀开关的额定电流；

　　　$I_j$——线路的计算电流。

（3）空气开关的选择。在选择低压空气断路器时，要考虑以下几个技术指标：额定电压、额定电流、脱扣器的长延时动作整定电流和瞬时动作整定电流等。

断路器的额定电压应不小于线路的额定电压，断路器的额定电流应不小于线路的计算电流。

长延时动作用于线路或设备的过载保护。长延时动作的过电流脱扣器的长延时动作整定电流应不小于线路的计算电流，即：

$$I_{op_1} \geqslant K_{k_1} I_j \qquad (10-11)$$

式中　$I_{op_1}$——断路器长延时动作的整定电流；

　　　$I_j$——线路的计算电流；

　　　$K_{k_1}$——长延时计算系数，其值可按表 10-3 选取。

表 10-3　　　　　　　　　　　　长延时动作计算系数表

| 脱扣器 | 计算系数 | 白炽灯、荧光灯、卤钨灯 | 高压汞灯 | 高压钠灯 |
|--------|----------|------------------------|----------|----------|
| 热脱扣器 | $K_{k_1}$ | 1 | 1.1 | 1 |

瞬时动作用于线路或设备的短路保护。瞬时动作的过电流脱扣器的整定电流应不小于线路的尖峰电流，即：

$$I_{op_2} \geqslant K_{k_2} I_j \qquad (10-12)$$

式中　$I_{op_2}$——断路器瞬时动作的整定电流；

　　　$I_j$——线路的计算电流；

　　　$K_{k_2}$——瞬时动作计算系数，对于照明设备其值一般取 6。

（4）熔断器、断路器与导线的配合。为了使熔断器及断路器等保护装置在配电线路短路或过载时，能可靠地保护电线及电缆，必须考虑保护器动作电流与导线允许载流量的关系。一般可按表 10-4 选取。

表 10-4　　　　　　　　　保护装置整定值与配电线路允许持续电流配合表

| 保护装置 | 无爆炸危险场所 | | | 有爆炸危险场所 | |
| --- | --- | --- | --- | --- | --- |
| | 过负荷保护 | | 短路保护 | 橡皮绝缘电线与电缆 | 低绝缘电缆 |
| | 橡皮绝缘电线及电缆 | 低绝缘电缆 | 电线及电缆 | | |
| | 电线及电缆允许持续电流 $I$ | | | | |
| 熔体额定电流 $I_N$ | $I_N \leqslant 0.8I$ | $I_N \leqslant I$ | $I_N \leqslant 2.5I$ | $I_N \leqslant 0.8I$ | $I_N \leqslant I$ |
| 断路器长延时动作电流 $I_{op_1}$ | $I_{op_1} \leqslant 0.8I$ | $I_{op_1} \leqslant I$ | $I_{op_1} \leqslant I$ | $I_{op_1} \leqslant 0.8I$ | $I_{op_1} \leqslant I$ |

（5）各级保护的配合。为了使故障限制在一定的范围内，各级保护装置之间必须能够配合。

熔断器与熔断器间的配合关系为：一般要求上一级熔断器的熔断电流比下一级熔断器的熔断电流大 2～3 倍，这样才能保证熔断器动作的选择性。

断路器与断路器间的配合关系为：上一级断路器脱扣器的整定电流一定要大于下一级断路器脱扣器的整定电流，对于瞬时脱扣器整定电流也是同样的。

熔断器与断路器之间的配合关系为：当上一级为断路器，下一级为熔断器时，熔断器的熔断时间一定要小于断路器脱扣器动作所要求的时间。若上一级为熔断器，下一级为断路器时，断路器脱扣器动作时间一定要小于熔断器的最小熔断时间。

# 11 废水处理

## 11.1 概述

在砂石骨料的生产过程中会使用大量的冲洗水和降尘用水。除极少量消耗于生产过程外，大部分的水将与物料中的细颗粒混合，形成生产废水。废水虽然一般不含化学污染成分，但未处理前的浊度远远高于国家地表水排放标准，若不作任何处理直接排放，对河流中悬浮物浓度影响较大，将会污染施工期河流水质，影响水生生物的生存环境。因此，需要对废水进行处理，使其达标排放或回收利用。对其处理后的废渣运往指定的渣场堆存或掩埋。

废水处理的方式按原理分为物理法、化学法和生物法。骨料生产系统生产过程中排放的废水由于不含化学成分，处理技术一般只采取物理法，即利用物理作用分离污水中主要呈悬浮状态的污染物质，在处理过程中不改变其化学性质。物理法的处理技术有沉淀（重力分离）、过滤（截留）、气浮、反渗透、离心分离以及蒸发等。骨料生产系统废水处理的常规方式有下列两种：

（1）沉淀方式。常见的处理方式有沉淀池沉淀和尾渣库沉淀。

沉淀池沉淀处理一般采用预沉和沉淀两级。对沉淀过程中排放的废渣进行自然脱水，从中提取可回收利用的细砂和石粉，并配置相当容积的废渣脱水池，对脱水过程中排放的废渣和沉淀池排放的废渣采取自然存放脱水的方式。

尾渣库沉淀处理是把系统生产的废水汇集后排入尾渣库进行自然沉淀。尾渣库一般容积较大，可不加絮凝剂。尾渣库处理生产废水效果好，回收率高，有条件的工程宜采用。

（2）设备固液分离方式。首先对系统排放的废水进行浓缩，对浓缩后达到一定浓度的废渣进行机械脱水，浓缩池溢流水进入沉淀池澄清。

以上两种处理工艺各有优缺点：采用第一种处理工艺，可有效降低水回收系统的投资，操作运行较简单，但占地面积较大，水回收利用率将受到限制，特别是废渣处理方面将受到当地气候的限制：在常年平均气温不高，雨季较长，雨量较大的地区，对废渣的自然干化脱水有十分不利的影响，会极大限制水回收系统的正常运行；采用第二种处理工艺，虽然工程投资比第一种方案要高，但因机械脱水干化不受天气和气温的影响，占地面积小，可有效保证水回收系统的正常运行，且废水的回收利用率较高，一般可以达到70%以上，尤其在人工骨料生产系统中，将回收的细砂和石粉按适当的比例添加到砂中，可以有效保证人工细骨料的生产质量，特别是针对碾压混凝土用砂的生产，可严格保证人工细骨料的石粉含量达到规范要求。

目前，废水处理设计通常采用沉淀与设备固液分离相结合的方式，即先将一部分粗颗粒沉淀分离，细颗粒通过浓缩后再利用机械方式进行脱水。这样既保证了废水处理系统的正常运行又控制了运行成本。

# 11.2　沉淀池沉淀方式

## 11.2.1　构筑物型式的比较、选择

用于自然沉淀的处理构筑物的类型众多，目前用于骨料生产系统的废水处理构筑物主要为平流式沉砂池、沉淀池（根据水流方向分为：辐流式沉淀池、平流式沉砂池、竖流式沉淀池）和斜管（板）沉砂池。各类废水处理构筑物比较见表 11-1，原水特性及颗粒沉降速度见表 11-2。

表 11-1　　　　　　　　　各类废水处理构筑物比较表

| 型式 | 优　缺　点 | 适　用　条　件 |
|---|---|---|
| 沉砂池 | 优点：<br>1. 体积小、占地少；<br>2. 结构简单。<br>缺点：<br>1. 仅能去除废水中的粗砂；<br>2. 需定期排砂；<br>3. 不能独立使用，必须将排砂管排出的砂和上部的液体送入下一个工序进行处理，要考虑地势因素 | 适用于含砂量较高，颗粒、粒径较粗的废水，一般作为预沉处理 |
| 辐流式沉淀池 | 优点：<br>1. 便于机械刮泥；<br>2. 排泥设备已定型化，运行效果好。<br>缺点：<br>1. 施工质量要求高；<br>2. 排泥设备复杂，运行管理难度大；<br>3. 池内水流不易均匀，流速不稳定，沉淀效果较差 | 用于大型污水处理厂。骨料生产系统的废水处理设计中一般不作优先考虑 |
| 平流式沉砂池 | 优点：<br>1. 沉淀效果较好；<br>2. 水利条件好，对冲击负荷和温度的变化有较强的适应能力；<br>3. 易于施工。<br>缺点：<br>1. 占地面积大；<br>2. 无论采用多孔排泥还是机械排泥，操作工作量都较大，运行管理较复杂繁琐 | 适合有足够的布置空间且用水量比较大的骨料生产系统的废水处理 |
| 竖流式沉淀池 | 优点：<br>1. 占地面积小；<br>2. 排泥方便，运行管理简单易行。<br>缺点：<br>1. 沉淀池深度大，施工困难，造价高；<br>2. 池径受到限制，不宜过大，对冲击负荷和温度变化的适应性较差 | 适用于中小型骨料生产系统的废水处理 |

| 型式 | 优 缺 点 | 适 用 条 件 |
|------|---------|-----------|
| 斜管（板）沉淀池 | 优点：<br>1. 水力条件好、沉淀效率高；<br>2. 体积小、占地少。<br>缺点：<br>1. 机械排泥不彻底，需定期清理；<br>2. 材料消耗多，运行成本较高 | 在骨料生产系统废水处理中一般作为二级沉淀，斜管沉淀池应用广泛 |

**表 11-2**                     **原水特性及颗粒沉降速度表**

| 原水特性和处理方法 | 颗粒沉降速度/（m/s） |
|------|------|
| 加混凝剂处理悬浮物含量在 200～250mg/L 以内的废水 | 0.35～0.45 |
| 加混凝剂处理悬浮物含量大于 250mg/L 的浑浊水 | 0.50～0.60 |
| 自然沉淀 | 0.12～0.35 |

## 11.2.2 废水处理构筑物设计

（1）平流式沉砂池。

1）构造特点。平流沉砂池由进水装置、出水装置、沉淀区和排泥装置组成。平流沉砂池的上部是水流部分，水在其中以水平方向流动，下部是聚集沉砂的部分，通常其底部设置 1～2 个储砂斗，下接带闸阀的排砂管，用以排除沉砂。

A. 进水装置。平流式沉砂池实际上是一个比入流渠道和出流渠道宽和深的渠道。当废水流过沉砂池时，由于过水断面增大，水流速度下降，污水中挟带的无机颗粒将在重力作用下而下沉，而比重较小的有机物则仍处于悬浮状态，并随水流走，从而达到从水中分离无机颗粒的目的。

B. 出水装置。出水装置采用自由堰出流，使沉砂池的污水出流断面不随流量变化而变化过大，出水堰还可以控制池内水位，不使池内水位频繁变化，保证水位恒定。

C. 沉淀区。在平流式沉砂池的沉淀区内，流速既不宜过高，也不宜过低。为使沉砂池运行正常，流速不随流量变化而有太大的变化，一般在设计时，采用两座或两座以上、断面为矩形的沉砂池（或分格数），按并联设计。运行时有可能采用不同的池（格）数工作，使流速符合流量的变化。此外，也可采用改变沉砂池的断面形状，使沉砂池的流速不随流量而变化。

D. 排泥装置。沉砂池的沉渣多数为砂粒，当采用重力排砂时，沉砂池与储砂池应尽量靠近，以缩短排砂管的长度，排沙闸门应选用快开闸门，避免砂粒堵塞闸门，机械排砂应设置晒砂场，避免排砂时的水分溢出。

2）设计要求。沉砂池设计时，应按砂粒相对密度为 2.65，粒径 0.2mm 以上的砂粒设计。

A. 设计流量应按最大废水量设计。当废水以自流方式流入沉砂池时，应按最大设计流量计算；当污水采用水泵抽送进入池内时，应按工作水泵的最大可能组合流量计算。

B. 沉砂池的座数或分格数不得少于 2 个，并宜按并联系列设计。当污水量较小时，可考虑单格工作，一格备用；当污水流量大时，则2格同时工作。

C. 池底坡度一般为0.01~0.02，并可根据除砂设备要求，考虑弛底的形状，储砂斗的容积一般按2天以内的沉砂量考虑，斗壁与水平面倾角不应小于55°。

D. 除砂宜采用机械方法，并设置储砂池或晒砂场；当采用重力排砂时，排砂管的直径不宜小于200mm，使排砂管畅通和易于养护管理。

3）设计参数。

A. 最大流速为0.3m/s，最小流速为0.15m/s。

B. 最大流量时，停留时间不小于30s，一般采用30~60s。

C. 有效水深应不大于1.20m，一般采用0.25~1.00m，每格宽度不宜小于0.60m。

D. 进水部位应采取消能和整流措施，应设置进水闸门控制流量，出水应采取堰跌落出水，保持池内水位不变化。

（2）平流式沉淀池。平流式沉淀池按工艺布置不同可分为平流式初次沉淀池和平流式二级沉淀池。平流式初次沉淀池、二级沉淀池适用条件及设计要点见表11-3。

表11-3 平流式初次沉淀池、二级沉淀池适用条件及设计要点表

| 池型 | 适 用 条 件 | 设 计 要 点 |
|------|------------|------------|
| 初次沉淀池 | 对废水中的粗颗粒进行沉淀分离 | 1. 表面负荷率以25~50m³/（m²·d）为标准，沉淀时间以1.0~2.0h为标准；<br>2. 进水端考虑整流措施，采用阻流板、有孔整流壁、圆筒形整流板；<br>3. 采用溢流堰，堰上负荷不大于250m³/（m²·d）；<br>4. 长方形池、最大水平流速为7mm/s |
| 二级沉淀池 | 对废水中因水流作用易发生上浮的固体悬浮物进行沉淀分离 | 1. 表面负荷率以20~30m³/（m²·d）为标准，沉淀时间以1.5~3.0h为标准；<br>2. 进水端考虑整流措施，采用阻流板、有孔整流壁、圆筒形整流板；<br>3. 采用溢流堰，堰上负荷不大于150m³/（m²·d）；<br>4. 长方形池、最大水平流速为5mm/s |

1）构造特点。平流式沉淀池由进水装置、出水装置、沉淀区、污混区及排泥装置组成。污水从池一端流入，按水平方向在池内流动，从池另一端溢出，污水中悬浮物在重力作用下沉淀，在进水处的底部设储泥斗。

A. 进水装置。进水装置采用淹没式横向潜孔，潜孔均匀地分布在整个整流墙上，在潜孔后设挡流板，其作用是消耗能量，使废水均匀分布。挡流板高出水面0.15~0.2m，伸入水下深度不小于0.2m。整流墙上潜孔的总面积为过水断面的6%~20%。

B. 出水装置。出水装置多采用自由堰型式，出水堰是沉淀池的重要部件，它不仅控制沉淀池内水面的高程，而且对沉淀池内水流的均匀分布有着直接影响。

C. 沉淀区。沉淀区应能及时排除沉于池底的污泥，使沉淀池工作正常，是保证出水水质的一个重要组成部分。储泥斗中的污泥一般采用重力泥斗的形式排出池外至脱水车间，池底一般设0.01~0.02的坡度。泥斗坡度约为45°~60°。排泥方式一般采用重力排泥和机械排泥，如果地形及废水处理厂平面布置允许应尽量采用重力排泥。

2）设计要求。沉淀池个数和分格数一般不少于2个，按同时工作设计，其容积应按池前工作水泵的最大设计流量来计算，若自流进入时，则应按进水管最大设计流量计算。

A. 池的超高不宜小于 0.3m。

B. 应按实际水质沉降实验分析数据，确定设计参数。若无实际资料，可参照类似骨料生产系统废水处理工程的运行资料选用；或参照式（11-1）确定设计沉淀池的沉淀效率：

$$\eta = \exp\left(\frac{0.065 - H/L}{0.2}\right) \tag{11-1}$$

式中　$H$——沉淀池有效池深，m；

　　　$L$——沉淀池长，m。

C. 排泥管的直径应按计算确定，但一般不宜小于 200mm，泥斗斜壁与水平面的倾角不应小于 45°，对于二级沉淀池，则不能小于 55°。

D. 沉淀区的有效水深一般不超过 3.0m，多介于 2.5～3.0m 之间。平流式沉淀池设计时，控制沉淀池设计的主要因素是对污水经沉淀处理后所应达到的水质要求。因此，根据这个要求，在设计时应确定的参数有沉淀去除率、表面负荷、沉淀时间、水流速度、最小沉速等，这些参数是平流沉淀池设计不可少的参数。

3）设计参数。

A. 沉淀池设计流量取最大设计流量，初次沉淀池沉淀时间取 1～2h，二次沉淀池沉淀时间取 1.5～3.0h；初次沉淀池表面负荷取 1.5～2.5m³/(m²·h)，二次沉淀池表面负荷取 0.5～1.5m³/(m²·h)。

B. 池（或分格）的长宽比不小于 4，长深比采用 8～12。

C. 设计有效水深不大于 3.0m。

D. 缓冲层高度在非机械排泥时，采用 0.5m；机械排泥时，则缓冲层上缘高出刮泥板 0.3m。

E. 池底坡度一般为 0.01～0.02；采用多斗时，每斗应设单独的排泥管及排泥闸阀，池底横向坡度采用 0.05。

平流式沉淀池计算公式见表 11-4。

表 11-4　　　　　　　　　平流式沉淀池计算公式表

| 名　称 | 公　式 | 符　号　说　明 |
|---|---|---|
| 池总面积 | $A = \dfrac{Q_{max} 3600}{q'}$ | $A$—池的总面积，m²；<br>$Q_{max}$—最大设计流量，m³/s；<br>$q'$—表面负荷，m³/(m²·h) |
| 沉淀部分有效水深 | $h_2 = q't$ | $h_2$—沉淀部分有效水深，m；<br>$t$—沉淀时间，h |
| 沉淀部分有效容积 | $V' = Q_{max} t 3600$ | $V'$—沉淀部分有效容积，m³ |
| 池长 | $L = vt3.6$ | $L$—池长，m；<br>$v$—最大设计流量时的水平流，m |
| 池总宽度 | $B = A/L$ | $B$—池总宽度，m |
| 池个数（或分格数） | $n = B/b$ | $n$—池的个数，个；<br>$b$—每个池子（或分格）宽度，m |

| 名　称 | 公　式 | 符　号　说　明 |
|---|---|---|
| 池总高度 | $H=h_1+h_2+h_3+h_4$ | $H$—池总高，m；<br>$h_1$—超高，m；<br>$h_3$—缓冲层高度，m；<br>$h_4$—污泥部分高度，m |
| 污泥斗容积 | $V_1=\dfrac{1}{3}h_4''(A_1+A_2+\sqrt{A_1A_2})$ | $V_1$—污泥斗容积，m；<br>$A_1$—斗上口面积，m；<br>$A_2$—斗下口面积，m；<br>$h_4''$—泥斗高度，m |

（3）斜板（管）沉淀池。斜板（管）沉淀池按工艺布置不同可分为斜管（板）初次沉淀池和斜管（板）二次沉淀池。

1）构造特点。斜管（板）沉淀池由进水穿孔花墙、斜管（板）装置、出水渠、沉淀区和污泥区组成，斜管（板）沉淀池结构见图 11-1。废水从池下部穿孔花墙流入，从下而上流过斜管（板）装置，由水面的集水槽溢出，污水中悬浮物在重力作用下沉在斜板（管）底部，然后下滑沉入污泥斗。

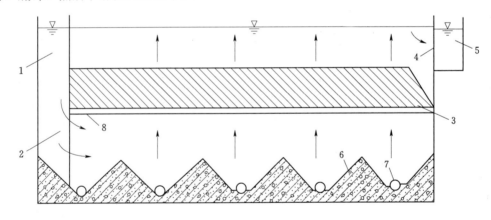

图 11-1　斜管（板）沉淀池结构示意图

1—配水槽；2—穿孔花墙；3—斜管（板）；4—淹没孔；5—集水槽；6—集泥斗；7—排泥管；8—阻流板

A. 浅层理论。在 20 世纪初，哈真（Hazen）提出了"浅层理论"的概念，从而使沉淀池的改革有了突破，斜管（板）沉淀池就此诞生。

在池长为 $L$，池深为 $H$，池中水平流速为 $v$，颗粒速度为 $u_0$ 的沉淀池中，当水在池中的流动处于理想状态下时，则式（11-2）成立：

$$L/H=v/u_0 \tag{11-2}$$

根据浅层理论原理可知，在理想条件下，分隔成 $n$ 层的沉淀池，在理论上其过水能力可较原池提高几倍，为解决各层的排泥问题，工程上将水平隔层改为与水平倾斜成一定角度 $\alpha$（通常为 $50°\sim60°$）的斜面，构成斜板或斜管。将各斜板的有效面积总和，乘以倾角 $\alpha$ 的余弦，即得水平总的投影面积，也就是水流的总沉降面积，即：

$$A = \sum_{i=1}^{n} A_i \cos\alpha \qquad\qquad (11-3)$$

式中 $A_i$——过水面积。

即在普通沉淀池中加设斜板（管）可增大沉淀池中的沉降面积，缩短颗粒沉降深度，改善水流状态，为颗粒沉降创造最佳条件，这样就能达到提高沉淀效率、减少池容积的目的。

B. 进水装置。为了使水流能均匀地进入斜板（管）下的配水区，进水时应考虑整流措施，可采用穿孔花墙或缝隙栅条配水，整流配水孔的流速一般要求在 0.15m/s 以下。

C. 斜板（管）装置。斜板（管）沉淀池的斜板（管）倾角越小，沉淀面积越大，沉淀效果越高，可设想，若 $\theta=0°$，即成为平流式多层沉淀池，排泥成问题；若 $\theta=90°$，成了竖流式沉淀池，失去斜板（管）作用，经试验和实际运行得知，对于凝聚性颗粒，当 $\theta=35°\sim45°$ 时，效果最佳，其原理是，当 $\theta=35°\sim45°$ 时，斜板底部积泥开始下滑，滑下的较浓污泥与进入斜板的颗粒接触时，产生接触凝聚作用而提高沉淀效率。若 $\theta$ 角继续增大，这种接触凝聚作用抵消不了由沉淀面积减小和沉淀距离加大所产生的影响，故效率下降。当然，应全面考虑沉淀池效果，应把排泥问题考虑在内，根据生产实际经验，为使排泥通畅，倾角 $\theta$ 应为 $50°\sim60°$。

D. 沉淀区。沉淀区的高度等于斜管（板）的长度，斜管（板）长度越长，沉淀区的高度越大，则沉淀效果越好，这是由于在斜板（管）进口的一段距离内，泥水混杂，水流紊乱，污泥浓度也较大，此段称为过渡段，该段以上便明显看出泥水分离，此段称为沉淀段。过渡段长度，随管中上升流速而异，该段泥水虽然混杂，但由于浓度较大，反而有利于接触絮凝，从而有利沉淀段的泥水分离。

2）设计参数。

A. 颗粒沉降速度应根据污水中颗粒的特性通过沉降试验测得。在无试验资料时可参考已建立类似沉淀设备的运行资料确定；一般絮凝反应后的颗粒沉降速度大致为 $0.3\sim0.6$mm/s。

B. 升流式异向流斜板（管）沉淀池的表面负荷取 $2.0\sim3.5$m³/(m²·h)，可比普通沉淀池的设计表面负荷提高 1 倍左右，对于二次沉淀池，应以固体负荷核算。

C. 斜板垂直净距一般采用 $80\sim120$mm，斜管孔径一般采用 $50\sim100$mm，斜长采用 $1.0\sim1.2$m，倾角采用 $60°$，斜管（板）区底部缓冲层高度，一般采用 $0.5\sim1.0$m，上部水深采用 $0.5\sim1.0$m。

D. 在进水口和出水口处为了使水流均匀分配和收集，应在进水口和出水口设置整流花墙；经絮凝反应后的污水流经沉淀池时，沉淀池进口处整流花墙的开孔率应使过孔流速不大于反应池出口流速，以免矾花打碎。

E. 排泥设备一般采用穿孔管或机械排混。穿孔管排泥的设计与一般沉淀池的穿孔管排泥相同，每日排泥次数至少 $1\sim2$ 次，或根据生产需要连续排泥。

F. 斜板材料可以因地制宜地采用木材、硬质塑料板、石棉板等材料。斜管材料可采用玻璃钢斜管、聚乙烯斜管等材料。

G. 斜管（板）上部清水区高度不宜小于 1.0m，较高的清水区有助于出水均匀。

H. 下部布水区高度不宜小于 1.5m，一般取 2m，为使布水均匀在沉淀池进口处应设穿孔墙或格栅等整流措施。

I. 斜管（板）沉淀池采用侧面进水时，斜管倾斜以反方向进水为宜。

（4）沉淀池排泥方式。沉淀池排泥直接关系到沉淀池净水效果和日常管理，及时排泥对维持沉淀池正常运行非常重要。沉淀池排泥方式优缺点比较及适应条件见表 11-5。

表 11-5　　　　　　　沉淀池排泥方式优缺点比较及适用条件表

| 排泥方法 | | 优　缺　点 | 适　用　条　件 |
|---|---|---|---|
| 斗底重力排泥 | | 优点：排泥历时较短，劳动强度较小，耗水量较大，排泥时可不停水；<br>缺点：池底结构较复杂，施工较困难，排泥不够彻底 | 原水浑浊度较高，每日排泥次数较多和地下水位较低的大、中型水厂 |
| 穿孔排泥管 | | 优点：排泥历时较短，劳动强度较小，耗水量较小，排泥时可不停水，池子结构简单；<br>缺点：孔眼易堵塞，排泥效果不稳定，检查不便，原水浑浊度高时排泥效果差 | 原水浑浊度适应范围较广，每日排泥次数较多和地下水位较高的水厂 |
| 机械排泥 | 吸泥机 | 优点：排泥效果好，可连续排泥，劳动强度小，操作方便；<br>缺点：设备较多，耗用金属材料多 | 原水浑浊度较高，排泥次数较多的大中型水厂平流式预沉池 |
| | 刮泥机 | 优点：排泥彻底，效果好，可连续排泥，劳动强度小，操作方便；<br>缺点：耗用金属材料及设备多，为配合刮板装置，池底结构较复杂 | 原水浑浊度较高，排泥次数较多的大中型水厂 |
| | 吸泥船 | 优点：排泥效果好，可连续排泥；<br>缺点：操作管理人员多，需要一套设备 | 原水浑浊度较高，含砂量大的大型水厂预沉池 |

# 11.3　尾渣库沉淀方式

尾渣库沉淀是一种较好废水处理工艺，但要根据现场地形、地质条件确定，有条件的工程宜优先采用。

尾渣库容积是尾渣库设计的关键参数，要根据骨料生产系统的加工料源特性、料源含泥及软弱颗粒量、加工工艺等因数确定。水利水电工程的混凝土量在设计阶段只是一种暂估量，在实际施工过程中由于地质情况与设计条件不一致，导致混凝土量大幅度地增加，从而大幅度增加混凝土骨料，在设计尾渣库时其容积宜考虑 1.1～1.2 的库容系数。

向家坝水电站太平料场及马延坡骨料生产系统的废水处理就是采用尾渣库处理方式。向家坝水电站骨料生产系统尾渣坝主要由挡水主坝、溢洪道及左坝头路堤（副坝）等建筑物组成。尾渣库设计库容为 200 万 m³，相应坝顶设计高程 565.00m，最大坝高 40.00m，最大蓄水面积约 13 万 m²，主坝坝顶长 278.78m。工程等级为四等，主要水工建筑物为 4 级建筑物。尾渣坝坝顶宽度为 12.15m，黏土斜墙顶宽 3.00m，坝体迎水面坝坡为 1：2.50～1：3.00，背水面坝坡为 1：2.00～1：2.25。在高程 545.00m 处设宽 2.00m 的马道，背水坡高程 535.00m 以下设排水棱体。坝基强风化带防渗采用帷幕灌浆。泄水建筑物采用开敞式溢洪道，溢洪道布置在左岸，进口高程 561.00m，宽 6.00m。

运行情况：向家坝水电站骨料生产系统尾渣库于 2007 年 10 月底下闸蓄水，开始处理骨料生产系统废水，废水经自然澄清后进行回收循环利用，回收用水完全能满足工业用水的标准，骨料生产系统废水经尾渣库自然沉淀后至 2012 年底累计沉淀废水约 4200 万 $m^3$，实现了废水零排放。回收水 3700 万 $m^3$，回收利用率约 88%。其经济和环境效益十分显著。

尾渣库原设计存废渣 170 万 $m^3$（库容 200 万 $m^3$ 是包括水和废渣），后由于水电站混凝土总量增加，系统运行至 2011 年年底时砂石骨料生产总量已达到 2700 万 t，此时尾渣库废渣存量已达到 180 万 $m^3$，已超过原设计量，开始影响清水回收利用。根据水电站工程完成情况，于 2012 年年初开始对尾渣库进行废渣清理，为了确保避免水土流失和环境污染，对库内废渣进行了再利用，主要用于建筑物墙面装修等工程。至 2012 年年底尾渣库累计沉淀废渣约 215 万 $m^3$，其中废渣二次利用约 50 万 $m^3$。

# 11.4 设备固液分离方式

设备固液分离的方式有过滤、离心分离以及反渗透法。在骨料生产系统废水处理工艺中应用比较广泛的设备主要有：螺旋分级机、水力旋流器、压滤机（板框式以及厢式压滤机）、陶瓷过滤机、橡胶带式真空过滤机、卧式螺旋分离机等。压滤机生产过程中对滤布的损害比较严重，滤布的清洗必须停机作业，所以造成不能连续运行，而且操作复杂，运行成本高。陶瓷过滤机运行连续，但陶瓷片的更换成本较高。从目前一些矿山开采项目和砂石项目运行的效果来看，橡胶带式真空过滤机可以连续作业、过滤效率高、生产能力大，运行简单平稳，可以作为固液分离的首选设备。卧式螺旋分离机设备构造简单，处理能力高，配备设备少，在工矿企业中应用较多，目前也已在一些骨料生产系统中开始应用。

## 11.4.1 螺旋分级机

螺旋分级机兼有洗砂、分级和脱水的作用。螺旋分级机按其溢流堰相对高度分为高堰式（溢流堰高于下轴承）、沉没式（溢流水面淹没螺旋）和低堰式（溢流堰低于下轴承）三种。另外，还可按其螺旋轴的数目或头数分为单头螺旋、双头螺旋分级机。一般螺旋分级机转速较低，洗砂机的转速较高，下端装搅拌桨叶，宽溢流口、长机身，利于脱水。各类螺旋分级机适用范围见表 11-6。

表 11-6  各类螺旋分级机适用范围表

| 型　式 | 分级粒度/mm | 适　用　范　围 |
|---|---|---|
| 高堰式螺旋分级机 | >0.15 | 适用粗粒分级 |
| 沉没式螺旋分级机 | <0.15 | 适用细粒分级、控制石粉含量 |
| 低堰式螺旋分级机和洗砂机 | | 适用于洗砂脱水 |

为增大沉降区面积和溢流口宽度，降低流速，减少细砂流失，国内砂石加工厂多用宽堰螺旋分级机和洗砂机，其溢流口的宽度约为矿用分级机的 $2\sim3$ 倍，含泥量较高的天然砂宜用带有桨叶的螺旋洗砂机。刘家峡水电站曾将 $\phi1200$mm 螺旋分级机改为宽堰型，用来回收细砂。经螺旋分级机脱水后砂的含水量一般为 $18\%\sim20\%$，砂粒径 $0.15\sim0.6$mm 时为 $16\%\sim23\%$，$0.6\sim1.2$mm 时为 $11\%\sim12\%$，$0.2\sim3.0$mm 时为 $7\%\sim10\%$。

螺旋分级机用于洗砂和脱水时，一般按返砂量计算其生产能力，按溢流速度验算其控制粒径和允许进料流量。当分级机用于砂的分选时，则需同时验算返砂量与溢流量。

（1）矿用螺旋分级机按返砂量（指固体重量）计算生产能力时由式（11-4）计算：

$$Q_1 = 5.625 m K_1 D^3 n \tag{11-4}$$

（2）按溢流量（指固体重量）计算生产能力，由式（11-5）～式（11-8）计算：

高堰式螺旋分级机：

当 $D<1$m 时：
$$Q_2 = \frac{1}{24} m K_1 K_2 (94 D^2 + 16 D) \tag{11-5}$$

当 $D>1$m 时：
$$Q_2 = \frac{1}{24} m K_1 K_2 (65 D^2 + 74 D - 27.5) \tag{11-6}$$

沉没式螺旋分级机：

当 $D<1$m 时：
$$Q_2 = \frac{1}{24} m K_1 K_3 (75 D^2 + 10 D) \tag{11-7}$$

当 $D>1$m 时：
$$Q_2 = \frac{1}{24} m K_1 K_3 (50 D^2 + 50 D - 18) \tag{11-8}$$

式中　$Q_1$——按返砂固体重量计算的生产能力，t/h；

　　　$Q_2$——按溢流固体重量计算的生产能力，t/h；

　　　$m$——分级机的螺旋个数；

　　　$K_1$——砂粒比重校正系数，见表 11-7；

　$K_2$、$K_3$——分级粒径校正系数，见表 11-8；

　　　$D$——螺旋直径，m；

　　　$n$——螺旋转数，r/min。

表 11-7　　　　　　　　　　　砂粒比重校正系数 $K_1$ 值

| 砂粒比重 | 2.30 | 2.50 | 2.70 | 2.85 |
|---|---|---|---|---|
| $K_1$ | 0.80 | 0.90 | 1.00 | 1.08 |

表 11-8　　　　　　　　　　　分级粒径校正系数 $K_2$、$K_3$ 值

| 分级溢流中 | 粒径 | 1.7 | 0.83 | 0.69 | 0.42 | 0.30 | 0.20 | 0.15 | 0.07 | 0.06 |
|---|---|---|---|---|---|---|---|---|---|---|---|
| 最大粒径 | $K_2$ | 2.50 | 2.37 | 2.19 | 1.96 | 1.70 | 1.41 | 1.00 | 0.46 | 0.72 |
| /mm | $K_3$ | | | | | | 3.00 | 2.30 | 1.00 | |

选择螺旋分级机时，除按公式计算外，还应参照类似加工厂螺旋分级机实际数据进行校核。

### 11.4.2 水力旋流器

(1) 水力旋流器的型式和特点。水力旋流器是水力分级机的一种型式，利用离心力对细粒料的脱泥进行浓缩和分级。其溢流粒径范围一般用于浓缩料浆和回收细砂，水力旋流器脱水后砂的含水率约为 20%～26%。

水力旋流器的主要优点：结构简单，单位容积处理能力大，占地面积小，土建费用省，设备本身无运动部件，操作维护简单。缺点：砂泵的动力消耗大，机械磨损严重，生产指标容易波动。为了解决磨损问题，在水力旋流器内衬以铸件或橡胶等耐磨材料，可取得良好的效果。水力旋流器的分级效率约 30%～50%。

水力旋流器的给料方式有自流给料、恒压箱给料以及用砂泵直接给料三种。其中最好是采用恒压箱给料。

水力旋流器规格由生产能力和溢流粒径来确定。生产能力较大和溢流粒径较粗时，选用大型旋流器，反之选用小型旋流器。如生产能力大而溢流粒径小时，则可采用小型的旋流器组。其颗粒粒径与分离效率关系见图 11－2。

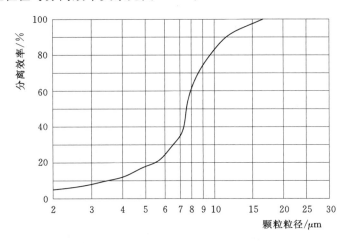

图 11－2　颗粒粒径与分离效率关系图

溢流粒径较粗时，可采用较低的进口压力和较高的给料浓度；反之，则用较高的进口压力和较低的给料浓度。

由于旋流器易损坏，因此要适当考虑备用。

(2) 水力结构形式。水力旋流器一般由筒体、进水管、出水管、通风管、中心管、圆锥体及排沙管组成（见图 11－3）。

(3) 旋流器各构件相关几何尺寸关系：

1) 圆筒高度 $H_0$：1.70$D$，$D$ 为圆筒直径。

2) 器身锥角 $\theta$：100°～150°。

3) 进水管直径 $d_1$：（0.25～0.4）$D$，一般管中流速 1～2m/s。

4) 进水管收缩部分的出口应做成矩形，其顶水平，其底倾斜 30°～50°，出口流速一般在 6～10m/s 之间。

5) 中心管直径 $d_0$：（0.25～0.35）$D$。

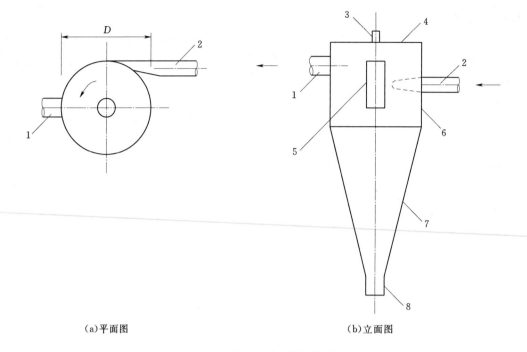

（a)平面图　　　　　　　　　　　（b)立面图

图 11-3　水力旋流分离器结构示意图

1—出水管；2—进水管；3—通风管；4—顶盖；5—中心管；6—上部筒体；7—下部锥体；8—排沙管

6）出水管直径 $d_2$：$(0.25 \sim 0.5) D$。

（4）旋流器生产能力。单个水力旋流器的生产能力，可由式（11-9）求出：

$$Q = KDd_0 \sqrt{\Delta Pg} \qquad\qquad (11-9)$$

式中　$Q$——按给料料浆体积计的生产能力，L/min；

　　　$K$——流量系数，$K = 5.5\, d_1/D$；

　　　$\Delta P$——进出口压力差，Pa，$\Delta P = P$，一般取 $0.1 \sim 0.2$Pa；

　　　$g$——重力加速度，cm/s²；

　　　$D$——水力旋流器上部圆筒直径，cm；

　　　$d_0$——中心管直径，cm。

## 11.4.3　压滤机

（1）压滤机的型式和特点。压滤机不但能对污泥和石粉进行最终的脱水处理，达到装车运输要求。同时，压滤水还可以直接排放或回收利用。但压滤机处理量小，操作复杂，一般不能连续作业。

压滤机主要是用来进行固液分离，将物料通过压力来过滤，特别对于粘细物的分离，有其独特的优越性。与其他固液分离设备相比，压滤机过滤后的泥饼有更高的含固率和优良的分离效果。固液分离的基本原理是：混合液流经过滤介质（滤布），固体停留在滤布上，并逐渐在滤布上堆积形成过滤泥饼。而滤液部分则渗透过滤布，成为不含固体的清液。

压滤机是矿业、污泥、食品等行业常用的过滤分离设备，在18世纪初就应用于化工生产，至今仍广泛应用于化工、制药、冶金、染料、食品、酿造、陶瓷以及环保等行业。

压滤机由多块滤板和滤框叠合组成滤室，并以压力为过滤推动力的过滤机。压滤机为间歇操作，有板框压滤机、厢式压滤机和立式压滤机 3 类。

（2）压滤机工作原理。首先是正压强压脱水，也称进浆脱水，即一定数量的滤板在强机械力的作用下被紧密排成一列，滤板面和滤板面之间形成滤室，过滤物料在强大的正压下被送入滤室，进入滤室的过滤物料其固体部分被过滤介质（如滤布）截留形成滤饼，液体部分透过过滤介质而排出滤室，从而达到固液分离的目的，随着正压压强的增大，固液分离则更彻底，但从能源和成本方面考虑，过高的正压压强不划算。进浆脱水之后，配备了橡胶挤压模的压滤机，则压缩介质（如气、水）进入挤压模的背面推动挤压膜使挤压滤饼进一步脱水，称为挤压脱水。进浆脱水或挤压脱水之后，压缩空气进入滤室滤饼的一侧透过滤饼，携带液体水分从滤饼的另一侧透过滤布排出滤室而脱水，称为风吹脱水。若滤室两侧面都敷有滤布，则液体部分匀可透过滤室两侧面的滤布排出滤室，为滤室双面脱水。脱水完成后，解除滤板的机械压紧力，单块逐步拉开滤板，分别敞开滤室进行卸饼为一个主要工作循环完成。根据过滤物料性质不同，压滤机可分别设置进浆脱水、挤压脱水、风吹脱水或单、双面脱水，目的就是最大限度地降低滤饼水分。

（3）压滤机的种类。

1）板框压滤机。由交替排列的滤板和滤框构成一组滤室。滤板的表面有沟槽，其凸出部位用以支撑滤布。滤框和滤板的边角上有通孔，组装后构成完整的通道，能通入悬浮液、洗涤水和引出滤液。滤板、滤框两侧各有把手支托在横梁上，由压紧装置压紧滤板、滤框。滤板、滤框之间的滤布起密封垫片的作用。由供料泵将悬浮液压入滤室，在滤布上形成滤渣，直至充满滤室。滤液穿过滤布并沿滤板沟槽流至板框边角通道，集中排出。过滤完毕，可通入清洗涤水洗涤滤渣。洗涤后，有时还通入压缩空气，除去剩余的洗涤液。随后打开压滤机卸除滤渣，清洗滤布，重新压紧滤板、滤框，开始下一工作循环。

滤板、滤框压滤机对于滤渣压缩性大或近于不可压缩的悬浮液都能适用。适合的悬浮液的固体颗粒浓度一般为 10％以下，操作压力一般为 0.3～0.6MPa，特殊的可达 3MPa 或更高。过滤面积可以随所用的板框数目增减。板框通常为正方形，滤框的内边长为 320～2000mm，框厚为 16～80mm，过滤面积为 1～1200m²。板与框用手动螺旋、电动螺旋和液压等方式压紧。板和框用木材、铸铁、铸钢、不锈钢、聚丙烯和橡胶等材料制造。

2）厢式压滤机。厢式压滤机的结构和工作原理与板框压滤机类似，不同之处在于滤板两侧凹进，每两块滤板组合成一厢形滤室，省去滤框，滤板中心有一圆孔。悬浮液由此流入各滤室。这种过滤机适用于需要在较高压力下过滤而滤渣不需要洗涤的悬浮液。

3）立式压滤机。滤板水平和上下叠置，形成一组滤室，占地面积较小。它采用一条连续滤带，完成过滤后，移动滤带进行卸渣和清洗滤带，操作自动化。

### 11.4.4 陶瓷过滤机

（1）陶瓷过滤机的型式和特点。陶瓷过滤机也是废水处理中污泥和石粉干化的常用设备，该类型设备不但能对污泥和石粉进行最终的脱水处理，达到装车运输要求。同时，压滤水还可以直接排放或回收利用。而且还具有处理量大，操作简单，能连续作业的优点。

陶瓷过滤机有一个机座，机座下部设有一个料槽，该料槽内设有液位控制器，两端设有负压集水箱，该负压集水箱一侧装有负压连接组件定盘；另一侧装有真空泵管道，该真空泵管道与一个真空泵连通，机座上设有一个回收转子，该转子由一个主轴、多级陶瓷过滤圆盘、卸料板、多节出水连接管道、管道支架板、负压连接组件等组成。

（2）工作原理。陶瓷过滤机外形及机理与盘式真空过滤机的工作原理相类似，即在压强差的作用下，悬浮液通过过滤介质时，颗粒被截留在介质表面形成滤饼，而液体则通过过滤介质流出，达到了固液分离的目的。其不同之处在于过滤介质——陶瓷过滤板具有产生毛细效应的微孔，使微孔中的毛细作用力大于真空所施加的力，使微孔始终保持充满液体状态，无论在什么情况下，陶瓷过滤板不允许空气透过，由于没有空气透过，固液分离时能耗低、真空度高。

（3）主要构造。陶瓷过滤机主要由辊筒系统、搅拌系统、给排矿系统、真空系统、滤液排放系统、刮料系统、反冲洗系统、联合清洗（超声波清洗、自动配酸清洗）系统、全自动控制系统、槽体、机架几部分组成。

槽体采用耐腐蚀的不锈钢，起装载矿浆的作用，搅拌系统在槽体内搅拌混合物料，避免物料的快速沉降；陶瓷过滤板安装在辊筒上，辊筒在可无级变速的减速机的带动下旋转。

陶瓷过滤机所选用的过滤介质为陶瓷过滤板，不用滤布，降低生产成本，卸料时刮刀和滤板之间留有 1mm 左右的间隙，以防止机械磨损，延长了使用寿命。

陶瓷过滤机采用反冲洗、联合清洗等方法，该系统采用 PLC 全自动控制，并配有变频器、液位仪等装置。开机时，矿浆阀门由料位仪监控，控制矿浆液位的高低，真空罐滤液由液位仪检测，当至高位时，PLC 控制系统迅速打开滤液泵出口阀门，快速排水。陶瓷过滤机可根据用户的不同要求，采用远程控制或集中控制。

### 11.4.5 卧式螺旋分离机

卧式螺旋分离机又称转筒式离心机，采用的是离心浓缩法。离心浓缩法是利用污泥中的固体即污泥与其中的液体，即水之间的密度有很大的不同。因此，在高速旋转的离心机中具有不同的离心力，从而可以使两者分离。一般离心浓缩机可以连续工作，出泥的含固率可达 70% 以上。利用离心机使污泥中的固、液分离时，离心力场可达到重力场的 1000 倍以上，单机处理量大、基建和占地少、操作简单、自动化程度高，而且可不投入或少投入絮凝剂，但动力费用较高。转筒式离心机工作原理结构见图 11-4。

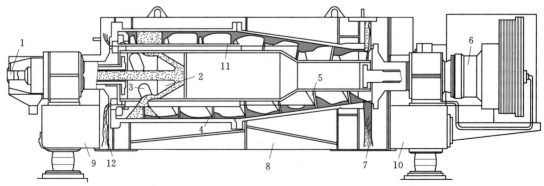

图 11-4　转筒式离心机工作原理结构图

1—进料管；2—入口容器；3—输料孔；4—转筒；5—螺旋卸料器；6—变速箱；7—固体物料排放口；
8—机罩；9—机架；10—斜槽；11—回流管；12—堰板

### 11.4.6 橡胶带式真空过滤机

（1）结构。胶带式过滤机由橡胶滤带、真空箱、驱动辊、胶带支撑台、进料斗、滤布调整装置、驱动装置、滤布洗涤装置、机架等部件构成。

（2）工作原理。环形胶带由电机经减速拖动连续运行，滤布敷设在胶带上与之同步运行。胶带与真空室滑动接触（真空室与胶带间有环形摩擦带并通入水形成水密封），当真空箱接通真空系统时，在胶带上形成真空抽滤区；料浆由进料斗均匀地布在滤布上，在真空作用下，滤液穿过滤布经胶带上的横沟槽汇总并由小孔进入真空室，固体颗粒被截留而形成滤饼；进入真空的液体经气水分离器排出。随着橡胶滤带移动已形成的滤饼依次进入滤饼洗涤装置、吸干区；最后滤布与胶带分开，在卸滤饼辊处将滤饼卸出；卸除滤饼的滤布经清洗后重新使用；再经过一组支承辊和纠偏装置后重新进入过滤区。橡胶带式真空过滤机结构见图 11-5。

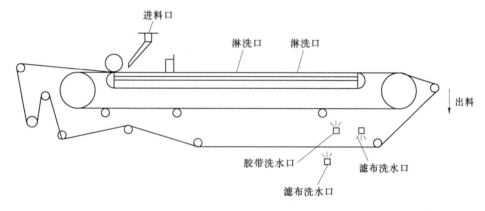

图 11-5　橡胶带式真空过滤机结构图

（3）特点。橡胶带式真空过滤机与压滤机相比，具有连续运行、连续过滤的特点。生产过程的过滤、洗涤、卸渣、滤布清洗随胶带的运行可依次完成，过滤出的固体颗粒含水率可控制在 16% 以下，可以通过胶带机连续运输至指定堆场。过滤效率得到提高，相应的运行成本也得到有效控制，其在矿山和骨料生产系统废水废渣处理中都得到了成功应用。

# 11.5　自然沉淀与设备固液分离相结合的方式

生产废水处理既要达到规定的回收率、回收水质和废水达标排放的要求，又要体现工艺先进、技术可行、运行可靠、节约投资的设计原则，设计应结合各生产车间排放的水质、水量及废水所含固体物成分的不同，有针对性地拟定相应的处理流程，并考虑尽可能回收利用废水中的砂和石粉，处理规模应根据骨料生产系统耗水量及排放水量确定，保证系统排放的废水全部或部分回收。系统各工艺车间应保证工艺流向顺畅、布置合理紧凑，达到节能环保的要求。很多的废水处理系统都采用自然沉淀与设备固液分离相结合的处理方式。废水处理工艺流程见图 11-6。

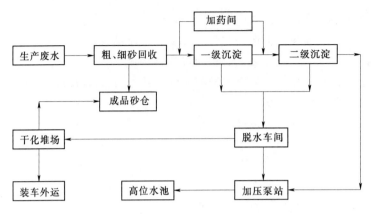

图 11-6 废水处理工艺流程图

废水处理系统，一般由预平流沉淀池、斜管沉淀池、加药间、脱水车间、水回收车间、加压泵站等车间组成。具体选择什么样的沉淀池和固液分离设备要根据项目规模的大小、占地面积，经济条件综合考虑，以最大程度实现节能减排。

# 12 粉尘与噪声治理

## 12.1 粉尘治理

### 12.1.1 概述

在自然界中，呼吸所吸入的不单单只有气体，也含有一定量的液体和固体颗粒，通常称之为尘埃。在工业生产过程中也会产生大量的微小固体颗粒，一般称之为粉尘或者浮尘。粉尘是一种游离飘浮在空气中的固体颗粒物，粉尘在空气中飞扬时间的长短不仅和颗粒的大小、重量、形状有关，还与空气的湿度、温度、风速等相关。

粉尘粒径大小的尺度称为粒径，其单位一般用 $\mu m$ 表示，其大小一般可分为：粗尘（粒径大于 $40\mu m$）、细尘（粒径为 $10\sim40\mu m$）、微尘（粒径为 $0.25\sim10\mu m$）、超微尘（粒径小于 $0.25\mu m$）。而我国工矿企业一般将粉尘（岩尘）粒径分为 4 级，小于 $2\mu m$、$2\sim5\mu m$、$5\sim10\mu m$ 和大于 $10\mu m$。常规呼吸性粉尘颗粒范围见表 12-1。

表 12-1 常规呼吸性粉尘颗粒范围表

| 悬浮颗粒类型 | 大小范围/$\mu m$ | |
|---|---|---|
| | 下限 | 上限 |
| 呼吸性颗粒 | — | 7 |
| 煤尘及其他岩尘 | 0.1 | 100 |
| 正常空气灰尘 | 0.001 | 20 |
| 柴油烟气 | 0.05 | 1 |
| 病毒 | 0.003 | 0.05 |
| 细菌 | 0.15 | 30 |
| 烟草烟气 | 0.01 | 1 |
| 引起过敏的花粉 | 18 | 60 |
| 尘雾 | 5 | 50 |
| 薄雾 | 50 | 100 |
| 细雨 | 100 | 400 |

各粒径粉尘在空气的沉降速度是不一样的：粗尘在空气中极易沉降，细尘在静止空气中做加速沉降，微尘在静止空气中做等速沉降，超微尘在空气中做扩散运动。

各级粒径粉尘在静止空气中的降落速度见表 12-2，各级粒径岩尘静止空气中从空中

1m 处降落至地面的时间见表 12-3。

由表 12-2 和表 12-3 可见，$10\mu m$ 以上粉尘的沉降速度比较高，能快速地降落下来。而对人体危害较大的细微尘粒沉降速度较小，比如 $1\mu m$ 的尘粒，从 1m 高的地方降落到地面，需要 7h，在风流中，因为紊流脉动速度的作用，微尘将能更长时间地悬浮在空气当中，随风扩散。$1\mu m$ 以下的微尘基本不下沉，可在空气中处于不停歇的运动状态，接近于气体分子。

表 12-2 各级粒径粉尘在静止空气中的降落速度表

| 尘粒直径/$\mu m$ | 沉 降 速 度 | |
| --- | --- | --- |
| | cm/s | m/h |
| 50 | 19.95 | 718.2 |
| 10 | 0.798 | 28.73 |
| 5 | 0.1995 | 7.183 |
| 1 | 0.00798 | 0.2873 |

表 12-3 各级粒径岩尘静止空气中从空中 1m 处降落至地面的时间表

| 粒径/$\mu m$ | 100 | 10 | 1 | 0.5 | 0.2 |
| --- | --- | --- | --- | --- | --- |
| 沉降时间 | 2.5s | 4.0min | 7h | 22h | 92h |

大多数粉尘都有一定的吸水性，粉尘的吸水性取决于粉尘的成分、大小、荷电状态、温度和气压等条件。吸水性随压力增加而增加，随温度上升而降低，随尘粒的变小而减少。粉尘按是否容易被水湿润分为亲水性粉尘和憎水性粉尘。对于憎水性粉尘，不宜采用湿式除尘方式进行净化。有些粉尘吸水后容易形成不易溶于水的硬垢，称为水硬性粉尘，硬垢会造成堵塞而导致除尘系统失灵。

长期处于高密度、高扩散性粉尘作业区域，将对人体产生极其严重的危害。粉尘按对人体危害的程度分为呼吸性粉尘和非呼吸性粉尘。呼吸性粉尘是指能在人体肺泡内沉积，粒径在 $5\sim7\mu m$ 以下的粉尘，特别是 $2\mu m$ 以下的粉尘，是最容易进入人体肺泡内对人体产生极为严重的健康威胁。从生理学角度来看，自然界中产生的大部分尘埃，人体已能进行有效的处理，但在工业工作环境中，空气中的粉尘浓度特别是粒径小于 $5\mu m$ 粉尘的浓度超过了人体呼吸系统所能处理的能力，将对人体健康产生极大的影响，极易导致粉尘作业人员患上：尘肺（矽肺、硅酸盐肺、混合型尘肺、炭尘肺、金属粉尘肺）、肺粉尘沉着症，有机性粉尘引起的肺部病变、呼吸系统肿瘤、其他呼吸系统病、局部刺激（接触或吸入粉尘，对皮肤、角膜、黏膜等产生局部刺激作用，并产生一系列病变）、中毒等疾病。

对于粉尘的防护，应该采取粉尘源的治理和个体防护相结合的办法。应对工艺、工艺设备、物料、操作条件及方式、职业健康防护设施、个人防护用品等技术措施进行优化、组合，采取综合治理的方式。

## 12.1.2 骨料生产系统粉尘控制标准

对于水利水电施工行业的砂石生产加工系统而言，施工作业区域粉尘主要来源于破碎、筛分分级、物料转运和输料斜槽等环节。在干式筛分生产工艺的条件下，骨料生产系统各扬尘环节扬尘浓度见表 12-4。

| 表 12 - 4 | | 骨料生产系统各扬尘环节扬尘浓度表 | |
|---|---|---|---|
| 扬尘环节 | 扬尘量/(g/m³) | 扬尘环节 | 扬尘量/(g/m³) |
| 粉碎 | 200～500 | 物料转运、输送斜槽 | 5～50 |
| 筛分分级 | 50～200 | | |

根据《大气污染物综合排放标准》（GB 16297—1996）、《环境空气质量标准》（GB 3095—2012）等相关标准，骨料生产系统在生产运行期间，须保证在施工场界及敏感受体附近的总悬浮颗粒物（TSP）的浓度值控制在其标准值内。环境空气总悬浮颗粒物（TSP）的浓度限值见表 12 - 5。

表 12 - 5 　　　　　环境空气总悬浮颗粒物（TSP）的浓度限值　　　　　单位：μg/m³

| 污染物项目 | 平均时间 | 浓度限值 | |
|---|---|---|---|
| | | 一级 | 二级 |
| 总悬浮颗粒物（TSP） | 24h（日平均） | 120 | 300 |

## 12.1.3　骨料生产系统粉尘控制措施

在水利水电工程砂石骨料生产加工系统的现场施工中，一般采取洒水喷雾除尘和除尘设备除尘相结合的处理方式进行粉尘控制与防护。

（1）洒水喷雾除尘。洒水喷雾除尘一般设置在胶带机转料及跌落点等扬尘量小的部位。

洒水喷雾除尘分为两种：水雾封尘和除尘、骨料生产加工流程过程中喷水使骨料表面湿化压尘。

水雾封尘和除尘是在扬尘点设置高压雾化喷水装置，通过喷射的高压雾化水雾来隔绝、吸附、凝聚空气中粉尘颗粒，减少或抑制粉尘往大气中扩散，达到降尘的目的和作用；骨料洒水湿化压尘是在骨料加工及输送过程中，设置喷水装置，对骨料进行喷淋湿化，使骨料表面离析水含量控制在2%～3%之间，不但能有效保证骨料的干式筛分效果，又可有效抑制粉尘扬起进入大气中。

喷雾除尘的原理就是将水雾化成细微水滴喷射于空气中与浮尘碰撞接触，则尘粒被水捕捉而附于水滴上，湿润的尘粒相互凝聚成大颗粒，从而加速沉降，使之尽快变成落尘。影响水滴捕尘效果的主要因素是水滴粒度，水滴越小，在空气中分布密度越大，与岩尘的接触机会就越多，捕尘效果就越好。但过小也不理想，因过小水滴湿润尘粒后，其重量增加不大，不易从空气中沉降下来。同时，也易被风流带走或蒸发，不利捕尘，而且还恶化了环境，最理想的水滴粒径为20～50μm。其次是水滴和粉尘的相对速度，它决定着粉尘与水滴的接触效果，水滴速度越高，则其动能越大，与尘粒碰撞时越能克服水滴的表面张力，而将尘粒湿润捕捉。

选择喷水雾化装置须从喷雾体的结构、雾粒的分散度、水滴的密度、耗水量等技术指标来综合考虑。现常用的雾化喷头有两种：一种是水喷雾器，即高压水从喷头直接喷射；另一种是风水喷雾器，即采用压缩空气的作用使压力水分散成雾状水滴并喷射出去。水喷雾器具有结构简单、轻便、雾粒较细、耗水量小、扩张角大等特点，但射程较小，适用于固定尘源喷雾除尘。风水喷雾器具有雾化程度高的特点，在压力不小于 294.3～

392.4kPa、耗水量为 10～12L/min 的情况下，能达到较远的喷雾射程（5m 以上）和较高的喷射速度，且水雾细、密度大。对危害健康最大的细微尘捕捉效果显著，一般情况下捕尘率可达到 90％以上。

（2）除尘设备除尘。除尘设备除尘也就是密闭抽尘，主要是对破碎、筛分等灰尘量大的扬尘点进行灰尘收集，减少向大气中的灰尘排放量，保护环境及作业区域内员工的职业健康。

一般用于空气烟气及粉尘处理的除尘器有惯性除尘器、旋风除尘器、水膜除尘器、文丘里管除尘器、静电除尘器和袋式除尘器。其中因为除尘效率及设备投资等因素的影响，惯性除尘器、旋风除尘器等机械式除尘设备在高效除尘场合已不再使用，水膜除尘器和文丘里管除尘器的应用也比较少。静电除尘器和袋式除尘器由于其除尘效率高而越来越成为主导的除尘技术。但静电除尘器对人体危害较大的 $0.1～0.2\mu m$ 颗粒的除尘效果比较差，且除尘性能受粉尘比电阻的支配，粉尘的比电阻在 $104～105\Omega\cdot cm$ 才属于正常控制范围，低于此范围粉尘易产生再次飞扬，高于此范围粉尘则发生反电晕现象，使除尘效率降低。而袋式除尘器由于其除尘机理使得其不仅除尘效率很高，而且可以捕捉到 $0.1\mu m$ 左右的颗粒，而且不受粉尘化学组成、颗粒分散度等因素的影响。

袋式除尘器是一种利用有机纤维或无机纤维滤布（又称过滤材料）将含尘气体中的固体颗粒因过滤（捕捉）而分离的一种高效除尘设备。因过滤材料多做成袋形，所以又称为袋式除尘器。它主要由袋室、滤袋、框架、清灰装置等组成。而影响袋式除尘器使用效果和滤袋使用寿命的关键是清灰装置。清灰方式大致可分为机械振动和气流反吹两大类：机械振动包括人工振动和机械振打两种；气流反吹包括借助压缩空气的脉冲喷吹、回转反吹和气环反吹等。

水利水电工程一般都选用脉冲袋式除尘装备进行粉尘的收集和控制，其工作原理及流程见图 12-1，脉冲袋式除尘器主要技术指标汇总见表 12-6。

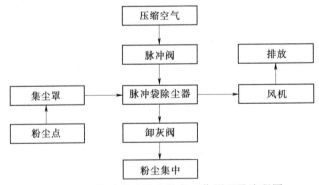

图 12-1　脉冲袋式除尘装备工作原理及流程图

表 12-6　　　　　　　　　　脉冲袋式除尘器主要技术指标汇总表

| 项　目 | 技术标准 | 项　目 | 技术标准 |
|---|---|---|---|
| 除尘器进口含尘浓度/(g/m³) | ≤1000 | 设备噪声/[dB(A)] | ≤75 |
| 除尘器出口含尘浓度/(mg/m³) | ≤50 | 设备允许最大运行负压/Pa | 5000 |
| 设计除尘效率/% | 99.99 | 设备抗风强度/级 | 10 |
| 设备本体漏风率/% | ≤3 | 粉尘排放浓度/(mg/m³) | ≤50 |

离线分室脉冲袋式除尘器在设计、选型、安装和运行过程中一般按下列标准执行。

1）捕尘罩：捕尘罩的设计须满足控制风速的要求，在无任何外力情况下控制风速必须大于 3 级自然风速（4.9m/s）。

2）收尘管道：管道内含尘气流速度按规范标准为 16～18m/s。风速过低将使粉尘沉积在管道内造成管道堵塞；过高则使除尘阻力大增，造成除尘效果下降、风机能耗增大、除尘器布袋寿命降低。同时，含尘风管弯头、叉管角度也会影响除尘阻力和除尘效率，现场管路的布置以减少阻力提高效率为原则。

3）净气风管：净气排放在管道内的速度取 13～16m/s。恰当的净气风管和排气筒管径有助于减少阻力，降低风机功率和使用能耗。风机应设置排气筒，排气筒高度依现场定，原则上利于净气在空气中的扩散，以保护现场运行管理人员的呼吸安全。

4）过滤风速 $v$：过滤风速指通过滤料的风速，按过滤介质粉尘及烟气的特性、温度、湿度、浓度、清灰方式以及所选用的滤料性质而定。过滤风速不仅决定了除尘器的大小，而且对通过滤料的阻力、除尘效率、清灰效果有很大的影响。对于颗粒细、浓度高、黏度大、温度高的含尘气体宜选取 $v=1.0～1.2m/min$，对于颗粒粗、浓度低、黏度小、常温的含尘气体宜选取 $v=1.3～1.5m/min$。一般情况不宜超过 2m/min。

滤袋工作过滤面积 $S$ 按式（12-1）计算：

$$S=Q/(60v) \tag{12-1}$$

式中　$Q$——通过除尘器的除尘风量，$m^3/h$；

　　　$v$——过滤风速，m/min。

风机：风机是除尘器的配套设备，是除尘系统的动力，应根据除尘风量和系统阻力选择合适的离心风机与参数。选择具有合适范围流量（$m^3/h$）与风压（Pa）的离心风机，使除尘系统正常运行时的风量和风压在风机流量和全压的中部参数位置工作，达到较高效率和节能。风压的选用是很重要的，系统阻力等于风管入口负压，加管道阻力和除尘器阻力及风管出口动压。风压过高浪费能源，风压过低严重降低除尘所需风量。

运行温度及滤料：对常温（入口温度不大于 120℃）尘气选用聚酯纤维滤料，如"729""208"及针刺毡滤料。对高于 120℃，低于 200℃的高温烟气选用芳沦类高温针刺毡。

（3）喷雾与除尘设备相结合。国内现有采用干法生产工艺的大型骨料生产系统中，官地水电站竹子坝骨料生产系统是比较典型的采取洒水喷雾除尘和除尘设备除尘相结合的粉尘处理模式。根据凉山彝族自治州环境检测站对官地水电站竹子坝骨料生产系统，在满负荷运行工况下连续 3d 的粉尘检测结果，系统在除尘系统正常工作状态下，加工系统四周粉尘浓度（见表 12-7）。

表 12-7　　　　　　官地水电站竹子坝骨料生产系统粉尘检测结果表

| 检测部位 | 检测结果/(mg/m³) | | | | | |
|---|---|---|---|---|---|---|
| | 2009 年 6 月 17 日 | | 2009 年 6 月 17 日 | | 2009 年 6 月 17 日 | |
| 1 号点 | 上午 | 0.212 | 上午 | 0.232 | 上午 | 0.253 |
| | 下午 | 0.553 | 下午 | 0.419 | 下午 | 0.396 |

| 检测部位 | 检测结果/(mg/m³) | | | | | |
| --- | --- | --- | --- | --- | --- | --- |
| | 2009 年 6 月 17 日 | | 2009 年 6 月 17 日 | | 2009 年 6 月 17 日 | |
| 2 号点 | 上午 | 0.466 | 上午 | 0.974 | 上午 | 0.736 |
| | 下午 | 0.730 | 下午 | 0.928 | 下午 | 0.725 |
| 3 号点 | 上午 | 0.720 | 上午 | 0.631 | 上午 | 0.989 |
| | 下午 | 0.974 | 下午 | 0.972 | 下午 | 0.923 |

**注** 粉尘检测为上午和下午各检测 1 次，每次检测 1h。

从表 12-7 可知，粉尘最大浓度为 0.989mg/m³，最小为 0.212 mg/m³，平均粉尘浓度为 0.657 mg/m³，达到《大气污染物综合排放标准》（GB 16297—1996）中无组织排放检测浓度极限值 1 mg/m³ 的规定。

但从表 12-7 可知，粉尘虽然经过治理，但骨料生产系统受天气、风流、工艺设备等影响，仍然有部分粉尘悬浮于施工区域之内，甚至仍然有个别部位的粉尘浓度超过国家控制标准，所以加强个体粉尘防护是粉尘综合治理过程中最重要的一个环节。

# 12.2 噪声治理

从生物学的观点看，凡是人们不需要的，令人烦躁的声音都是噪声。从物理学的观点看，噪声是指声强和频率杂乱无章，没有规律的声音。环境噪声主要来源于交通运输、工业生产、建筑施工及社会生活。

噪声给人带来生理上和心理上的危害主要有听力损害、视力损害、心血管系统和内分泌系统损害，危害神经系统、影响睡眠、造成疲倦、影响儿童的智力发展、高强度的噪声还能够损坏建筑物。

为此，国家对工业企业场区内的噪声控制颁布了严格的设计标准《工业企业噪声控制设计标准》（GBJ 85—85），工业性企业在规划设计过程中须严格按此标准执行（见表12-8）。

表 12-8 工业企业场区内噪声控制设计标准表

| 序号 | 地 点 类 型 | | 噪声限值/[dB(A)] | 备 注 |
| --- | --- | --- | --- | --- |
| 1 | 生产车间及作业场所（工人每天连续接触噪声 8h） | | 90 | 本表所列噪声限值，均应按现行国家标准测量确定；对于工人每天接触噪声实际时间不足 8h 的场合，可按实际接触噪声时间减半噪声限值增加 3dB（A）的原则，确定其噪声限值；本表所列室内背景噪声等级，指在室内无声源发声条件下，从室外经墙、门、窗（门窗启闭状态为常规状态）传入室内的室内噪声等级 |
| 2 | 高噪声车间设置的值班室、观察室、休息室（室内背景噪声级） | 无电话通信要求时 | 75 | |
| | | 有电话通信要求时 | | |
| 3 | 精密装配线、精密加工车间的工作地点，计算机房（正常工作状态） | | 70 | |
| 4 | 车间所属办公室、实验室、设计室（室内背景噪声级） | | 70 | |
| 5 | 主控室、集中控制室、通信室、电话总机室、消防值班室（室内背景噪声级） | | 60 | |
| 6 | 长部所属办公室、会议室、设计室、中心实验室（室内背景噪声级） | | 60 | |
| 7 | 医务室、教室、哺乳室、托儿所、工人值班室（室内背景噪声级） | | 55 | |

**注** 本标准适应于工业企业的新建、改建、扩建和技术改造工程的噪声（脉冲噪声除外）的控制设计，新建、改建、扩建工程的噪声控制设计必须与主体工程设计同时进行。

水利水电施工企业的砂石生产加工系统为高能耗、高噪声的施工企业。各类型加工设备在重载运行过程产生的噪声见表 12-9。

表 12-9　　　　　　　　各类型加工设备重载运行过程中噪声表

| 设备类型 | 运行噪声/[dB（A）] | 设备类型 | 运行噪声/[dB（A）] |
|---|---|---|---|
| 旋回及圆锥破碎机 | 60～85 | 制砂棒磨机 | 80～115 |
| 颚式破碎机 | 60～85 | 振动筛 | 50～100 |
| 反击式破碎机 | 50～95 | 胶带输送机 | 20～55 |
| 冲击式破碎机 | 50～95 | 各类型给料机 | 20～85 |

由表 12-9 可见大部分砂石加工设备在重负荷运行过程中，其噪声基本上都达到或超过了《建筑施工场界环境噪声排放标准》（GB 12523—2011）所规定的限值。建筑施工场界噪声限值见表 12-10。

表 12-10　　　　　　　　建筑施工场界噪声限值（等效声级 Leg）

| 施工阶段 | 主要噪声源 | 噪声限值/[dB（A）] | |
|---|---|---|---|
| | | 昼间 | 夜间 |
| 土石方 | 推土机、挖掘机、装载机等 | 75 | 55 |
| 结构 | 混凝土搅拌机、振揭器等 | 70 | 55 |
| 打桩 | 各种打桩机 | 85 | 禁止施工 |

骨料生产系统在生产运行过程中，严格遵守《中华人民共和国噪声污染防治法》等法律法规和有关规定，积极采用先进设备、技术和管理措施降低噪声，设置隔音墙、使用减噪材料减少设备运行噪声强度、适用个体防护材料减少施工区域内运行操作人员的噪声伤害等，使施工区噪声达到《建筑施工场界环境噪声排放标准》（GB 12523—2011）的要求。

骨料生产系统控制噪声的主要途径有：①选择低噪设备，降低噪声强度；②选择合适的降噪材料，使噪声减弱；③使用隔音材料，阻断传播途径或在传播过程中减弱；④使用噪声个体防护器材。

### 12.2.1　隔音墙

声波在空气中传播时，一般用各种易吸收能量的物质或构件消耗声波的能量，使声能在传播途径中受到阻挡而不能直接通过的措施，称为隔音。其隔音原理为：如果把单层均匀密实材料的构件（忽略材料的弹性）看做是柔软的，它在受到声波激发时，构件的振幅大小就决定于构件的单位面积质量（称为面密度）、入射声波的声压和频率。构件越重、频率越高、透射波的振幅就越小，构件的隔声效果也越好。采用适当的隔声设施，能降低噪声级 20～50dB（A）。这些设施包括隔音墙、隔声罩、隔声幕和隔声屏障等。

隔音墙就是把声源或需要安静的场所，用实体墙板、密封门窗等隔声屏障封闭起来，使其与周围环境隔绝，以减少噪声传递的措施。骨料生产系统内设置的隔音墙就是在加工系统内主要设备运行监护通道、工作平台等位置以及系统外围敏感受体（学校、村庄、医院、集镇）附近设置的声屏障隔音墙设施，以有效阻隔噪声向施工场地内的监护通道和工作平台及施工场地外围敏感受体的方向传播，改善噪声环境，保护设备运行操作人员的听觉感官健康，同时减少噪声对加工系统外围敏感受体的干扰和破坏。

隔音墙一般采用混凝土板墙、砖砌体墙、铝合金以及彩钢复合棉板等结构，采用吸声、隔声相结合的复合降噪结构，通过吸声、隔声、反射等多重环节，达到良好的隔音、降噪效果。隔音墙表面形状及表面粗糙度都有一定要求，墙面一般为波浪形或孔洞型，墙面的粗糙度也一般都很大。由于声波的传播过程实质上是声源辐射声能量的传递过程，声能量随声波波阵面的扩张而衰减，波浪形面板使声波的阻隔接触面增大，从而可更好地降低噪声。空洞型墙面能使表面形成许多凸面，当声波传播遇到凸面界面，就会被分解成许多比较弱的反射声波，达到良好的降噪效果。墙面粗糙度越高，越能增加墙面的凹凸面和墙体的表面积，更能达到降噪功能和效果。

各类型隔音墙吸音、隔音效果见表 12-11。

表 12-11　　　　　　　各类型隔音墙吸音、隔音效果表　　　　　单位：dB(A)

| 序号 | 隔音墙类型 | 声屏障效果 | | |
|---|---|---|---|---|
| | | 吸声量 | 隔声量 | 反射量 |
| 1 | 混凝土板墙 | ≤5 | 10～20 | 5～8 |
| 2 | 砖砌体墙 | ≤5 | 5～15 | 5～8 |
| 3 | 铝合金 | ≤5 | ≤5 | 10～20 |
| 4 | 彩钢复合棉板 | 10～15 | 20～30 | 10～15 |

## 12.2.2　减噪材料

减少噪声发射强度是控制声环境最好的办法，骨料生产系统在生产运行过程中应尽量采用减振、降噪材料和设施，降低噪声危害，保护现场运行操作人员的听觉感官健康和安全。

砂石生产加工系统在运行过程中的减噪材料和设施主要有下列要求。

（1）采用聚氨酯筛网、耐磨橡胶内衬溜槽、密封式操作间等措施来减低噪声，保护操作工人。

（2）把噪声源用隔声罩封闭起来，降低噪声的有效传播途径；对产生振动且振动较大的机械设备设置减振机座，以降低振动产生的噪声。

（3）对能够安装消声器的设备和设施尽量安装消声装置，减少噪声强度。

# 13 调试与运行

骨料生产系统设备安装完毕后，必须经过系统全面的调试才能检验整个系统运行是否连续可靠，是否能满足设计和规范要求，为系统的投入运行做好准备。根据系统满负荷生产性试验报告，以项目质量计划作为运行施工规范，以作业指导书作为实际操作的基本依据，确定最佳的系统开机运行组合，从而确保系统的处理规模和生产能力均能够满足工程混凝土浇筑需要，确保系统生产的砂石料能满足质量要求。同时，根据进度计划和骨料级配要求，及时调整生产运行工艺，确保系统砂石料生产平衡，满足主体工程要求。

系统调试包括单机调试、联动调试。各阶段调试前，设备及其润滑、液压、冷却、气（汽）动、加热和电气控制等系统均应进行检测，确保运转正常。

单机调试应在各部件检测合格后进行，单机调试应先进行空载运行，合格后方可重载运行。

联动调试应在单机调试合格后进行。

## 13.1 准备工作

设备安装完成至调试之前的时段内，要做好设备单机调试的各项准备工作，对设备调试和试运行前进行全面检查，并充分做到人、机、物的安全、到位。

### 13.1.1 设备检查

详细检查设备的零部件装配是否正确，所有的连接螺栓是否按要求紧固，焊接部位是否牢固可靠。

检查设备的所有润滑部位，加注的润滑油量和牌号须符合设备技术文件的要求。

检查传动装置或传动皮带，联轴器或皮带轮的安装和传动带的张紧度应符合设备安装说明书的要求。

有液压润滑系统的设备，须检查液压润滑系统的所有管路连接情况，管路的连接应正确，油位和油压应达到要求，液压系统无漏油现象。

检查电动机的绝缘和电控设备，电动机绝缘应达到要求，电控柜接线应正确无误。

清除设备周围的杂物，保持场地整洁干净，设备内不得有异物。

### 13.1.2 材料准备

设备安装完毕后，安装质量符合要求，施工记录和安装资料应齐全。在设备调试前，需要编制调试、试运行大纲，大纲应包括调试程序、单机调试安排、空载联动调试、带负荷联动调试、调试结果分析、改进意见等内容。

调试现场所有必备的能源、介质、材料、工器具、检测仪器、安全防护设施及用具等均应符合试运转的要求。

所有安全保护装置如防护罩、紧急停车装置、消音器及集尘器等工作状态良好。电气系统接线正确，电气试验结果符合现行国家标准和规范要求。

### 13.1.3 人员准备

首先，要确保参加试运转的人员已掌握系统设备安全操作规程。调试大纲中明确总指挥人员和各设备、部位的负责人，做到机构完整、责任明确。

其次，在设备调试前或调试过程中，需要保持良好的通信，随时掌握各部位的运行状态。

启动设备前，在设备四周进行彻底巡查，确保人员安全。

## 13.2 单机调试

试运转需按车间部位和设备种类分步骤进行，先对电气控制部分进行模拟试验，待一切正常后方可进行机械部分试验；所有驱动部位先试电机转向和电机自身运行情况，时间为2h。确认无误后，装上传动带或联轴器，对驱动部位进行试验，时间为8h。然后进行单台空机试验，时间一般为8h，对有特殊要求的破碎设备（如圆锥式破碎机）可缩短时间。试验过程均应翔实记录。

### 13.2.1 破碎设备的调试

（1）总体要求。破碎设备主要包含旋回破碎机、圆锥破碎机、反击式破碎机、颚式破碎机、立轴式冲击破碎机、棒磨机等，其试运行应符合下列要求：

各运动部分用手或其他方式盘动时，转动应灵活；电机的转动方向，应与设备要求的转动方向相符合；齿轮副、链条与链轮啮合，应平稳、无异常声响和磨损；传动皮带不应打滑，平皮带的跑偏量不应超过设计规定；各运动部件的运转应平稳、无异常现象；衬板应无松动和异常声响；润滑、液压、气动和冷却系统工作应正常、无渗漏；滑动轴承温升不应超过35℃，最高温度不应超过70℃；滚动轴承温升不应超过45℃，最高温度不应超过90℃；液压泵进口温度不应超过60℃，且不应低于15℃。

设备空载连续运转时间应为2～4h，其中旋回破碎机应正反转各1～2h，圆锥破碎机试运转时间最长不应超过0.5h。

破碎设备的调试，应在制造厂家技术人员的指导下，按使用说明书规定进行。

（2）调试内容和步骤。调试内容主要包括：电气控制系统及仪表的调整、试验；润滑、液压、气动、冷却等系统的检查和调整、试验；皮带轮的排列校直和驱动皮带张紧力调整；机械和各系统联合调整、试验；振动开关灵敏度调整；给料筒位置的调整。

调试的步骤为先空载运行、后重载运行。

（3）空载运行。破碎机空载运行需要按照调试大纲及以上要求操作外，还需要检查以下内容：空载运行时，检查机身有无异常振动和噪声；润滑油压及回油温度是否满足要求；液压系统是否调整灵活，且有无漏油现象。

此外，还要对旋回破碎机和圆锥破碎机检查破碎圆锥是否摆动平稳、圆锥齿轮转动有无周期性噪音等；对反击式和颚式破碎机需要检测轴承温度、检查衬板螺栓紧固情况等；对立轴式破碎机检查主轴承箱温度是否正常、电机工作电流是否正常等情况。

对棒磨机设备，需要先进行无棒调试；无棒调试主要检查驱动装置安装及棒磨机运行平稳情况。期间，检查齿轮啮合间隙、调整主轴轴承配合精度。投棒调试前，在制造厂家技术人员的指导下，按使用说明书进行投棒量、棒径、棒径配比的试验。以取得理想的投棒量以及棒径配比，满足制砂产量及制砂质量要求，还需要检查传动齿轮是否有强烈的周期性或非周期性的振动和噪音。

（4）重载运行。重载运行时，主要检查和调试以下方面：

1）按设计要求调节破碎机开口（棒磨机除外），对液压系统进行调试，对连接部位螺栓进行再次拧紧。

2）给料部分调试要控制给料开口，调整振动给料器频率，以保证给料量的大小，给料均匀。

3）调节驱动装置皮带的张紧，根据破碎机运行情况，对减振器进行调整。

4）输出设备调试主要控制带式输送机调偏装置及张紧装置。

5）进行过铁保护能力的试验。

6）检测设备主电机电流有无异常、机温和油温是否正常、液压系统工作是否正常等情况。

7）通过排料口的调整，测定产品处理量、出料级配、产品质量等参数指标是否符合设备额定参数。

此外，对于立轴冲击式破碎机，还需要调整给料量或溢流量，使电机负荷正常；在该设备采用双电机时，两电机运行电流应一致，同时确定转子、破碎腔和机座内无过多积料。

对于棒磨机设备，重载运行过程中需要进行供水量的调试，调整合理的供水量。需要检查筒体各螺孔、观察孔和法兰结合面无渗漏现象；筒体两端进料均衡；同时，调试出最优运行参数，确保其产品质量、产量满足要求。

### 13.2.2 带式输送机的调试

带式输送机的调试内容包括：电气控制系统及仪表的调整、试验；输送带跑偏调整；拉紧装置调整；安全连锁保护装置调试。

调试步骤为空载运行和重载运行。

空载试运行期间，检测输送带运行带速、驱动装置有无异常振动、观察滚筒是否打滑、动力张紧是否适中；输送带运行无卡阻现象，跑偏量不超过带宽的 0.05 倍；空载运行的时间不应小于 1h，且不应小于 2 个循环。

重载运行期间，应按照有关规定将负荷逐渐按设计负荷的 $50\% \rightarrow 75\% \rightarrow 100\%$ 增加到额定设计值负荷；在额定设计负荷下连续运转时间不小于 1h，且不应小于 2 个循环；同时，观察和记录各运动部分是否平稳，负荷运行时辊轴应当全部转动；清扫器效果好、性能稳定，刮板或清扫器的刮板与输送带的接触均匀，其调节行程大于 20mm。料斗和导料槽使用过程中，保证输送机在满负荷运转时不出现堵塞和撒料现象；其余如跑偏量、安全连锁保护装置等运行情况与空载运行检测要求相同。

重载运行期间，再次检查输送带运行带速，并测量输送带输送能力，达到设计要求后，观察相应部件的运行情况是否正常。

如在重载运行时清扫器与输送带接触不均匀或刮板效果差时，则应立即整改、纠正。

如有堵塞或撒料现象，则需调整给料、卸料装置。

### 13.2.3 振动筛的调试

振动筛的调试内容主要包括：润滑系统检查；对润滑部分按图纸要求加油；电气控制系统及仪表的调整、试验；需要检查电动机正反转情况；激振器及周边固定设施的检查。

振动筛的调试步骤包括空载运行和重载运行。

空载运行时，启动平稳、迅速、无明显横向摆动；筛机与周边固定设施无干涉现象；轴承温度正常、电机转向正确；空载试车注意观察测量振动筛振幅，在其左右侧筛墙板做标记进行测量。如发现两侧振幅不同，则进行调整。仔细听传动部位声音，判断内部有无异物及卡阻现象。手感传动部位温升，感受其温升情况。

空载试车4h无异常后，即启动重载运行。重载运行要观察第一层筛面落料点情况、料流情况及设备运行情况。进行骨料超逊径试验及脱水效果试验，分析骨料质量与筛网网孔的关系，选择满足骨料质量的网孔。同时也要进行给料量的调整，检测筛分能力是否满足设计要求。

### 13.2.4 电气调试

电气与调试主要内容包括：变压器的检查；二次回路调试；仪表、继电器调试；电缆试验和电机试验等。

在电气调试前，需要对上述内容进行全面检查，确保所有试验均合格后方可投入运行。调试过程中，主要对各部件运作的检查。调试内容还可包括：按工艺要求选择生产线设备进行程控连锁或手动来启动与停机；满足开机条件时自动预警后，转程控连锁开机，遇故障自动中止结束直至现场故障复位，系统继续投入运行；系统设置示警电铃和事故电笛音响以及灯光指示（工作电源、系统运行状态、故障等）。音响消音由操作站或集控站操作，故障音响消音后故障指示仍然保持直至故障消除。调试步骤为：静态调试→单机空载调试→空载联动调试→重载联动调试。

1）静态调试。主要包括：控制回路和系统软件运行正确；初步设定设备连锁运行的启/停配合时间；元器件动作正确；信号反馈及报警功能正常。

2）单机空载调试。主要包括：电机旋转方向正确；设备运转正常，无异常振动与声响；紧固连接部位无松动；电机轴承温度正常、电压及空载电流等仪表指示正常。

3）空载联动调试。主要包括：配电及电控设备运行正常，无异常声响；信号反馈及报警功能正常；连锁、制动控制灵敏可靠；仪表指示正常；导体连接部位无松动、过热现象；电机运转平稳；调整连锁运行的启/停配合时间，调整和完善控制系统软件。大负荷设备应先进行分时交错启动，以降低电源启动容量，待启动完成后接入联动系统。

4）重载联动调试。重载联动调试主要检查电动机、配电及电控设备运行正常，无功补偿满足设计要求，电缆运行无发热现象。

根据系统重载运行情况，进一步确定最佳连锁运行的启/停配合时间，调整和完善控制系统软件，确保电气控制系统在各种工况下均能达到设计所要求的功能。

## 13.3　联动调试

骨料生产系统待设备空载和重载单机调试完毕，并完成了各项问题的调整后，还必须检查设备的各结合部位，拧紧连接螺栓，做好联动调试准备。

联动调试可分为子系统联动、全系统空载试运行、全系统重载试运行调试三个步骤，每个步骤都应在调试合格后方可进行下个步骤的调试。

（1）子系统联动。子系统联动应保证系统"逆料流"开机，"顺料流"停机。通过子系统联动，检查子系统开、停机顺序及设备空负荷运行情况。

（2）全系统空载试运行。全系统空载试运行一般进行24h。试运行应做好详细的运行参数记录，并做好必要的调整工作。试运行结束后应立即切断动力，进行必要的放气、排水、排污、卸压、精度复查、重紧固、清洁等工作。

（3）全系统重载试运行。重载试运行一般累计达72h。它既要求系统联动生产，又要使系统内任一子系统单独运行。系统运行要保证正确的开机顺序、信号统一、制动可靠，各设备产量满足设计要求。满负荷试运行对所有设备运行状况、生产能力、运行参数，对中间产品及成品的质量状况、成品的级配与级配调节情况、筛分分级情况，对电气设备、供水处理、计量设备等做全面的测试。

### 13.3.1　联动调试目标

联动调试目标为：所有生产设备运行稳定可靠；供配电与电气控制系统运行正常；给排水系统、废水处理系统、除尘系统满足设计及环保要求；系统生产规模（含车间处理能力）及成品砂石骨料级配满足设计要求；成品砂石骨料的质量符合规范要求。

### 13.3.2　联动调试内容

单机调试完成后，先分片区（车间）空载联动，再进行系统空载联动，检验系统控制逻辑是否符合要求。

确认空载联动无问题后，才能进行重载联动，重载联动采用逐步加载的方式进行，可按照设计处理能力的35%→70%→100%逐步增加荷载。

重载联动期间重点检查：各带式输送机是否运行平稳，有无撒料，驱动装置是否运行正常；各卸料点有无卡堵现象，卸料位置是否合适；各设备间配合时间是否合适；检查各指示仪表数据和各电器元件工作状况是否正常，导体连接点是否有松动、发热和其他异常情况，电动机负载电流是否正常；设备及其润滑、液压、冷却、气（汽）动、加热等系统是否正常工作。

重载试运行累计时间不得少于72h。此间，需要进行生产性试验，形成试验报告，并检测成品骨料级配、成品产量和质量是否达到设计要求。调整破碎机运行参数、系统开机组合、冲洗给水量等工艺参数。

# 13.4　系统运行

系统运行主要是做好系统生产组织管理工作，以确保系统的处理规模和生产能力均能够满足工程混凝土浇筑需要，确保系统生产的砂石料满足质量要求，确保系统运行始终处于正常状态。系统生产组织管理工作主要包括编制系统运行管理工作大纲，进行生产运行人员培训工作，做好设备的管理工作，做好砂石骨料质量监控工作，做好系统的安全文明施工工作等。

（1）系统在正式运行之前，应组织有关人员认真编写系统运行管理工作大纲。系统运行管理工作大纲主要包括运行管理工作内容，工作责任、管理计划和作业指导书等。管理计划就是根据生产性试验报告，确定最佳的系统开机组合，根据进度计划和砂石级配要求，及时调整生产运行工艺，确保系统砂石料生产平衡，满足主体工程要求。作业指导书主要指毛料开采、粗碎加工、筛分冲洗、中碎、细碎和立轴式破碎生产、制砂作业、砂石质量检测等重要作业工序要求。

（2）为了确保系统运行安全、可靠、连续、稳定，需要配置数量和业务素质均能满足系统生产运行要求的生产运行人员。需要组织生产运行管理人员认真阅读工艺设计图和设计说明书，设备运行说明书，摸清工艺流程，掌握设备性能等参数，要求运行人员必须持证上岗，技术人员必须取得相应的资格证书。对各类设备的操作、维护、保养、管理等人员进行认真培训。同时，视设备运行情况，不定期地邀请厂家技术人员进行技术咨询和讲座，培训的主要内容有设备性能、安装手册、维护保养要求、运行操作规程等。

（3）系统配备的设备台套较多，为了让设备高效运行，必须切实加强设备的管理，建立完善的设备管理制度，制定一系列的设备管理办法。包括设备采购控制程序、作业指导书、设备运行操作规程、设备维修、保养操作规程、设备大修管理办法、设备事故处理办法等，备品配件的库存数量维持科学合理的水平，切实保证设备的完好率和利用率。

（4）混凝土骨料是混凝土工程的主要原材料，其成品质量直接影响混凝土的性能和质量。为确保系统生产的骨料质量满足工程的需要，系统应建立健全质量保证体系，制订质量管理制度，实施全员参与的全面质量管理，严格执行质量检查制度，加强生产过程的质量控制和试验检测，做好成品砂石骨料的储存防护工作。

（5）在生产运行期间，对噪声、扬尘、振动、废水、废气和固体废弃物进行全面控制，最大限度地减少施工活动给周围环境造成的不利影响。对于现场的安全文明运行、安全考评、人员教育、防尘工作、设备检修等方面均进行详细的规定，做到执行管理时有章可依，违章必纠，执章必严。推行先进的安全管理经验，规定班前五分钟活动、危险预知活动、安全技术交底等制度。推行班组建设，确保安全活动的有效实施。制定环境保护管理目标，建立环境保护保证体系。

（6）计算机自动化管理代替常规的继电器工业过程控制系统，使系统设备的运行、维护管理变为实时动态管理，从而为保证生产设备的正常运转、降低生产成本提供重要的依据，也使企业的管理达到一个新的高度。运行过程中最大程度实现全自动化控制，通过对生产设备运行状态的监测和统计，调整、优化生产过程，提高运行维护水平，减少事故停机造成的损失，降低能耗，降低安全风险和运行成本。

（7）系统运行过程中要结合工程的特点和关键技术问题，开展科技攻关活动。大力推广使用新技术、新材料和新工艺，努力降低成本，提高生产效率，提高产品质量，使人工骨料生产的技术水平更快更好地发展。

# 14 质 量 控 制

## 14.1 质量指标

骨料生产中，须对产品的质量进行控制和检测。砂石骨料质量应符合国家和行业相关标准、规范、规程的要求。

### 14.1.1 细骨料的质量要求

（1）细骨料应质地坚硬、清洁、级配良好；人工细骨料的细度模数宜在 2.4～2.8 范围内，天然砂的细度模数宜在 2.2～3.0 范围内。使用山砂、粗砂、特细砂应经过试验论证。

（2）细骨料在开采过程中应定期或按一定开采数量进行碱活性检验，有潜在危害时，应采取相应措施，并经专门试验论证。

（3）细骨料的含水率应保持稳定，人工细骨料表面含水率不宜超过 6%，必要时应采取加速脱水措施。

（4）细骨料的其他质量要求应符合表 14-1 的规定。

表 14-1　　　　　　　　　　细骨料的其他质量要求表

| 项　　目 | | 指标 | | 备　　注 |
| --- | --- | --- | --- | --- |
| | | 天然砂 | 人工砂 | |
| 石粉含量/% | 常态混凝土 | — | 6～18 | |
| | 碾压混凝土 | — | 12～22 | |
| 含泥量/% | ≥$C_{90}$30 和抗冻要求的 | ≤3 | | |
| | <$C_{90}$30 | ≤5 | | |
| 泥块含量 | | 不允许 | 不允许 | |
| 坚固性/% | 有抗冻要求的混凝土 | ≤8 | ≤8 | |
| | 无抗冻要求的混凝土 | ≤10 | ≤10 | |
| 表观密度/(kg/m³) | | ≥2500 | ≥2500 | |
| 硫化物及硫酸盐含量/% | | ≤1 | ≤1 | 折算成 $SO_3$，按质量计 |
| 有机质含量 | | 浅于标准色 | 不允许 | |
| 云母含量/% | | ≤2 | ≤2 | |
| 轻物质含量/% | | ≤1 | — | |

### 14.1.2 粗骨料（碎石、卵石）的质量要求

（1）粗骨料的最大粒径：不应超过钢筋净间距的 2/3、构件断面最小边长的 1/4、素

混凝土板厚的1/2。对少筋或无筋混凝土结构，应选用较大的粗骨料粒径。

（2）施工中，宜将粗骨料按粒径分成下列几种粒径组合：

1）当最大粒径为40mm时，分成$D_{20}$、$D_{40}$两级。

2）当最大粒径为80mm时，分成$D_{20}$、$D_{40}$、$D_{80}$三级。

3）当最大粒径为150（120）mm时，分成$D_{20}$、$D_{40}$、$D_{80}$、$D_{150}$（$D_{120}$）四级。

（3）应控制各级骨料的超、逊径含量。以圆孔筛检验，其控制标准：超径小于5%，逊径小于10%。当以超、逊径筛检验时，其控制标准：超径为零，逊径小于2%。

（4）采用连续级配或间断级配，应由试验确定。

（5）各级骨料应避免分离。$D_{20}$、$D_{40}$、$D_{80}$、$D_{150}$（$D_{120}$）分别用中径筛（10mm、30mm、60mm或115mm）方孔筛检测的筛余量应在40%～70%范围内。

（6）如使用含有活性骨料、黄锈和钙质结核等粗骨料，必须进行专门试验论证。

（7）粗骨料表面应洁净，如有裹粉、裹泥或被污染等应清除。

（8）粗骨料的压碎指标值宜符合表14-2的规定。

（9）粗骨料的其他质量要求应符合表14-3的规定。

表14-2　　粗骨料的压碎指标表

| 骨 料 种 类 | | 不同混凝土强度等级的压碎指标值/% | |
| --- | --- | --- | --- |
| | | $C_{90}55$～$C_{90}40$ | ≤$C_{90}35$ |
| 碎石 | 水成岩 | ≤10 | ≤16 |
| | 变质岩或深成的火成岩 | ≤12 | ≤20 |
| | 火成岩 | ≤13 | ≤30 |
| 卵石 | | ≤12 | ≤16 |

表14-3　　粗骨料的其他质量要求表

| 项　目 | | 指　标 | 备　　注 |
| --- | --- | --- | --- |
| 含泥量/% | $D_{20}$、$D_{40}$粒径级 | ≤1 | |
| | $D_{80}$、$D_{150}$（$D_{120}$） | ≤0.5 | |
| 泥块含量 | | 不允许 | |
| 坚固性/% | 有抗冻要求的混凝土 | ≤5 | |
| | 无抗冻要求的混凝土 | ≤12 | |
| 表观密度/（kg/m³） | | ≥2500 | |
| 硫化物及硫酸盐含量/% | | ≤0.5 | 折算成$SO_3$，按质量计 |
| 有机质含量 | | 浅于标准色 | 如深于标准色，应进行混凝土强度对比试验，抗压强度比不应低于0.95 |
| 吸水率/% | | ≤2.5 | |
| 针片状颗粒含量/% | | ≤15 | 经试验论证，可放宽至25% |

## 14.2 质量控制

在水工混凝土中，按体积计砂石骨料约占 80%～85%，按重量计约占 85%～90%，由此可见砂石骨料的质量直接影响着混凝土的质量，砂石骨料质量控制是混凝土质量控制的基础。成品砂石骨料的质量，首先决定于原料岩石的性质，但原料中软弱颗粒含量的质量控制和生产加工过程质量控制对混凝土的性能也有重大影响，且在一定程度上影响混凝土的水泥用量。

### 14.2.1 砂石原料的质量控制

砂石原料的质量首先取决于岩石性质，一般避免采用含有碱活性原料，另外必须严格控制原料中软弱颗粒的含量。

凡采用砂岩等岩性变化大的原料生产人工砂石料时必须通过实验，取得可靠的资料。对于转运次数多、抛落高度大的系统，一般应做石料磨耗实验。在符合质量要求的条件下，应选取可碎（磨）性好、磨蚀性低、粒型好、比重大、弹性模量和热膨胀系数小的岩石。不同类型的岩石，具有不同的特性，岩石标本取自不同的国家，不同的采场或同一采场探洞，但不同深度的同一岩类两个标本，有时也有不完全相同的特性。岩石性质极大地影响着破碎设备的选用，影响着人工砂石料产品的质量和成本。因此，在大中型水电站工程中，选用人工砂石料原料时必须细致地分析了解岩石性质，并通过小型试验、试验室试验，甚至组合性的半工业性试验来鉴定岩石性质对设备及混凝土的影响，然后经过技术经济比较，做出最终的合理选择。

软弱颗粒的含量对一般内部混凝土不应超过 15%，对外部和有抗磨要求的混凝土不应超过 5%。过量的软弱颗粒对混凝土的强度、抗磨和耐久性有明显的影响。由于软弱颗粒处理工艺复杂，费用较高。因此，一般通常在料源源头采用人工控制，主要是肉眼分析判断。一般工程以弱风化带下部作为料场无用层与有用层的分界线，将料场无用层作为弃料。另外合理组织采石场施工，采用先剥离无用层，后开采有用岩石的开采程序，达到减少软弱颗粒含量的目的。而对于岩石强度与吸水率的大小变化与岩石埋藏深度关系不太明显，没有明显的强弱风化层之分，出露岩性和深埋岩性接近，采石场的质量控制主要是对溶洞和夹泥层地带含泥量的控制。如光照水电站基地料场采石场，工程区岩溶中等发育或强发育，其粒径为 0.5～2cm 的小晶孔、小溶孔特别发育，白云岩多溶蚀风化呈砂状。在有用层中分布断层、挤压面、岩溶等软弱夹层，在采料过程中就采用了预先剔除方法。又如阿海水电站新源沟骨料生产系统采石场，据地质测绘和勘探揭露，灰岩喀斯特弱—中等程度发育，溶洞、溶蚀裂隙、溶孔、溶穴多处有分布，在开采过程中也是预先弃除。有些工程也采用高压水冲洗的方法，以使软弱颗粒含量满足砂石料质量要求。

### 14.2.2 砂石料生产过程的质量控制

砂石料作为混凝土骨料的主要组成部分，其含泥量，针片状颗粒含量、超逊径含量、成品砂细度模数、石粉含量和含水率直接影响混凝土的质量。除在生产过程中必须严格遵守操作规程外，尚须采取各种工艺措施，尽可能防止各种质量问题的出现。

（1）含泥量的控制。人工砂石料生产工艺一般不会产生泥块，主要是对砂石料含泥量的控制。主要采用源头控制、系统加工工艺控制及生产组织管理控制三个手段。

1）源头控制主要是合理组织料场施工。按照先覆盖层的剥离、后毛料的开采顺序；严格区分覆盖层和毛料界限。每个爆块开采前，严格审查爆破设计方案，对爆破的岩石等级、地质情况进行严格鉴定；毛料区与剥离料区设立明显的开挖区分标志；在采挖毛料部位，特别是毛料与覆盖层剥离分界部位，质检人员跟踪检查；采石场作业采用挂牌作业制度，挖、装、运设备全部挂牌，以示区分毛料和覆盖土。将覆盖土作为弃料，为系统工艺控制打下坚实的基础。

2）系统加工工艺控制分干式生产工艺和湿式生产工艺控制。①干式生产工艺中，在粗骨料进仓前设置冲洗车间，可以有效地降低入仓骨料的含泥量。此工艺在光照水电站骨料生产系统、金安桥水电站骨料生产系统、阿海水电站新源沟骨料生产系统、梨园水电站骨料生产系统等都得到了广泛的应用。但是对于原料风化层较厚的石灰岩采用此办法很难满足骨料的含泥量要求。阿海水电站新源沟骨料生产系统成品砂加工料源为新源沟料场开采的石灰岩，原料风化层较厚，极易破碎，爆破后产生大量的粉状物。为此，该系统在粗碎车间增加了毛料分选车间，将粗碎棒条给料机的筛下物进行筛分处理，小于5mm的颗粒全部作为弃渣，5mm以上的物料与粗碎破碎后的物料混合进入半成品料仓，这样就有效地降低了成品骨料含泥量。②在湿式生产工艺中，通常采用设计多级冲洗机，并设置专门的清洗设备进行处理就可达到要求，即将0～40mm岩石全部进入洗泥机，这样大部分泥屑和黏土随水一起进入废水，有效保证骨料含泥量达标，另外在产砂设备底部配置洗砂机和脱水筛，成品砂经过洗涤脱水后含泥量就地控制在有效的范围内。

3）生产组织管理控制措施是主要禁止无关设备和人员进入成品料堆场，进入堆场的设备要冲洗干净；堆料场地面平整，并有适当的坡度和截排水设施，防止外来污水进入；对于大型堆料场，地面有粒径40～150mm的干净料、压实的石料垫层做护面；成品料尽量及时周转使用，成品料不可堆放过多、过久，因为时间一长，如果骨料原料的化学稳定性较差，或可能由于雨水、阳光和空气的作用而风化。

（2）针片状颗粒含量的质量控制。人工粗骨料针片状含量的质量控制首先取决于料源本身，其次是在生产过程中主要通过设备的选型和生产工艺上调节进料的块度等控制手段。

1）由于各种岩石的矿物成分、结构和构造的不同，岩石破碎后的粒形和级配也不尽相同。质地坚硬的石英砂岩及各种浸入火成岩粒形最差，针片状含量多，而中等硬度的石灰岩、白云质灰岩针片状含量较少。

2）通过大量的实验，发现不同的破碎机产生针片状含量效果不同。因此，设备的选型是对针片状含量的主要控制手段。颚式破碎机比旋回及圆锥破碎机生产的粗骨料的针片状含量略高。反击式或锤式破碎机生产的粗骨料的针片状含量显著降低。在五强溪水电工程开采的石英岩、石英砂岩块状构造，颗粒状结构，一般为硅质胶结，主要矿物成分为石英（$SiO_2$），无节理，因而质坚性脆。通过实验证明：用圆锥式破碎机破碎时粉碎状成分多，而且骨料中针片状颗粒含量较低；用锤式破碎机或反击式破碎机破碎时，骨料粒形相对较好。在五强溪水电工程人工骨料生产系统采用进口APK－40反击式破碎机调整中小石的粒形，效果良好；构皮滩、重庆彭水、银盘等水电工程采用进口大型反击式破碎机作粗碎，产品粒形好，砂石生产成本相应较低。在三峡水利枢纽工程下岸溪人工砂石生产系统采用高性能的 HP 圆锥破碎机作中细碎，与同规格的传统破碎机相比，处理能力大近 3 倍，产品中针片状含量少 $60\%\sim70\%$，破碎性能更加优越。因此，为了有效地控制针片状含量，对于易产生针片状的岩石，尽量选用旋回破碎机、圆锥破碎机和反击式破碎机，一般不用颚式破碎机。

3）粗碎的针片状含量大于中碎，中碎的针片状含量又大于细碎。为改善骨料粒形，在生产工艺上应尽量减小粗碎前的块度，尽量利用粗碎及中碎后的小石及中石制砂，利用细碎后的中小石作为粗骨料的成品，可有效地控制针片状含量。

（3）超逊径的控制。破碎、分离和混料是引起骨料超逊径的主要原因。

成品骨料从筛洗楼出来后，一般要经历多个运转环节，才能够进入搅拌机。即使是非常坚硬的岩石，运转破碎也在所难免。有的石块由于碰撞而破裂成几块，有的在辗转研磨中棱角剥落，表面磨光，自身粒径减少成为逊径料，并产生了石屑和石粉。根据丹江口工程对单块岩石所作的抛落试验，自由落差 5m 时的破碎率达 $10\%\sim30\%$；当落差超过 10m 时，其破碎率达 $20\%\sim40\%$。二次破碎是引起逊径的主要原因。由于破碎和逊径改变了骨料的实际级配、空隙率和比表面积，从而影响到混凝土的工艺性能。

1）减少二次破碎的简单有效方法是简化骨料生产系统生产工艺，减少转运堆存环节。此外，在工艺设计和生产中还要采取下列措施：①在一切转运环节都要尽量减少骨料自由降落高度，避免骨料急剧改向和坚硬物件的直接碰撞。我国大型水电工程中，以前大都采用摇臂堆料机。因为该机的悬臂堆料胶带机倾角可变且能回转，可以随料层的高度变化调整抛料点，紧贴着料面抛料，自由落差小，破碎大为减轻。当然，这种设备的结构比较复杂，价格较高。②如果卸料点是固定的，自由落差超过 5m 时，大于 40mm 的粗骨料大都采用缓降器，以便让骨料多次转折或沿斜面滑下，降低碰撞速度，减少破裂。但碰撞次数增加，辗转研磨的作用增强，剥落性的破碎和骨料分离可能会有所恶化。③生产中不宜将储仓和堆料场内的骨料卸空后再装料，以免自落高度过大或直接撞击仓壁引起物料破碎。骨料通过溜槽进入胶带机和其他设备时，应力求料流方向和胶带机运动方向一致，避免急剧改变流向和石料间相互碰撞。如果料块较大而又夹有细料时，则可在进料槽的底部开些小孔，以便细料先漏下作为铺底，形成一个缓冲的底层，这样既保护了胶带，又减少了破碎。④采用孔径略大的筛网，有意识地增多超径石含量，以补偿由于破碎引起的大颗粒含量的减少。

2）一个粒径级的骨料，在堆存和转运过程中，保持粗细料分布均匀，避免分离是不易的。例如，胶带机卸料时，粗骨料一般抛得较远，细骨料抛得近；骨料沿溜槽或锥行斜面滚落时，粗料的滚动速度大，常先滚到坡脚，细料的阻力大，速度慢，落在粗料的后面或停留在坡顶。减少骨料分离的一般可采取下列措施：①中心落料，无论从胶带机机头抛料还是溜槽滚落，都要求把料集中到一个漏口并有一段竖直的溜管，以保证骨料从中心竖直下落；②尽量采用成层堆放，避免一次堆成圆锥形；③如果从地弄取料，最好同时从几个（例如三个以上）料口取料。这样分离了的粒径也因同时取料而得到补偿。

3）混料主要是由于挡墙、料仓分隔不好，溜槽、筛网损坏，运载工具和料仓卸料清仓不干净引起的。减少混料可采取下列措施：①经常做好设备和设施的维修工作，避免发生混料；②各级骨料仓应设置隔料墙，隔料墙应有足够高度和强度，并应避开强风；③避免泥土和其他杂物混入骨料中。

（4）石粉含量的控制。石粉含量是成品砂的重要质量指标之一。干法制砂工艺中人工砂中的石粉含量一般较高，能满足质量标准要求。采用湿式生产人工砂，石粉流失量较大，需要回收部分石粉，以满足砂石料石粉含量的要求。

干法制砂工艺中人工砂中的石粉含量一般较高，能满足质量标准要求。也有发现存在石粉含量大于标准的情况，这时应考虑部分湿式生产，洗去部分石粉或选用风机吸尘器设备吸出部分石粉，以满足标准要求。目前一种三分离选粉机成功用于锦屏一级水电站，试验结果取得了良好的效果。阿海水电站新源沟骨料生产系统也安装了4台三分离选粉机去掉成品砂多余的石粉。

湿法制砂工艺中人工砂中的石粉含量一般较低，大多数工程均要求回收部分石粉，以满足工程需要。水电工程人工砂中的石粉回收主要有机械回收方式和人工回收方式两种。在大型人工砂石料生产规模中，或场地狭窄的工程，工艺上需设计石粉回收车间（或称细砂回收车间），即将筛分车间和制砂车间螺旋分级机溢流水中带走的石粉通过集流池，再回收利用。目前，选用旋流真空脱水设备较多。在小型人工砂石料生产规模中，或场地宽敞的工程，也采用人工回收方式，来控制人工砂中的石粉含量，即对生产过程中洗砂机排放溢流水进行自然存放脱水，自然存放脱水后的细砂可以用装载机配合自卸汽车运输进行添加。为了有效地控制石粉含量，常采取下列措施：

1）通过不断试验，确定和有效控制石粉的添加量。

2）在石粉添加斗的斗壁附有震动器，斗下安装一台螺旋分级机，通过螺旋分级机均匀地添加到成品砂入仓胶带机上，使石粉得到均匀混合。

3）废水处理车间尽量靠近成品砂胶带机，能用胶带机顺利转运，经压滤机干化后的石粉干饼经双辊破碎机加工松散粉末状，防止石粉成团。

4）在施工总布置中要考虑一个石粉堆存场，堆存场既可以调节添加量，又可以通过自然脱水降低含水率，在一定程度上调节成品砂的含水率。

（5）成品砂细度模数的控制。成品砂细度模数是成品砂质量控制的一个难点和重点，主要控制手段是依靠棒磨机和细砂回收工艺进行调节。

在湿式生产时，一般配置棒磨机制砂，人工砂的细度模数控制工艺取决于棒磨机和细砂回收工艺。

在干式生产时，其小于0.16mm颗粒的含量已存在砂中，无需考虑回收细颗粒。在成品砂的质量控制中，一方面处理立轴破碎制砂与经多级破碎后的粗砂，其细度模数偏大问题，在工艺上去掉部分3～5mm的粗颗粒，使其自身的细度得到控制；另一方面着重分离0～0.16mm微粒的含量，以保证控制成品砂细度模数，为了有效地控制成品砂细度模数常采取下列措施：

1）通过实验测试砂的细度模数，使成品砂细度模数控制在规定的范围内。

2）若发现细度模数偏大，颗粒级配偏差，应调整棒磨机进料粒径，进料量、装棒量等或调整筛分楼的开机组数，调整生产量。

3）调整筛分楼的筛网直径，也可以调整颗粒级配和细度模数。

4）配备超细碎车间进行粗砂整形，可有效调整砂的细度模数和级配组成。

（6）成品砂含水率的控制。成品砂脱水是人工砂石生产质量控制的难题。为了使含水率降低到规定范围内且稳定，目前大型工程主要采取了机械脱水方式；中小型工程采用自然脱水为主；另外在生产中必须严格遵守操作规程，对堆料砂仓进行合理的改造和堆存也可以有效控制人工砂含水率。一般采取下列措施：

1）一般系统工艺中首先应采用机械脱掉砂中大部分水分。目前采用最多的是振动筛脱水工艺，经直线脱水筛脱水后的砂，能将原含水率20%～23%的砂脱到14%～17%；也有采用有脱水效果好投资费用相应大的真空脱水和离心脱水。

2）采用湿法生产工艺时，成品砂仓应设不小于3个小仓，以满足脱水要求。

3）干法人工砂和脱水筛的人工砂混合进入成品砂仓，可降低砂的含水率。

4）在成品砂仓顶部搭设防雨棚，砂仓底部浇筑混凝土地板和盲沟排水设施。每仓放完料后对盲沟进行一次清理，加快自然脱水时间，也可有效降低成品砂含水量。

# 14.3 质量检验

## 14.3.1 质量验收

成品砂石料应按不同产地不同规格分批进行验收。

采用大型工具（如火车、货船或汽车）运输的，应以400m³或600t为一验收批次；采用小型工具（如拖拉机）运输的，应以200m³或300t为一验收批次；不足上述量者，应按一验收批次进行验收。当砂或石的质量比较稳定、用料量又较大时，可以1000t为一验收批次。

每验收批次砂石至少应进行颗粒级配、含泥量、泥块含量检验。对于碎石或卵石，还应检验针片状颗粒含量；对于海砂或有氯离子污染的砂，还应检验氯离子含量；对于海砂，还应检验贝壳含量；对于人工砂及混合砂，还应检验石粉含量；对于重要工程或特殊工程，应根据工程要求增加检测项目。对其他指标的合格性有怀疑时，应予检验。

对于长期处于潮湿环境的重要混凝土结构所用的砂、石应进行碱活性检验。进行碱活性检验时，首先应采用岩相法检验碱活性骨料的品种、类型和数量。当检验出骨料中含有活性二氧化硅时，应采用快速砂浆棒法和砂浆长度法进行碱活性检验；当检验出骨料中含有活性炭酸盐时，应采用岩石柱法进行碱活性检验。

## 14.3.2 质量检测

质量检测采用随机抽样检测的办法，即从各类产品中取出的一部分试样进行检测。试样应具备进行该种试验所必需的重量，它既要反映一定的精确度，又应具有代表性。

（1）取样方法。取样的方法有三种，即从料堆上取样、从皮带运输机上取样和从火车、汽车、货船上取样。从料堆上取样时，取样部位应均匀分布。取样前应先将取样部位表层铲除，然后由各部位抽取大致相等的砂8份，石子为16份，组成各自一组样品；从皮带运输机上取样时，应在皮带机机尾的出料处用接料器定时抽取砂4份、石子8份组成各自一组样品；从火车、汽车、货船上取样时，应从不同部位和深度抽取大致相等的砂 8 份，石子 16 份组成各自一组样品。

（2）取样数量。对于每一单项检验项目，砂、石子的每组样品取样数量应分别满足表 14-4 和表 14-5 的规定。当需要做多项检验时，可在确保样品经一项试验后不致影响其他试验结果的前提下，用同组样品进行多项不同的试验。

**表 14-4　　　　　　　　　　每一单项检验项目所需砂的最少取样质量表**

| 检 验 项 目 | 最少取样质量 |
|---|---|
| 筛分分析 | 4400g |
| 表观密度 | 2600g |
| 吸水率 | 4000g |
| 容重 | 5000g |
| 含水率 | 1000g |
| 含泥量 | 4400g |
| 泥块含量 | 20000g |
| 石粉含量 | 1600g |
| 人工砂压碎值指标 | 按公称粒级 5.00～2.50mm；2.50～1.25mm；<br>1.25～630$\mu$m；630～315$\mu$m；315～160$\mu$m 每个粒径各需 100g |
| 有机物含量 | 2000g |
| 云母含量 | 600g |
| 轻物质含量 | 3200g |
| 坚固性 | 按公称粒级 5.00～2.50mm；2.50～1.25mm；1.25～630$\mu$m；<br>630～315$\mu$m；315～160$\mu$m 每个粒径各需 100g |
| 硫化物及硫酸盐含量 | 50g |
| 氯离子含量 | 2000g |
| 贝壳含量 | 10000g |
| 碱活性 | 20000g |

**表 14-5　　　　　　　每一单项检验项目所需碎石或卵石的最小取样质量表　　　　　　单位：kg**

| 试验项目 | 最大公称粒径/mm | | | | | | | |
|---|---|---|---|---|---|---|---|---|
| | 10.0 | 16.0 | 20.0 | 25.0 | 31.5 | 40.0 | 63.0 | 80.0 |
| 筛分分析 | 8 | 15 | 16 | 20 | 25 | 32 | 50 | 64 |
| 表观密度 | 8 | 8 | 8 | 8 | 12 | 16 | 24 | 24 |
| 含水率 | 2 | 2 | 2 | 2 | 3 | 3 | 4 | 6 |
| 吸水率 | 8 | 8 | 16 | 16 | 16 | 24 | 24 | 32 |
| 容重 | 40 | 40 | 40 | 40 | 40 | 80 | 120 | 120 |
| 含泥量 | 8 | 8 | 24 | 24 | 24 | 40 | 80 | 80 |
| 泥块含量 | 8 | 8 | 24 | 24 | 24 | 40 | 80 | 80 |
| 针片状含量 | 1.2 | 4.0 | 8.0 | 12.0 | 12.0 | 40.0 | — | — |
| 硫化物及硫酸盐 | 1.0 | | | | | | | |

1）取样样品。取样样品应妥善包装，避免细料散失，防止污染，并附样品卡片，标明样品的编号、取样时间、代表数量、产地、样品量、要求检验项目及取样方式等。

2）试样加工。试样的加工采用样品缩分方法进行试样加工。

A. 砂的样品加工缩分方法又分为用分料器缩分和人工四分法缩分两种。所谓用分料器缩分方法是将样品在潮湿状态下拌和均匀，然后将其通过分料器，留下两个接料斗中的一份，并将另一份再次通过分料器。重复上述过程，直至把样品缩分到试验所需量为止。人工四分法缩分是将样品置于平板上，在潮湿状态下拌和均匀，并堆成厚度约为20mm的圆饼状，然后沿相互垂直的两条直线把圆饼分成大致相等的四份，取去其对角的两份重新拌匀，再堆成圆饼状，重复上述过程过程，直至把样品缩分后的材料量略多于进行试验所需量为止。

B. 碎石或卵石缩分方法是将样品置于平板上，在自然状态下拌均匀，并堆成锥体，然后沿互相垂直的两条直径把锥体分成大致相等的四份，取其对角的两份重新拌匀，再堆成锥体。重复上述过程，直至把样品缩分至试验所需量为止。

C. 砂、碎石或卵石的含水率、堆积密度、紧密密度检验所用的试样，可不经缩分，拌匀后直接进行试验。

### 14.3.3 质量检测操作规程

（1）质量检测应严格按照《普通混凝土用砂、石质量及检验方法标准》（JGJ 52—2006）、《水工混凝土施工规范》（DL/T 5144—2001）等有关规定进行。

（2）在检测前试验操作人员应对有关的仪器、设备进行检查，重点检查砂细度模数检测用的振筛机工作时是否异响，摇摆、跳振是否正常，粗骨料超逊径检测用筛网有无破损，并做好设备运行记录，仪器设备在使用前应用软毛刷或干净毛巾将表面灰尘擦净后才能进行检测操作。

（3）检测前应认真阅读样品标识，对标识不清楚或对样品有疑异时先查明再进行检测，并做好记录。

（4）检测所用的水必须洁净，不含任何杂物，检测中水温度变化不得超过2℃。检测操作时，室温应控制在20℃±5℃，且室内清洁无明显灰尘。

（5）同一组试样均需做两次平行检测，取其检测值的平均值作为该样品的检测结果，若两次检测值的差值超过相关规定值，该次检测应重做，同时做好记录。

（6）检测记录应有试验人、计算人、校核人签全名，无签名的检测记录视为无效，检测结果无特殊情况必须在24h内进行校核，未经校核或校核未签全名的所有试验数据严禁报出。

（7）粗骨料经检测某指标不合格时，应重新取样对不合格项目作复检，复检不合格时立即通知有关生产部门，并做好记录。

（8）原始检测记录的管理。

1）原始记录本由当班人员保管，当原始记录本用完后在规定期限内交部门负责人，部门负责人接到原始记录本后，必须核对封面及原始记录本内的起止日期和相应编号，按抽样部位分别存放，以免资料流失。

2）原始记录应采用规定的格式或表格用蓝色或黑色钢笔或签字笔填写，原始记录不得随意涂改或删除，确需更改的地方只能划改，由记录者在更改处签全名。

3）填写原始记录应做到字迹工整，所列栏目填写齐全，检测中不检测的项目在相应的空栏目内打一横线或加以说明。

（9）仪器设备、计量器具的检定、校准和维护。

1）仪器设备、计量器具均须按国家标准计量部门的有关规定进行检定。凡没有检定合格证的仪器设备均不得使用。

2）每季度定期对仪器设备进行一次检查和保养，尤其对仪器设备的温控系统、示值系统进行严格检查，并做好设备维修、保养记录。

3）所有仪器设备应标识明确保养、维护责任人，严格按操作规程使用仪器、设备，做到事前有检查，事后维护保养。

（10）质量检测报告的编写和管理。

1）质量检测报告是判定砂石料质量的主要技术依据，检测人员要按规定格式、文字认真填写检测报告，要做到字迹清晰、数据准确、内容真实，不得擅自取舍，如有不需填写的栏目，应在空栏目内打一横线或加以说明。

2）检测人员在完成试验检测任务后，必须在 24h 内交由具有检测资格的人员或当班负责人校核，发现数据有问题必须及时更改，并做好记录。所有检测项目完成后，应在 2d 内编写质量检测报告，对特殊情况应提前编写，一起上交审核。

3）检测部门负责人或主管部门对检测报告及原始记录数据有疑问时，有权提出重新检测，各检测人员及时完成复检任务。

4）质量检测报告需经部门负责人和主管部门审核后方可报出、检测部门应有两份正式对外报告留存，一份由现场检测负责人保管，一份交部门负责人存档。

# 15 安全技术措施

骨料生产系统建设期工作内容主要是系统场平开挖与支护、混凝土浇筑、金属结构制作与安装、设备安装与调试运行、料场覆盖层剥离及运输等；运行期工作内容主要是料场覆盖层剥离、毛料开采和边帮处理、边坡支护、骨料加工、毛料和骨料运输等。其主要危险有害因素包括下列方面：

（1）骨料生产系统场平开挖、料场覆盖剥离层和毛料开采施工：边坡坍塌、爆破和火药爆炸、机械伤害、物体打击、压力容器爆炸、触电、火灾、粉尘和噪声等。

（2）边坡支护作业：脚手架坍塌、高处坠落、物体打击、触电、机械伤害、粉尘与噪声等。

（3）土石方运输作业：车辆伤害、机械伤害、物体打击、火灾、粉尘与噪声等。

（4）制作与设备安装：起重伤害、高处坠落、物体打击、机械伤害、触电、火灾、灼烫、电焊烟尘等。

（5）骨料生产系统运行：机械伤害、起重伤害、高处坠落、物体打击、触电、火灾、桁架垮塌、砂淹溺、粉尘与噪声等。

本章根据骨料生产系统的建设与运行存在的危险有害因素，提出采取必要的手段和控制措施，消除物的不安全因素，采用先进生产工艺和机械设备，有效防范各类安全生产事故发生。

## 15.1 天然料场开采安全技术措施

天然料场开采安全技术措施重点考虑开采、砂驳作业和趸船码头三个方面。

### 15.1.1 开采

天然料场开采中的采掘环节安全技术措施重点考虑下列几个方面。

（1）陆上（河滩）或水下开采，应做好水情预报信息收集工作，作业区的布置应考虑洪水影响，并应做好安全度汛方案及应急预案，道路布置标准应符合相关规定并满足设备安全转移要求。

（2）危险地段、区域应设置安全警示标志和安全防护装置，并采取防护措施。

（3）从事水下开采及水上运输作业，应按照作业人员数配备相应的防护、救生设备。作业人员应熟知水上作业救护知识，具备自救互救技能。

（4）卸料区应设置能适应水位变化的码头、泊位缆桩以及锚锭等。

（5）汛前应作好船只检查，选定避洪停靠地点及相应的锚桩、绳索、防汛器材等。

（6）不得使用污染环境和已淘汰的船舶、设备和技术。

（7）开采作业不得影响堤防、护岸、桥梁等建筑安全和行洪、航运的畅通。

### 15.1.2 砂驳作业

（1）砂驳的安全要求：

1）按规定进行检查、维护和保养。

2）应设有专用防撞缓冲设施。

3）配置救生器材。

（2）砂驳作业的安全要求：

1）应均匀装料，不得超载。

2）装料后，拖轮未到前不得松放缆绳。因水浅拖轮不能靠近时，应将砂驳撑到深水区。

3）工作完毕后切断动力电源，清洗干净，排干船底积水。

### 15.1.3 趸船码头

趸船码头的安全措施从趸船安全要求和作业时安全要求考虑。

（1）趸船安全要求：

1）设置有专用防撞缓冲设施。

2）应配备救生器材、消防设施。

3）趸船定位向外伸出的缆索，应按规定设置信号并进行标识。

（2）作业时安全要求：

1）船只减速按顺序进入趸船码头。

2）定期检查船首、船尾的锚链、系缆的定位，防止溜船。

3）及时排除仓内积水。

4）非生产船只不得长时间停靠在生产码头。

## 15.2 人工料场开采安全技术措施

### 15.2.1 一般要求

人工料场开采安全技术措施一般有下列要求。

（1）根据实际地质情况，确定合理的开挖坡比；采取从上至下顺序开挖。

（2）边坡的开挖应按设计要求进行，并及时进行支护。

（3）开挖高度大于 20m 时，应设置马道，台阶高度以 10～15m 为宜，马道宽度以 2～6m 为宜。

（4）开挖边坡应做好截排水措施。在开挖部位周边设置截水沟，中间各级马道设置排水沟，坡面布置排水孔。

（5）对开挖边坡进行必要的变形观测，发现有危险或超过设计位移时，应及时采取处理措施。

### 15.2.2 爆破

爆破作业安全技术措施主要有下列内容。

（1）爆破作业必须严格遵守《爆破安全规程》（GB 6722—2011）的规定。

（2）所有爆破作业必须由专业技术人员制定专项爆破技术方案，作业人员严格按技术方案要求进行施工作业。

（3）从事爆破作业相关的人员必须持公安机关核准的有效证件，持证上岗；严禁无证操作和违章作业。

（4）爆破作业必须明确爆破警报信号，设置报警台和爆破警戒区域，安排专人进行报警和警戒；报警信号要求在警戒区域内清晰可听。

（5）爆破警戒应保持足够的安全距离，警戒最小安全允许距离见表15-1。

表 15-1　　　　　　　　　　警戒最小安全允许距离参考表

| 爆破类型和方法 | | 最小安全允许距离/m |
|---|---|---|
| 露天岩石爆破 | 裸露药包爆破法破大块 | 400 |
| | 浅孔爆破法破大块 | 300 |
| | 浅孔台阶爆破 | 200（复杂地质条件下或未形成台阶工作面时不小于300） |
| | 深孔台阶爆破 | 按设计，但不小于200 |
| | 洞室爆破 | 按设计，但不小于300 |
| 水下爆破 | 水深小于1.5m | 与露天岩石爆破相同 |
| | 水深1.5~6m | 由设计确定 |
| | 水深大于6m | 可不考虑飞石对地面或水面以上人员的影响 |
| 破冰工程 | 爆破薄冰凌 | 50 |
| | 爆破覆冰 | 100 |
| | 爆破阻塞的流冰 | 200 |
| | 爆破厚度大于2m的冰层或爆破阻塞流冰一次用药量超过300kg | 300 |
| 爆破金属物 | 在露天爆破场 | 1500 |
| | 在装甲爆破坑中 | 150 |
| | 在厂区内的空场中 | 由设计确定 |
| | 爆破热凝结物和爆破压接 | 按设计，但不小于30 |
| | 爆炸加工 | 由设计确定 |
| 拆除爆破、城镇浅孔爆破及复杂环境深孔爆破 | | 由设计确定 |
| 地震勘测探爆破 | 浅井或地表爆破 | 按设计，但不小于100 |
| | 在深孔中爆破 | 按设计，但不小于30 |

注　沿山坡爆破时，下坡方向的个别飞散物安全允许距离应增大50%。

特殊或大型爆破作业的警戒安全距离应根据爆破专项方案要求设置。

（6）爆炸物品的存储、运输、保管、使用严格遵守《中华人民共和国民用爆炸物品安全管理条例》的规定。炸药运到工作面时，应与明火、机械设备、电源及供电线路等保持一定的安全距离，并设专人看守，看守人员不得擅离工作岗位。

（7）作业人员严禁穿化纤衣服和带铁钉的鞋子进行作业，装药和堵塞应使用竹、木制的炮棍，并不得用力猛捣，严禁用金属棍棒装填。

（8）起爆前，必须将剩余的爆破器材撤出现场，运回仓库，不得藏放于工地现场。

（9）爆破员在起爆前应迅速撤离至有掩蔽的安全处所，撤离道路上不得有障碍物，掩蔽体或避炮洞必须坚固可靠。

（10）爆破后，爆破员必须验炮，检查所有装药孔是否全部起爆，是否有瞎炮；如有瞎炮，在未处理前，必须在其附近设警戒或派专人看守，任何人不得在瞎炮区进行任何与处理瞎炮无关的工作。

（11）瞎炮处理按相关技术要求进行。

### 15.2.3 压力容器

压力容器的安全技术措施主要有下列内容。

（1）压力容器的安装必须按产品安装说明书和设计图纸进行安装，安装完毕后必须经地市级以上质量技术部门检验检测合格，取得使用许可证后方可使用。

（2）设备操作人员必须经专业培训合格，持证上岗，按操作规程操作设备。

（3）压力容器重要安全部件必须按国家规定定期进行检测检验，取得检验合格证后方可继续使用。

（4）设备操作人员应经常对设备进行维护保养，保证设备安全性能完好。

### 15.2.4 开挖设备

开挖设备的安全技术措施主要有下列内容。

（1）设备操作人员必须经专业培训合格，持相关特种作业证件上岗，严格遵守设备安全操作规程，严禁无证上岗、违规操作。

（2）设备操作人员应经常对设备进行维护保养，保证其安全技术性能良好。

（3）在作业前必须认真检查其作业区域的安全状况（含边坡、边帮、作业平台等），作业时必须保证与边坡、边帮足够的安全距离。

（4）推、挖、装设备作业半径范围内严禁有人，装载时车辆上严禁有人。

（5）采用多台阶机械施工时，应验算边坡的稳定，根据规定和计算确定设备离边坡的安全距离。

（6）多台挖掘机同时作业时，同一平台挖掘机之间应大于 10m，上下平台前后相距 30m；六级以上大风或雷雨、大雾天气时，各种挖掘机械应停止作业，并将臂杆降至 30°～45°。

（7）推土机作业，上坡不超过 25°，下坡不超过 35°，横坡不大于 10°，并不应在坡上转弯。

（8）铲运机械施工时，道路宽度应大于机身的 2 倍，上下坡度不大于 25°，横坡不大于 10°，铲斗与机身不正时，不应铲土。多台作业时，前后不应小于 10m，左右不应小于 2m。

（9）钻机作业面应平整、牢固，临空面应采取安全防护措施，操作和维修保养人员应经过专门培训合格后方可上岗作业；作业人员佩戴好安全防护用品，按钻机的安全操作规程操作。

### 15.2.5 边坡支护

边坡支护安全技术措施主要有下列内容。

（1）脚手架搭设及使用。

1）脚手架按设计图纸和技术要求进行搭设，任何施工脚手架不得随意搭设。

2）脚手架搭设人员必须由经过专业培训合格，取得特种作业证件的专业人员按设计图纸要求进行搭设；作业人员应按要求佩戴和正确使用劳动防护用品，严格遵守操作规程。

3）脚手架搭设过程中必须按规范要求同时搭设安全防护设施、设置安全通道。

4）脚手架使用前必须由技术、质量、施工和安全等相关部门进行联合检查验收，合格后挂牌使用。

5）脚手架在每次使用前应进行安全检查，防止因长时间使用产生变形、移位或偏移而发生坍塌。

6）脚手架应严格按设计荷载要求使用，不得超载使用。

（2）脚手架拆除。

1）拆除脚手架现场，必须设置安全哨、警示牌和安全警戒区域，非作业人员不得进入该区域，且现场必须有专职安全人员进行现场监督。

2）拆除脚手架前，必须先将脚手架上置放的所有设备、材料和杂物清除，并将与脚手架有关联的电气设备及其他管、线、机械设备等拆除或加以保护。

3）拆除脚手架时，应统一指挥，遵循自上而下、逐层拆除原则，严禁上下层同时拆除或自下而上拆除。严禁用将整个脚手架推倒的方法进行拆除。

4）脚手架拆除时，所有材料禁止往下抛掷，必须用绳索捆牢，用人工或滑轮缓慢下放，集中堆放在指定地点。

（3）高边坡支护。

1）高处作业人员必须进行体检，对不宜进行高处作业的人员不得安排从事高处作业工作。

2）高处作业人员要严格按高处作业要求佩戴好安全帽、系挂好安全带（绳）、穿软底鞋作业；进行造孔、混凝土拌制、喷射混凝土、灌浆的人员必须按规定佩戴防尘口罩和防噪耳塞。

3）作业人员严格遵守劳动纪律和安全操作规程，不得在临边、临空部位坐卧、休息。

4）对于可能发生高处坠落的施工环境，必须在临边采取防坠落措施，如设置作业平台、安全护栏、安全网等。

5）对所有可能发生高处坠落的孔洞口，除采取安全防护措施，还应设置警示标志和装置，夜间设置红色警示灯等。

6）在可能坠物的范围设置安全警戒区域，禁止人员进入。

7）一般不进行同一区域上下交叉施工作业，如确需进行交叉作业时，应采取可靠的安全防护措施，防止坠物伤人。

8）上下传递物件时，采用捆绑吊运，严禁随手抛掷物品和工器具。

9）在对边坡进行支护作业前，应对边坡危石进行处理，防止施工过程中滚石伤人。

10）边坡支护过程中禁止将自己操作的设备交给别人操作。

11）对可能发生绞伤的设备转动和传动部位进行安全防护，设置防护网、罩、套。

12）需使用电源时应按规范架设线路、敷设电缆，不得将导线或电缆线直接架设在脚手架上，照明线路和动力线路分开架设。严格按"三级配电、两级保护"要求，设置漏电保护装置，末端漏电保护要求动作电流不应大于30mA，且经常对漏电保护装置进行检测。

13）支护作业过程中要按规范要求设置配电箱，不得私拉乱接，不违章用电，不得超负荷用电。

14）所有电气设备安装、操作和线路架设必须由专业电工进行，严禁非专业电工从事电气作业。

15）进行造孔作业时应采取水钻造孔，无水钻条件的应采用带除尘装置的造孔设备。

### 15.2.6 运输

运输环节的安全技术措施主要下列内容。

（1）机动车辆驾驶员应严格遵守《中华人民共和国道路交通安全法》，服从现场指挥，按章操作，严格执行行车"三检制度"，保证车况良好，车容整洁，禁止车辆"带病"运行。

（2）车辆应设置挡板，严禁超载，文明驾驶，做到满而不撒，按指定的地点倒渣。

（3）场内道路应坚实、平整，边坡稳定，弯道半径不小于15m，纵向坡度一般不大于8%，道路宽度不应小于施工车辆宽度的1.5倍，双车道路面不应小于7.0m，单车道路面不应小于4.0m，个别短距离地段最大坡度一般不应超过15%。

（4）场内道路的急弯、陡坡、长坡、窄路、视距障碍、交叉道口、桥头和地形险峻路段，应设置各种道路安全警示、限速等标志和防护墩、防护墙和紧急避险车道等安全设施。

（5）临空、临边卸料时，应设专人指挥，后轮与边缘要保持适当安全距离或按规定设置牢固的车挡，车挡高度不低于车轮外线的1/3；夜间设红色警示灯；严禁在有横坡的路面上卸料。

（6）车厢未降落复位前，不得行车；当车厢在举升状态下进行检、维修时，必须用牢固的撑杆顶稳车厢，并在车轮处前后两方向垫好三角木。

## 15.3 金属结构制作安装与设备安装安全技术措施

### 15.3.1 制作场地

制作场地安全技术措施主要有下列内容。

（1）桁架、立柱等金属结构制作场地要求坚实、平整。选择在不易受坍塌、泥石流等影响，且通风良好的施工场地。

（2）制作场地应尽量避开有火险隐患或重点防火区域（含油库、炸药库、森林防火区域）等附近。

（3）制作场地应按功能进行分类：材料堆放场、金属结构制作场、半成品堆放场、成品堆放场、设备放置场等。

### 15.3.2 现场用电安全

现场用电安全技术措施主要有下列内容。

（1）线路应用专用电杆架设或敷设电缆。使用电杆架设时应将电杆基础埋牢，架设高度应符合安全要求，严禁架设在树木、脚手架或临时结构上；采用敷设电缆时应采取防砸、防压措施。

（2）导线应采用绝缘铜线或铝线，截面面积应满足用电负荷要求。

（3）动力线和照明线应分开设置。

（4）制作用电应按"三级配电，两级保护"，且按"一机一闸一漏保"原则设置。配电箱、开关箱应采用标准金属箱，安装在固定支架上，架设高度符合下列要求：固定式高度为 1.4～1.6m，移动式高度为 0.8～1.6m，并采取防雨、防尘、防砸、上锁措施。

（5）现场照明宜采用高压汞灯、钠灯、镝灯，禁止使用未采取绝缘保护措施的碘钨灯照明，照度符合现场施工要求。

### 15.3.3 焊、割作业

焊、割作业安全技术措施主要有下列内容。

（1）焊、割作业人员必须经专门培训后，持证上岗；作业时按规定穿戴好劳动防护用品，遵守本岗位操作规程。

（2）焊、割作业场所，应配置足够的消防器材；焊、割作业时应与周边保持足够的安全距离，并应采取隔离措施，派专人进行监护。

（3）电弧焊机的机壳应有可靠的独立保护接地或保护接零装置；焊机各个接线点和连接件牢靠且接触良好；焊机一次线长度不应大于 5m，二次线长度不应大于 30m。

（4）不得在油漆未干的桁架、立柱等物体上进行焊、割作业；不得在存放易燃易爆的液体、气体和容器库区从事焊、割作业。

（5）风力超过五级时不得在室外进行焊、割作业；高处进行焊、割工作时，应设置作业平台，并按规定设置安全护栏。

（6）工作结束后，电焊作业人员应拉下焊机刀闸，切断电源；气割作业人员应解除氧气、乙炔瓶的工作状态，并仔细检查工作场地四周，确认无火险隐患后方可离开现场。

（7）气瓶运输、使用、储存应严格遵守有关安全规定，严禁抛、滑或撞击。

（8）氧气、乙炔应分库存放，采取防晒措施，两库之间的距离不小于 10m，且远离火源；现场使用的氧气、乙炔瓶不应倒放，且保证不小于 5m 的安全距离。

（9）采用机械切割时，切割机应设置在相对封闭的区域，且在切割机前方 2m 左右设置高度为 1.8m 的具备足够强度和稳定性好的金属挡板。

（10）严禁切割机切割扎丝，切割用砂轮片在使用到剩下 1/3 时必须进行更换。

### 15.3.4　金属结构制作

金属结构制作安全技术措施主要有以下内容。

（1）桁架、立柱制作平台要平整、稳固，接地要可靠。

（2）制作人员应持证上岗，严禁无证人员进行电焊制作作业。

（3）作业人员应按要求穿戴好绝缘鞋、电焊手套、防护目镜等劳动防护用品，超过 2m 以上（含 2m）高处制作时必须要有带标准护栏的制作平台和上下爬梯。

（4）在使用吊车协助制作时，应有专业的起重司索信号工现场指挥，且吊车不应熄火，驾驶人员不得离开驾驶室。

（5）制作过程中翻转长桁架、高大立柱等物件时，应先放好垫物，防止翻转后结构件变形。

（6）制作过程中进行起吊作业时，非作业人员不应在吊车作业半径范围内逗留。

### 15.3.5　桁架、设备安装

桁架、设备安装安全技术措施主要有以下内容。

（1）在进行高处安装时，必须事先做好安全护栏、安装平台和上下通道（含楼梯和爬梯），其强度必须能满足其安装要求。

（2）起重司索信号工应经专门培训，考试合格后，持证上岗；多人、多机工作时，应指定一人负责指挥。

（3）吊索具（吊钩、钢丝绳、绳卡、卸扣等）使用应符合有关安全规定，按相关规定进行检验检测。

（4）起重机具必须满足吊件要求，正式起吊前，应先清理起吊地点及运行通道上的障碍物，作业半径范围内不得有人，禁止无关人员进入施工场地。

（5）吊运成批零星滚筒、支架、材料等时，一般应装箱整体吊运，如无法装箱的应捆绑牢靠后方可吊运。

（6）吊装大型设备、长桁架、立柱等时，应计算出重心位置，起吊时，应在长、大部件的端部系绳索拉紧，防止晃动。

（7）吊运大件时，应制定专项安全技术措施，按规定审批后实施。

（8）起重司机在进行安装作业时应坚持"十不吊"原则。

（9）起重机在电线下行驶或吊装时，应按相关规定保持足够的安全距离。

（10）大雾、大雪、沙尘、暴雨等恶劣天气，应停止起吊作业。

## 15.4　生产运行安全技术措施

### 15.4.1　基本要求

生产运行安全技术措施应从以下方面考虑。

（1）骨料生产系统所有临边、临水部位、尾渣坝、废水回收池、沉砂池、井洞口、电缆井、设备平台、拉紧装置周边等均应设置高度 1.2m 标准护栏，井洞口还应设置强度符合安全要求的盖板。

（2）所有高度低于 2m 或人员可能触及带式输送机尾轮、头轮、驱动装置等，均应设置强度符合要求的安全防护栏、网、罩；需要经常进行检维修的部位，设置活动的强度符合要求的安全防护栏、网、罩。

（3）长度超过 60m 的带式输送机必须设置带安全护栏的过桥，两过桥间距一般不超过 30m，在过桥附近应设置事故刀闸。

（4）长距离带式输送机或长度超过 80m 的带式输送机，宜设置拉绳开关。

（5）所有破碎、筛分、制砂设备的转动、传动部位，都必须设置强度符合安全要求的网、罩；工作平台应设置高度 1.2m 的标准安全护栏和高度不低于 180mm 混凝土或金属挡脚板。

（6）跨沟通道必须设置沟盖板，且强度应符合要求；宽度超过 600mm 时，盖板两侧还应设置高度不低于 1.05m 的安全护栏。

（7）场内道路应根据具体情况设置限速、限高和其他警示标志，危险地段应设置标准安全防护墩或连续防撞墙。

（8）所有 2m 以上高处工作平台必须设置强度符合安全要求的护栏和高度不低于 180mm 挡脚板，并按规范要求设置安全爬梯，爬梯踏板应使用防滑板（网）。步距不大于 300mm，踏板宽度不小于 250mm。

（9）系统各部位受料坑应设置车挡，车挡应采用钢筋混凝土结构或钢结构，高度不低于 300mm，强度符合安全要求。

（10）粗碎受料坑前方应设置高度不低于 1.8m，具备相应强度的金属网板，两边设置高度不低于 1.2m 的活动式标准护栏。

（11）棒磨机等旋转设备周边应设置高度不低于 1.05m 的安全护栏，护栏与旋转设备外缘距离不应小于 0.8m。

（12）变压器应按规范要求设置不低于 1.7m 的实体围墙，配电房应保持通风，窗户应设置防鼠网，地面应铺设绝缘胶，按相关要求配置消防器材。

（13）仓库、油库、炸药库等重要危险部位按相关规定设置安全防护网或实体围墙，并配置相应的消防器材。

### 15.4.2　运行安全纪律

运行安全纪律从以下方面考虑。

（1）运行人员必须正确佩带劳动防护用品，正确着装（做到"三紧"，领口紧、袖口紧、下摆紧），作业人员应留短发，长发必须入帽。

（2）严格按运行信号开关机，非紧急情况不得擅自开、停机。

（3）严禁在开机的情况下使用工器具清理胶带及滚筒上的泥土、物料等。

（4）运行中，如发生人身伤害、机电设备事故和其他意外事故时，必须紧急停机，拉下事故闸刀并挂牌。

（5）严禁身体任何部位接触运行中的带式输送机；需跨越皮带时，必须走过桥。

（6）严禁在带式输送机和安全防护栏上坐、卧、行走或攀爬。

（7）系统检、维修或处理故障时，必须通知配电房断电，拉下隔离开关，并拉下检、维修部位事故闸刀，挂上"有人检修、禁止合闸"牌，设专人监护，做到"谁挂牌、谁取牌"。

(8) 启动机械设备及输送带前,必须进行安全确认(包括周边环境安全确认)。

(9) 设备运行时严禁检修,检修时不得运行。

(10) 应使用机械进行砂石骨料破拱下料,需人工破拱下料时,必须采取可靠的安全措施,设专人进行安全监护。

### 15.4.3 竖井运行

竖井运行的安全技术措施主要有下列内容。

(1) 竖井周边应采取截、排水措施,井口宜设置防雨设施,防止地面水侵入井中。

(2) 竖井口应做好安全防护,在井口周边应设置不低于 1.4m 高度的防护栏和高度不小于 350mm 挡脚板。

(3) 严禁将杂物抛入竖井。

(4) 在井口及井底部位应设置醒目的安全标志,洞内照明采用 36V 以下安全电压,并安装轴流风机或采取强制通风措施。

(5) 控制室设在洞内的,应设置避险通道,并时刻保持通道畅通。

(6) 施工中应严格控制下料块度,下料块度不得大于竖井直径的 1/3,如出现大块径料块,必须经过二次破碎达到要求后方可再次送入竖井。

(7) 竖井必须采用满仓运行方式,以减少运送料直接打击竖井井壁的次数,减小下料对竖井的损害。

(8) 竖井发生堵塞时,应视情况采用爆破震动法、高压水冲法、钻孔爆破法、矿用火箭弹法等方法处理。

(9) 料场竖井降段直接关系到竖井能否安全可靠运行和满足生产强度需要。竖井降段始终应贯彻弱爆破、少扰动的施工原则。竖井降段时应保证竖井处于满井状态。采用双竖井下料时,两个竖井降段应相互错开,随时保证有一个竖井能正常运行。

### 15.4.4 破碎机运行

破碎机运行安全重点考虑下列几个方面内容。

(1) 应定期检查破碎机基础牢固程度及连接螺栓紧固程度。

(2) 严禁破碎机带负荷起动。每次开机前应检查破碎腔,清除残存的块石,确认无误方可开机。

(3) 破碎机应投料均匀,投料时应清除斗牙、履带板及其他金属物件。

(4) 破碎机的润滑站、液压站、操作室应配备灭火器,作业人员应熟悉其性能和使用方法。

(5) 破碎机工作时,发现异常情况,应立即停机检查。

(6) 破碎机运行时严禁进行检修,严禁在运行时打开机器上的观察孔门观察下料情况。

(7) 设备检修时应切断电源,在电源启动柜或设备配电室悬挂"正在检修、禁止合闸"的安全警示牌,并做到"谁挂牌、谁取牌"。

(8) 在破碎机腔内检查时,应有人在机外监护,并且保证设备的安全锁处于锁定位置。

（9）破碎机拆卸前，应先切断电源，将液压管道压力释放为零。

（10）设备用温差法安装时，应戴好防护手套。

（11）受料口指挥人员应注意自身安全，与卸料车辆保持一定的安全距离（一般为机动车举顶高度的 1.75 倍）。

（12）受料口应设置夜间警示红灯，停止进料时，还应放置停止进料警示牌。

### 15.4.5  筛分运行

筛分运行安全重点考虑下列几个方面内容。

（1）在筛分楼、给料仓下料口、主机室应设置信号装置，信号包括开机信号、停机信号和紧急停机信号。

（2）筛分车间，每层应设置隔音操作值班室。所有电动机座、电机金属外壳应接地、接零。

（3）筛分机应设置人员巡视通道，宽度应不小于 0.8m。人员巡视设备时应保持安全距离。作业人员应佩戴降噪防尘的防护用品。

（4）筛分机与固定设施（入料、排料溜槽及筛分下漏斗）的安全距离不得小于 80mm。

（5）筛分机湿式生产时，楼面应设置防漏和排水设施。

（6）筛分机干式生产时，应设置密闭的防尘或吸尘装置。

（7）开机前应全面检查，确认基础、电机、线路、筛分机、连接片等正常后方可开机。

（8）严禁在运行时进行检修作业和清理筛孔。

（9）开机后，发现异常情况应立即停机。

（10）机器停用 6 个月及以上时，再使用前应对电气设备进行绝缘试验，对机械部分进行检查保养。

### 15.4.6  棒磨机运行

棒磨机运行重点考虑下列几个方面内容。

（1）棒磨机工作平台周边应设置 1.2m 高的安全护栏。

（2）作业人员应佩戴防噪声的防护用品上岗，操作室应采取隔音措施。

（3）筒体入孔盖板应锁紧，并定期检查其是否牢固可靠。

（4）棒磨机运行时，严禁用手或其他工具接触正在转动的机体。

（5）运行时发现异常，应立即停机。

（6）应时刻检查电机与轴瓦温度，电机与轴瓦温度不得超过 60℃。

（7）棒磨机应设置专门的装棒台车，用于棒磨机进出棒作业，严禁人工装棒作业。

（8）长期停机时，应排净减速箱冷却水。

（9）每班应检查棒磨机衬板紧固螺栓的紧固情况，发现松动应停机处理。

### 15.4.7  带式输送机运行

带式输送机运行安全技术措施重点考虑下列几个方面内容。

（1）裸露的传动、转动部位应设有防护栏杆或防护罩，栏杆与转动部位之间的距离不应小于 0.5m，并高于防护件 0.7m 以上，采用防护网时，网孔口尺寸不宜大于 50mm×50mm，检修时应停机。

（2）胶带输送机不宜重载启动。

（3）开机前除进行正常检查外，还应进行周边环境的安全确认，各方面均无隐患后，方可开机运行；待运行正常后，方可投料生产。带式输送机运行时，严禁站在卸料口的正前方。

（4）发现堵、卡料时，应停机、挂牌后在有专人监控的情况下进行处理，严禁在开机的情况下使用工器具清理胶带及滚筒上的泥土、物料等。

（5）给料机、带式输送机等设备与固定物之间应有一定的安全检修距离。

（6）多条带式输送机串联时，其停机顺序设置应是从进料至卸料依次停机，开机则相反。

（7）带式输送机跨越道路时，应在道路上方带式输送机底部和两侧设置安全防护设施，防止坠物伤人，应及时清理堆积物，检查安全装置，并设限高标志和警示标志。

### 15.4.8 胶带胶接

胶带胶接的安全技术措施重点考虑下列几个方面内容。

（1）胶接前，应当根据实际重量选用合适的葫芦，严禁超载使用，使用前必须仔细检查葫芦机件（如吊钩，起重链条，卡簧等）是否完好。

（2）胶接前，必须对操作人员进行安全教育，进行技术交底。为操作人员配备必要的安全防护用品（如安全帽、安全绳等）。

（3）钢丝绳不能直接挂在槽钢上，必须垫上胶木、木板等软物，以保护钢丝绳不受损伤，严禁使用断丝或腐蚀的钢丝绳。

（4）钢丝绳的安全系数为：用于手动起重的不小于 4.5；用于机动起重的不小于 5.5；用于绑扎起重物的绑扎绳不小于 6～10；钢丝绳的夹角不大于 90°。

（5）胶接时应在胶接点两端约 3m 处用夹板锁紧胶带，然后将配重箱内废砂、杂物清除干净，按配重的核定重量卸出 50% 的配重块。

（6）先检查配重吊梁是否焊牢，按带式输送机技术参数准备的葫芦、钢丝绳是否完好，然后将完好的钢丝绳、葫芦挂在焊牢的配重吊梁上；再把起吊配重的钢丝绳挂在配重轮轴的两端，再挂在葫芦挂钩上。

（7）拉葫芦的人员必须佩戴安全带、安全帽方可进行作业。作业人员将安全带挂牢后方可起吊配重。

（8）葫芦上升到位后，必须将手链条缠绕固定，另在配重下打支撑或用铁丝固定，以增大保险系数。

（9）在起吊过程中如发现异常情况（响声）时，必须立即停止作业，待查清并排除异常情况（响声）后方可继续作业。

（10）须胶接的接头拖到位后，应将夹板卡在牢固支架上并用铁丝将夹板固定在桁架上。

（11）在胶接皮带过程中禁止非专门人员接触刀具、手持式电动工具等。

### 15.4.9 送配电

送配电的安全技术措施重点考虑下列内容。

（1）作业人员必须持证上岗，作业过程最少应由一人操作，一人监护。

（2）作业人员必须按规定穿戴好劳动防护用品（含绝缘鞋、绝缘手套等），高处作业时还应系挂安全绳（带），严格遵守送配电安全操作规程。

（3）雷雨天气需巡视室外高压设备时，应穿绝缘鞋，同时不得靠近避雷针和避雷器。

（4）发现设备的异常现象，如放电、发热、异常声响、油位变化、仪表指示异常、熔体熔断、断路器和继电器保护误动作等时，应及时采取措施消除隐患。

（5）进行电气设备检修时，应严格遵守"拉闸、挂牌、验电、放电"程序。

（6）电气设备停电后，即使是事故停电，在未拉开有关刀闸和做好安全措施以前，不得触及电气设备或进入遮栏，以防突然来电。

## 15.5 长距离带式输送机运行安全技术措施

### 15.5.1 运行安全

长距离带式输送机运行安全技术措施重点考虑下列内容。

（1）所有运行人员应严格遵守长距离带式输送机运行安全操作规程，熟知长距离带式输送机的结构、性能、工作原理、技术特征。

（2）值班司机和现场运行人员应严格遵守交接班制度及巡回检查制度。

（3）起动前，中控室司机、配电房值班电工检查各信号读数是否异常。运行人员应对机头、机尾部分和所有设备进行认真检查包括：有无卡、挂、塞、松等现象，托辊有无掉落、不转现象，胶带是否跑偏，挡料板、清扫器、拉紧装置是否正常，轴承、筒上有无淤泥杂物，各润滑、转动部位油量是否正常，各轴承、对轮等是否有异常变化，盘形闸间隙是否符合标准，液压张紧装置、带式输送机张紧力是否合适，电器控制设备及仪表是否正常，起动控制开关是否在正常位置，检查隧道内是否有无关人员、车辆通行等，如发现问题应处理后方可开机。

（4）开机运行后，要观察控制室和配电房各种仪器仪表技术参数的数值是否正常，发现异常应及时处理。

（5）开机运行时，每个点（机头、机尾部位）必须有至少两人值班，两人不得同时离开现场。

（6）开机运行过程中，发现托辊声音异常及其他情况，需要马上处理的，应及时通知中控室停机或拉绳停机。

（7）对机头出现的异常现象（如异响、焦味），现场值班人员要及时查明原因。严重者，必须停机检查，否则不准运行。

### 15.5.2 消防安全

消防安全技术措施重点考虑下列内容。

（1）制定长距离带式输送机消防管理制度、岗位防火责任制、防火检查制度，定期进行消防安全检查。

(2) 制定长距离带式输送机火灾事故应急预案，定期开展演练。

(3) 长距离洞室应设置火灾报警系统。

(4) 报警系统应安装接地。

(5) 应配备足够的消防器材。

(6) 长距离带式输送机应配备专用消防水池，布置消防水管。

### 15.5.3 通风安全

为了保证隧洞内空气流通和空气清新，及时排除有害气体，隧洞内间隔200m布置小型轴流风机，按洞内空气自然流动方向排风。

### 15.5.4 照明安全

照明安全技术措施重点考虑下列内容。

(1) 照明光源应采用防水防尘灯。照明装置和配电箱均选用可靠耐用、节能高效和防潮性能好的产品，潮湿场所应选用防潮防霉型产品。

(2) 洞内带式输送机沿线应每隔10m设一组照明灯具，机头、机尾处设置有固定检修照明。

(3) 洞内均使用36V以下安全电压进行照明。安装高度应2m以上较为适宜。

(4) 进行检维修时，如采用手提行灯，均应使用行灯变压器，电压控制在36V以下。

(5) 洞室照明线路应采用电缆穿PVC管安装，灯头宜采用LED长寿命光源，照度符合洞室运行作业要求。

### 15.5.5 交通安全

交通安全技术措施重点考虑下列内容。

(1) 制定长距离带式输送机洞洞内交通安全管理制度。

(2) 设置专门岗亭，对长距离带式输送机洞实行封闭管理。

(3) 控制进入长距离带式输送机洞车辆型号和行驶速度。

(4) 实行车辆洞内行驶事先报告制度、检查（含灯光、刹车、转向等）和审批制度。

(5) 车辆在洞内行驶时必须服从指挥人员指挥。

# 16 工 程 实 例

## 16.1 三峡水利枢纽工程下岸溪人工砂石加工系统

### 16.1.1 工程概况

（1）概述。下岸溪砂石加工系统布置于三峡坝区下岸溪沟两侧，是三峡水利枢纽工程混凝土所需砂石料的主要生产基地。系统主要承担主体工程约 2489 万 $m^3$ 混凝土所需砂石料的生产任务。共需制备砂石骨料约 1761 万 $m^3$，其中人工碎石 590 万 $m^3$，人工砂 1171 万 $m^3$。

（2）料源。下岸溪料场位于长江左岸下岸溪的鸡公岭，距三峡水利纽枢工程坝址 12km，料场分布高程 230.00～576.00m。

料场出露基岩为斑状花岗岩，局部为砂岩。砂岩与下伏基岩呈不整合接触。斑状花岗岩为灰白色或肉红色，斑状结构为中粗粒结构。主要矿物成分为酸性斜长石、石英、钾长石及少量白云母、绿花石、黑云母和赤铁矿等。新鲜岩石湿抗压强度一般为 72～130MPa，干抗压强度一般为 114～198MPa，硬度（HV）750，表观密度大于 2.65g/$cm^3$。

（3）生产规模。下岸溪砂石加工系统根据三峡水电站混凝土高峰浇筑强度 45.2 万 $m^3$/月进行设计。按每日两班制生产，确定砂石加工系统生产规模：毛料处理能力 2400t/h，成品料生产能力 2000t/h。

### 16.1.2 设备配置

设备配置见表 16-1。

表 16-1                          设 备 配 置 表

| 序号 | 车间名称 | 设备名称 | 规格型号 | 数 量 | 单台功率/kW |
|---|---|---|---|---|---|
| 1 | 一破 | 旋回破碎机 | PXZ-900/130 | 2 | 210.0 |
| 2 | 一破 | 旋回破碎机 | 50-65 MK-Ⅱ | 2 | 400.0 |
| 3 | 整个系统 | 除铁器 | MCO2-150 | 3 | 22.0 |
| 4 | 半成品堆场 | 振动给料机 | GZG1253 | 8 | 3.0 |
| 5 | 预筛分 | 圆振动重型筛 | 2YAH2148 | 3 | 30.0 |
| 6 | 二破 | 圆锥破碎机 | HP500 | 3 | 400.0 |
| 7 | 二破 | 胶带给料机 | BF1400 | 3 | 11.0 |

| 序号 | 车间名称 | 设备名称 | 规格型号 | 数量 | 单台功率/kW |
|------|----------|----------|----------|------|-------------|
| 8 | 筛分 | 圆振动筛 | 2YA2460 | 4 | 30.0 |
| 9 | 筛分 | 圆振动筛 | 2YKR2460 | 6 | 37.0 |
| 10 | 三破 | 圆锥破碎机 | HP500 | 3 | 400.0 |
| 11 | 三破 | 圆锥破碎机 | PYT - Z2227 | 2 | 280.0 |
| 12 | 三破 | 胶带给料机 | BF1400 | 3 | 5.5 |
| 13 | 三破 | 胶带给料机 | BF1200 | 2 | 5.5 |
| 14 | 超细碎 | 巴马克制砂机 | BARMAC9000 | 5 | 440.0 |
| 15 | 棒磨 | 棒磨机 | MBZ2136 | 6 | 210.0 |
| 16 | 棒磨 | 洗砂机 | XL - 762 | 6 | 11.0 |
| 17 | 检查筛分 | 节肢筛 | ZJS - 2460 | 2 | 22.0 |
| 18 | 检查筛分 | 圆振动筛 | 2YKR2460 | 8 | 37.0 |
| 19 | 检查筛分 | 洗砂机 | XL - 914 | 6 | 11.0 |
| 20 | 检查筛分 | 洗砂机 | XL - 762 | 4 | 11.0 |
| 21 | 成品砂脱水 | 直线振动筛 | ZKR2460 | 2 | 18.5 |
| 22 | 成品砂脱水 | 直线振动筛 | ZSG - 1233 | 20 | 11.0 |

# 16.2 小湾水电站孔雀沟人工砂石加工系统

## 16.2.1 工程概括

（1）概述。小湾水电站位于云南省西部南涧县与凤庆县交界的澜沧江中游河段，系澜沧江中下游河流规划八个梯级水电站中的第二级。是以发电为主兼有防洪、灌溉、拦砂及航运等综合利用效益的特大型水利工程，由混凝土双曲拱坝、坝后水垫塘及二道坝、左岸泄洪洞和右岸地下引水发电系统组成，最大坝高292m，总库容149亿 $m^3$，水电站总装机容量4200MW。

左岸砂石料加工系统和混凝土拌和系统布置于坝轴线下游左岸，瓦斜路沟上游侧，高程1245.00～1380.00m。砂石料加工系统毛料绝大部分采用孔雀沟石料场开采料，少部分利用工程开挖有用渣料。

左岸砂石料加工系统承担全部双曲拱坝混凝土和部分水垫塘、坝肩处理混凝土所需砂石料的生产任务，混凝土总量855.53万 $m^3$，其中大坝混凝土838.2万 $m^3$，水垫塘混凝土4.2万 $m^3$，坝肩处理混凝土13.13万 $m^3$，共需制备成品砂石料总量1882万 t。

（2）料源。孔雀沟石料场位于坝址左岸下游 1.4～1.8km 处，分布高程1200.00～1700.00m，料场面积约 0.45km$^2$。区内出露地层主要为时代不明变质岩系（M）和第四系（Q）。时代不明变质岩系的岩性主要为黑云花岗片麻岩、角闪斜长片麻岩及二云斜长片麻岩夹透镜状、薄层状片岩。第四系地层按成因划分主要有崩积层和坡积层两种，主要成分为块石、碎石及砂质粉土、黏土。

料场内岩体风化以表层均匀风化为主，风化程度主要受地形、构造、岩性和卸荷因素的控制。按风化程度分为全风化、强风化、弱风化、微风化和新鲜岩石五级，其中全、强风化岩石的物理力学指标较差，不能用于砂石料生产，需先行剥离。弃渣地点为孔雀沟弃渣场。室内岩石物理力学试验成果见表16-2。

表16-2　　　　　　　　　　室内岩石物理力学试验成果表

| 岩石名称及<br>风化程度 | 新鲜—微风化黑云<br>花岗片麻岩 | 弱风化黑云花岗片<br>麻岩 | 新鲜—微风化角闪<br>斜长片麻岩 | 新鲜—微风化角闪<br>片岩 |
|---|---|---|---|---|
| 比重/(g/cm³) | 2.68 | 2.66 | 2.96 | 2.91 |
| 密度/(g/cm³) | 2.65 | 2.63 | 2.91 | 2.88 |
| 孔隙率/% | 0.97 | 1.20 | 1.87 | 1.02 |
| 最大吸水率/% | 0.25 | 0.27 | 0.21 | 0.17 |
| 干抗压强度/MPa | 173.61 | 156.17 | 130.60 | 133.20 |
| 湿抗压强度/MPa | 134.34 | 115.74 | 88.98 | 122.85 |
| 软化系数 | 0.77 | 0.74 | 0.68 | 0.92 |

（3）生产规模。砂石料加工系统的设计规模必须满足大坝工程的混凝土高峰浇筑强度，小湾水电站大坝混凝土浇筑分年度各月施工强度见表16-3。

表16-3　　　　　小湾水电站大坝混凝土浇筑分年度各月施工强度表　　　　　单位：万 m³

| 月份<br>年份 | 1 | 2 | 3 | 4 | 5 | 6 | 7 | 8 | 9 | 10 | 11 | 12 | 小计 |
|---|---|---|---|---|---|---|---|---|---|---|---|---|---|
| 2006 | | | | | | | | | 2.5 | 4.3 | 7.2 | 9.8 | 23.8 |
| 2007 | 13.1 | 14.0 | 15.0 | 19.0 | 19.8 | 15.2 | 17.0 | 17.9 | 19.3 | 19.5 | 22.0 | 22.2 | 214.0 |
| 2008 | 21.2 | 17.4 | 20.8 | 18.2 | 19.3 | 17.5 | 15.5 | 14.2 | 19.0 | 20.0 | 21.0 | 21.8 | 225.9 |
| 2009 | 21.8 | 16.3 | 20.8 | 20.4 | 18.5 | 16.1 | 14.7 | 13.7 | 10.0 | 8.6 | 16.0 | 11.9 | 188.8 |
| 2010 | 10.7 | 5.7 | 11.1 | 9.1 | 13.8 | 9.7 | 11.5 | 10.0 | 9.8 | 13.4 | 14.0 | 9.9 | 128.7 |
| 2011 | 13.7 | 6.5 | 6.9 | 5.6 | 5.3 | 2.0 | 2.1 | 1.2 | 0.6 | | | | 43.9 |
| 合计 | 80.5 | 59.9 | 74.6 | 72.3 | 76.7 | 60.5 | 60.8 | 57.0 | 61.2 | 65.8 | 80.2 | 75.6 | 825.1 |

混凝土用砂石料为四级配，产品规格为150～80mm、80～40mm、40～20mm、20～5mm四种粗骨料和5～1.2mm、1.2～0.15mm两种细骨料，各粒级骨料需用总量见表16-4。

系统根据小湾水电站混凝土高峰浇筑强度22.2万 m³/月进行设计。按每日两班制生产，确定砂石加工系统生产规模：毛料处理能力2050t/h，成品料生产能力1744t/h。

表 16-4　　　　　　　　　　　　小湾水电站混凝土各粒级骨料需用总量表

| 粒级/mm | 150.0~80.0 | 80.0~40.0 | 40.0~20.0 | 20.0~5.0 | 5.0~1.2 | 1.2~0.5 | 合计 |
|---|---|---|---|---|---|---|---|
| 总量/万 t | 358 | 358 | 320 | 320 | 188 | 338 | 1883 |
| 百分比/% | 19 | 19 | 17 | 17 | 10 | 18 | 100 |

## 16.2.2　设备配置

设备配置见表 16-5。

表 16-5　　　　　　　　　　　　　　设 备 配 置 表

| 序号 | 车间名称 | 设备名称 | 型号 | 单位 | 数量 | 单台功率/kW |
|---|---|---|---|---|---|---|
| 1 | 1号、2号粗碎车间 | 重型振动给料机 | B16-56-2V | 台 | 4 | 30×4 |
| | | 颚式破碎机 | JM1312HD | 台 | 4 | 160×4 |
| | | 液压碎石器 | SDW60 | 台 | 2 | 59×2 |
| 2 | 3号粗碎车间 | 重型振动给料机 | GZZ1660G | 台 | 1 | 30 |
| | | 颚式破碎机 | JM1312HD | 台 | 1 | 160 |
| 3 | 半成品料堆 | 振动给料机 | GZG110-180 | 台 | 8 | 2.4×2×12 |
| | | 除铁器 | MCQ3-150L | 台 | 2 | |
| 4 | 预筛分车间 | 重型圆振动筛 | 2YAH2460 | 台 | 2 | 30×2 |
| 5 | 中碎车间 | 振动给料机 | GZG110-180 | 台 | 2 | 2.4×2×12 |
| | | 圆锥破碎机 | S6800 | 台 | 2 | 315×2 |
| 6 | 筛分车间 | 圆振动筛 | 2YKR2460 | 台 | 5 | 37×10 |
| | | 圆振动筛 | 2YKR2460 | 台 | 5 | 37×10 |
| | | 振动给料机 | GZG90-150 | 台 | 15 | 1.5×2×10 |
| | | 洗砂机 | WCD914 | 台 | 5 | 30 |
| | | 直线脱水筛 | ZKR1437 | 台 | 5 | 5.5×2×5 |
| 7 | 制砂原料脱水车间 | 振动筛 | YKR1845 | 台 | 1 | 30 |
| 8 | 细碎车间 | 振动给料机 | GZG110-180 | 台 | 2 | 2.4×2×12 |
| | | 圆锥破碎机 | HP500-F | 台 | 2 | 400×2 |
| | | 除铁器 | MCQ3-150L | 台 | 1 | |
| 9 | 制砂车间 | 冲击式破碎机 | B9100 | 台 | 4 | 220×2×4 |
| | | 振动给料机 | GZG80-120 | 台 | 7 | 1.1×2×14 |
| | | 振动给料机 | GZG80-120 | | 7 | 1.1×2×14 |
| | | 棒磨机 | MBZ2136 | 台 | 3 | 210×3 |
| | | 洗砂机 | WCD914 | 台 | 3 | 30×3 |
| | | 直线脱水筛 | ZKR1237 | 台 | 3 | 5.5×2×3 |
| | | 圆振动筛 | 2YKR2060 | 台 | 4 | 30×4 |
| | | 圆振动筛 | 2WYA2060 | 台 | 4 | 30×4 |
| | | 固定溜筛 | | 台 | 1 | |
| | | 除铁器 | MCQ3-150L | 台 | 2 | |

| 序号 | 车间名称 | 设备名称 | 型号 | 单位 | 数量 | 单台功率/kW |
|------|---------|---------|------|------|------|-----------|
| 10 | 石粉回收 | 高效尾沙脱水装置 | VDS512-4 | 套 | 2 | 7.5×2 |
| | | 单级离心渣浆泵 | 200NG43Ⅲ | 台 | 2 | 185×2 |
| 11 | 成品输送系统 | 电子皮带秤 | JPSB | 台 | 4 | |
| | | 气动弧门 | 800×800 | 台 | 56 | |
| | | 混凝剂投配装置 | JY-20 | 套 | 1 | 4.25 |
| 12 | 水回收车间 | 管道静态混合器 | GW-400 | 台 | 1 | |
| | | 卧式蜗壳双吸泵 | DFSS150-605 | 台 | 3 | 200×3 |
| | | 高效快速澄清器 | MGS-Ⅱ-300 | 台 | 4 | |
| 13 | 污泥处理车间 | 压滤机 | XJZ80/150 | 台 | 4 | 7.5×4 |

# 16.3  向家坝水电站马延坡人工砂石加工系统

## 16.3.1  工程概括

（1）概述。向家坝水电站是金沙江梯级开发中的最后一个梯级，位于四川省与云南省交界处的金沙江下游河段，坝址左岸下距四川省宜宾县的安边镇 4km、宜宾市 33km，右岸下距云南省的水富县城 1.5km。工程开发任务以发电为主，同时改善航运条件，兼顾防洪、灌溉，并具有拦沙和对溪洛渡水电站进行反调节等综合作用。

本工程为Ⅰ等大（1）型工程，工程枢纽建筑物主要由混凝土重力挡水坝、左岸坝后厂房、右岸地下引水发电系统及左岸河中垂直升船机等组成。大坝挡水建筑物从左至右由左岸非溢流坝段、冲沙孔坝段、升船机坝段、坝后厂房坝段、泄水坝段及右岸非溢流坝段组成，坝顶高程 384.00m，最大坝高 162m，坝顶长度 909.26m；泄水坝段位于河床中部略靠右岸，泄洪采用表孔、中孔联合泄洪的方式，中表孔间隔布置，共布置 10 个中孔及12 个表孔，坝段前缘总长 248.00m。升船机坝段位于河床左侧，坝段宽 29.60m，坝块沿升船机轴线长 115.50m。升船机中心线与坝轴线正交 90°，由上游引航道、上闸首、塔楼段、下闸首和下游引航道等 5 部分组成，全长 1260m。发电厂房分设于右岸地下和左岸坝后，各装机 4 台，单机容量均为 750MW，总装机容量为 6400MW，左岸坝后厂房安装间与通航建筑物呈立体交叉布置。

向家坝水电站太平料场和马延坡砂石加工系统工程建设及生产供应（以下简称系统），主要承担向家坝水电站一期主体工程、二期导流基坑开挖及非溢流坝与泄水坝工程、二期厂坝及升船机工程、右岸地下厂房工程等主体工程约 1220 万 m³ 混凝土所需骨料的供应任务，规划需生产混凝土骨料 2680 万 t，其中粗骨料 1820 万 t、细骨料 860万 t。

该砂石加工系统由太平料场开采区、大湾口半成品加工区、马延坡成品加工区以及长距离带式输送机输送线（从太平料场附近大湾口半成品加工区到坝区马延坡成品加工区之间）四部分组成。大湾口半成品加工区布置在太平料场附近的大湾口缓坡山地上，布置高程1050.00~1169.00m；马延坡成品加工区布置在右坝头附近的马延坡冲沟左侧缓坡山地上，距右坝头约450m处，布置高程475.00~600.00m；输送线由5条长距离带式输送机组成，总长约31.1km，主要布置在隧洞内（洞线穿越高山、溪沟），隧洞共分为9段，总长约29.3km，主洞断面净空尺寸为：5m（宽）×5m（高）。主体工程施工期间，砂石加工系统采用太平料场开采的石料生产混凝土骨料，分别供应右岸高程380.00m、300.00m和310.00m三个混凝土生产系统。

主体工程混凝土施工期为2007年7月至2014年3月，其总工期约6年9个月。其中2010年1月至2012年3月为混凝土高峰浇筑期，共浇筑混凝土825.65万m³，占主体工程混凝土浇筑总量约68%，平均浇筑强度为30.58万m³/月；2010年7月至2011年6月为混凝土高峰浇筑年，共浇筑混凝土408.81万m³，占主体工程混凝土浇筑总量约34%，平均浇筑强度为34.07万m³/月，计入月不均衡系数1.2后，混凝土高峰月浇筑强度为40.88万m³/月。

（2）料源。太平二叠系灰岩料场位于库区右岸绥江县新滩溪镇，新滩溪沟内的大湾口处，距新滩溪镇约15km，距坝址公路里程约59km，直线距离约30km。

料场在区域构造上靠近五角堡—楼东背斜SW倾伏端的NW翼，为一顺向坡结构。山坡地形较整齐，无大型冲沟发育，料场区内有少量旱地和居民房舍分布。沟底高程950.00m，灰岩出露高程1120.00~1500.00m，基岩大部分裸露。在高程1000.00~1370.00m，宽约500m的范围内，为一古滑坡体的滑面，地形整齐，为一顺向坡单斜构造。在高程1370.00~1430.00m的范围内，基岩形成高约20~40m、长约500m的陡坎。陡坎以上岩层倾角逐渐变缓，形成缓坡，自然坡角一般为10°~20°，基岩大部分裸露，局部覆盖厚约0.5~8m的黄色黏土，灌木较为发育。根据野外实际测绘和勘探资料表明，茅口组灰岩铅直厚度大于200m，岩石完整性较好，溶蚀不甚发育。

料场拟开采岩层为二叠系下统茅口组（P1m）灰岩。岩性以灰白、深灰色中厚层致密块状细晶至微晶灰岩为主，夹有少量生物碎屑灰岩。沿裂隙可见方解石、石英细脉充填，局部夹有少量炭泥质团块。

料场勘察有效储量4050万m³，无用层剥离量147万m³。岩石为非活性骨料，其各项技术指标均满足规范要求。

物理力学试验成果表明，灰岩的饱和抗压强度范围值62.50~149.00MPa，平均值95.60MPa；干抗压强度范围值95.90~176.00MPa，平均值135.00MPa。岩石孔隙率平均值0.49%，吸水率平均值0.22%，岩石物理性质较好。

（3）系统生产规模。向家坝水电站主体工程混凝土总量约为1220万m³，共需生产混凝土骨料约2680万t，其中粗骨料约1820万t、细骨料约860万t。

系统根据向家坝水电站混凝土高峰浇筑强度40.88万m³/月进行设计。按每日两班制生产，确定砂石加工系统生产规模：毛料处理能力3200t/h，成品料生产能力2600t/h。

砂石生产高峰期以常态混凝土四级、三级、二级配作为设计级配（其中：四级配混凝土占43%，三级配混凝土占26%，二级配混凝土占31%）。

四级配混凝土骨料设计级配：特大石∶大石∶中石∶小石＝3∶3∶2∶2，砂率取28%。

三级配混凝土骨料设计级配：大石∶中石∶小石＝4∶3∶3，砂率取32%。

二级配混凝土骨料设计级配：中石∶小石＝50∶50，砂率取38%。

其综合计算级配：特大石∶大石∶中石∶小石＝13.8∶24.2∶31.0∶31.0，砂率取32%。

### 16.3.2 设备配置

设备配置见表16-6。

表16-6            设 备 配 置 表

| 序号 | 车 间 名 称 | 设 备 名 称 | 规 格 型 号 | 单位 | 数量 | 单台功率/kW |
|---|---|---|---|---|---|---|
| 1 | 粗碎车间 | 旋回破碎机 | MK-Ⅱ42-65 | 台 | 2 | 400 |
| | | 旋回破碎机 | MK-Ⅱ50-65 | 台 | 1 | 400 |
| | | 龙门吊 | 60t | 台 | 1 | 2×2.4 |
| 2 | 1号半成品料堆 | 电机振动给料机 | GZG110-150 | 台 | 12 | 2×2.4 |
| | | 除铁器 | MCO2-150 | 台 | 2 | 7.5 |
| 3 | 第一筛分车间 | 圆振动筛 | 2YAH3060 | 台 | 2 | 45 |
| 4 | 中碎车间 | 圆锥破碎机 | H6800 | 台 | 2 | 315 |
| 5 | 2号半成品料堆 | 电机振动给料机 | GZG110-150 | 台 | 28 | 2×1.1 |
| 6 | 3号半成品料堆 | 电机振动给料机 | GZG110-150 | 台 | 48 | 2×1.1 |
| 7 | 第二筛分车间 | 圆振动筛 | 2YKR2460 | 台 | 6 | 37 |
| | | 螺旋洗石机 | 2XL-1118 | 台 | 4 | 2×45 |
| | | 螺旋洗石机 | 2WCD-1118 | 台 | 2 | 2×37 |
| 8 | 细碎车间 | 反击式破碎机 | NP1520 | 台 | 3 | 2×280 |
| | | 电机振动给料机 | GZG125-160 | 台 | 3 | 2×1.5 |
| | | 除铁器 | MCO2-150 | 台 | 1 | 7.5 |
| 9 | 第三筛分车间 | 圆振动筛 | YKR2060 | 台 | 2 | 22 |
| 10 | 第四筛分车间 | 圆振动筛 | 3YKR2460 | 台 | 12 | 37 |
| | | 电机振动给料机 | GZG100-150 | 台 | 36 | 2×1.1 |
| | | 螺旋分级机 | XL-914 | 台 | 12 | 11 |
| | | 脱水筛 | ZSJ1233 | 台 | 12 | 2×1.1 |
| 11 | 超细碎车间 | 电动弧门 | DHM800×800 | 台 | 24 | 2.5 |
| | | 立轴冲击破碎机 | RP109 | 台 | 6 | 2×220 |
| | | 除铁器 | MCO2-150 | 台 | 1 | 7.5 |

| 序号 | 车间名称 | 设备名称 | 规格型号 | 单位 | 数量 | 单台功率/kW |
|------|----------|----------|----------|------|------|------------|
| 12 | 第五筛分车间 | 香蕉圆振动筛 | 3WZD1867 | 台 | 6 | 37 |
| | | 圆振动筛 | 3YKR1867 | 台 | 6 | 30 |
| | | 棒磨机 | MBZ2136 | 台 | 7 | 210 |
| | | 螺旋分级机 | XL－914 | 台 | 7 | 11 |
| | | 脱水筛 | ZSJ1233 | 台 | 7 | 2×1.1 |
| 13 | 成品料仓 | 电动弧门 | DHM1000×1000 | 台 | 64 | 2.5 |
| | | 电动弧门 | DHM800×800 | 台 | 90 | 2.5 |
| | | 电子皮带秤 | WPC－DT75 | 台 | 3 | 0.5 |
| 14 | 其他部位设备 | 地磅 | 100t | 台 | 1 | |
| | | 脱水筛 | ZKR1445 | 台 | 2 | 11 |
| 15 | 除尘设备 | 脉冲袋式除尘器 | DMC－310 | 台 | 6 | |
| | | 仓顶机械回转布袋除尘器 | JH－50B | 台 | 1 | 5.5＋0.75 |
| | | 主引风机 | G－4－68－10D | 台 | 6 | 55 |
| | | 输粉用高压风机 | 9－19－7.1D | 台 | 1 | 37 |
| | | 储灰塔 | φ5000×10000 | 个 | 1 | |
| | | 渣浆泵 | 40ZDS15－15 | 台 | 1 | 2.2 |
| 16 | 成品水处理系统 | 清水泵 | 14SA－10B | 台 | 6 | 220 |
| | | 单级单吸离心泵 | KQSN300－N4 | 台 | 3 | 250 |
| | | 清水泵 | IS（R80－65－160A） | 台 | 3 | 5.5 |
| | | 渣浆泵 | 250NGⅢ | 台 | 6 | 560 |
| | | 渣浆泵 | 150NDI | 台 | 6 | 90 |
| | | 石粉回收装置 | 2SG48－120W－4A | 套 | 3 | 1.875 |

# 16.4 金安桥左岸砂石加工系统

## 16.4.1 工程概况

（1）概述。金安桥水电站位于云南省丽江市境内的金沙江中游河段上，是金沙江中游河段规划的第五级电站。水电站左岸属永胜县，右岸属丽江市古城区。水电站坝址距永胜县城49km，距丽江市古城区51km，距大理市231km，距昆明市580km，距攀枝花市227km。

工程以发电为主，采用堤坝式开发。枢纽主要由碾压混凝土重力坝、右岸溢洪表孔及消力池、右岸泄洪（冲沙）底孔、左岸冲沙底孔、坝后厂房及交通洞等组成。

碾压混凝土重力坝最大坝高 160m，坝顶长度 640m。水电站装机容量 $4 \times 600MW$。工程计划于 2005 年 11 月中旬截流，2009 年底第一台机组发电，2011 年竣工。

工程由左岸砂石加工系统、金安桥玄武岩石料场和金安桥桥头（不含 R110＋200m 段）至玄武岩石料场的 R11 主线公路及场内若干支线公路组成。

左岸砂石加工系统布置于坝轴线下游五郎河口左侧。系统主要承担上游碾压混凝土围堰、大坝、引水发电系统等主体工程约 528 万 $m^3$ 混凝土所需砂石料的生产任务。共需制备砂石骨料约 1180 万 t，其中碎石 730 万 t，碾压混凝土用砂 230 万 t，常态混凝土用砂 220 万 t。

（2）料源。金安桥玄武岩石料场位于坝址下游金沙江左岸、五郎河口左侧山脊。料场分布高程 1500.00～1850.00m，勘探范围内面积约 $0.5m^2$。

料场勘察工作按先初查、后详查的顺序开展。料场基岩裸露，岩相岩性稳定，无用夹层少而薄，风化厚度不大，但局部地段覆盖层较厚，发育规模较大的 II 级结构面断层两条：F8、F34，岩体相对破碎。按地形地质条件，料场属 II 类场地。

初查阶段布置有 ZK501、ZK502 两个钻孔和 PD501 平洞 1 个。详查阶段增加了 ZK503～ZK521 共 19 个钻孔和 PD502～PD505 平洞 4 个。勘探网间距 150～200m。玄武岩料场共完成钻孔 21 个，总进尺 1769.39m，平洞 5 个，总进尺 383.8m。完成料场岩石室内物理力学性试验 2 组。因料场岩层与坝址工程区为同一层位，岩性、岩相、成分及物理力学性基本相同，故可参考利用坝址区岩石物理力学性质试验成果。

石料场地形受凝灰岩夹层的控制，总体呈台阶状。所选石料场位于两个缓坡平台之间，下部平台为 t5 凝灰岩控制，顶部平台为 t8 凝灰岩层面。平台总体缓倾下游，坡度较缓，约 15°～25°。料场顶部发育一条规模较大的冲沟（五郎沟），沟两侧有较厚的松散堆积层分布，覆盖层底面为 t8 凝灰岩层。覆盖层由崩塌堆积、坡积及洪积混杂，主要成分为块石、碎石夹大块石及黏质粉砂土，较松散。料场中部发育的 F8 断层横切料场，断层产状 N80°～85°W，NE∠80°～90°，破碎带宽 3～5m，由角砾岩、糜棱岩、碎裂岩及构造透镜体组成，胶结差，沿断层呈一凹槽，两盘节理发育。

由于 F8 断层对石料质量影响较大，故将料场以断层为界分为 I、II 两个采区。I 区位于 F8 断层南东侧斜坡上部，II 区位于 F8 断层北西侧的斜坡下部。由于 II 区顶部覆盖层较厚，岩体风化部分地段较深，剥离量相对较大，故推荐优先采用 I 区石料。

I 区为高约 150～200m 的玄武岩基岩陡崖，陡崖上、下分别为 t6、t8 凝灰岩软弱夹层经剥蚀后形成的缓坡平台地形，两级平台上零星分布五郎河自然村。料场石料为二叠系上统玄武岩组上段（P2β3）的深灰、灰色玄武岩、杏仁状玄武岩夹 t6b、t6、t7a、t7、t8a、t8b、t8 七层连续性相对较好的凝灰岩及数层火山角砾熔岩。玄武岩、杏仁状玄武岩及火山角砾熔岩均为坚硬岩石，新鲜岩石湿抗压强度一般为 80～120MPa，部分玄武岩可达 140MPa 左右。凝灰岩为石料中的软弱夹层，一般厚度不大，其厚度为 20～50cm，凝灰岩属中硬岩—软岩，抗压强度一般小于 60MPa。由于凝灰岩具崩解现象，部分存在泥化、软化，遇水易软化、崩解，对骨料质量有不利影响，但其所占比例较小，对整个料场石料质量影响不大。料场内玄武岩、杏仁状玄武岩多块状、次块状，石料质量较好，从工程枢纽区岩石（与料场为同一层位，岩性、成分及物理力学性质基本相同）试验成果看，弱风化—微风化岩石，湿抗压强度 60～90MPa，部分可达 140MPa 左右，平均湿抗压强度达 83.74MPa，干密度大于 2.74g/cm$^3$，软化系数一般大于 0.75，石料质量满足规范要求。但由于夹数层凝灰岩，加之受断层、构造破碎带及夹层风化、囊状风化的影响，岩体局部完整性差，软弱、破碎及风化物质应在开采时予以剔除，严格控制石料质量。

对料场Ⅰ区石料储量进行计算，采用平行断面法，4 条横剖面为计算断面。料场后缘靠近冲沟一侧崩、坡积（Q$^{col+dl}$）层较厚，一般可达 55～31m，剥离量较大。靠近料场外侧陡崖一带，覆盖层相对较薄，顶部覆盖层厚度仅 1～7.5m。按终采平台 1500m 计，有用层储量 1676 万 m$^3$，可满足工程用量，需剥离的无用层（包括坡积层、崩塌堆积层、强风化和凝灰岩等软弱夹层）480.9 万 m$^3$，剥采比 1∶3.5。

由于采区位置相对较高，崖脚崩塌堆积体较厚，山上无大的水源，开采将有一定困难。但开采条件较好，料场下部为一缓坡平台（t6 凝灰岩面），其东侧为陡崖形成的自然开采面，其顶部平缓（t8 凝灰岩面），且采区远离枢纽施工区，施工干扰较小。

料场终采平台高程约 1500.00m，与现有丽永公路高程 1330.00m 高差近 200m，需新建料场。

金安桥玄武岩石料场位于坝址下游金沙江左岸、五郎河口左侧山脊。料场分布高程 1500.00～1850.00m。

根据金安桥石料场开采规划设计，石料场总开挖量为 707.20 万 m$^3$，其中毛料 533.54 万 m$^3$，覆盖剥离 173.66 万 m$^3$。根据施工总进度计划，砂石加工系统于 2005 年 12 月 1 日开始正式投产，料场毛料开采计划于 2004 年 10 月 12 日开始，以满足系统调试生产、工业性试验的备料要求。料场开挖的工程量见表 16-7。

表 16-7 料场开挖工程量表

| 项目名称 | 土方明挖/m$^3$ | 石方明挖/m$^3$ | 小计/m$^3$ | 备 注 |
|---|---|---|---|---|
| 覆盖剥离 | 58.36 | 115.30 | 173.66 | 石方为强风化岩 |
| 毛料开采 | | 533.54 | 533.54 | |
| 合计 | 58.36 | 648.84 | 707.20 | |

（3）生产规模。系统主要承担上游碾压混凝土围堰、大坝、引水发电系统等主体工程约 528 万 m$^3$ 混凝土所需砂石料的生产任务。共需制备砂石骨料约 1180 万 t，其中碎石 730 万 t，碾压混凝土用砂 230 万 t，常态混凝土用砂 220 万 t。

加工系统按满足混凝土高峰时段浇筑强度 22.7 万 m$^3$/月设计。系统毛料处理能力 2000 t/h，成品料生产能力约 1687t/h。

## 16.4.2 设备配置

设备配置见表 16-8。

**表 16-8**　　　　　　　　　　　设 备 配 置 表

| 序号 | 车 间 名 称 | 设 备 名 称 | 规 格 型 号 | 单位 | 数量 | 单台功率/kW |
|---|---|---|---|---|---|---|
| 1 | 粗碎车间 | 旋回破碎机 | MK-Ⅱ42-65 | 台 | 2 | 400 |
| 2 | 半成品竖井 | 电机振动给料机 | GZG220-200 | 台 | 2 | 2×3.2 |
| 3 | 半成品料堆 | 电机振动给料机 | GZG125-160 | 台 | 8 | 2×2.4 |
| 4 | 中碎车间 | 圆锥破碎机 | HP500-ST-C | 台 | 2 | 400 |
|  |  | 电机振动给料机 | GZG125-160 | 台 | 2 | 2×2.4 |
|  |  | 除铁器 | MCO2-150 | 台 | 1 | 7.5 |
| 5 | 第一筛分车间 | 圆振动筛 | 3YKR2460 | 台 | 2 | 37 |
|  |  | 圆振动筛 | 2YKR2460 | 台 | 2 | 37 |
| 6 | 第二筛分车间 | 圆振动筛 | 3YKR2460 | 台 | 2 | 37 |
| 7 | 细碎车间 | 圆锥破碎机 | HP500-ST-F | 台 | 3 | 400 |
|  |  | 电机振动给料机 | GZG125-160 | 台 | 3 | 2×2.4 |
|  |  | 除铁器 | MCO2-150 | 台 | 1 | 7.5 |
| 8 | 超细碎车间 | 除铁器 | MCO2-150 | 台 | 2 | 7.5 |
|  |  | 电机振动给料机 | GZG125-160 | 台 | 4 | 2×2.4 |
|  |  | 立轴冲击式破碎机 | B9100 | 台 | 4 | 440 |
|  |  | 金属探测器 | JT-150 | 台 | 2 | 0.5 |
| 9 | 第三筛分车间 | 圆振动筛 | 3YKR2460 | 台 | 10 | 37 |
|  |  | 脱水筛 | ZKR1652 | 台 | 10 | 2×7.5 |
|  |  | 手动弧门 | 700×700 | 台 | 30 |  |
| 10 | 第四筛分车间 | 圆振动筛 | 2YKR2460 | 台 | 1 | 37 |
| 11 | 棒磨车间 | 手动弧门 | 600×600 | 台 | 10 |  |
|  |  | 棒磨机 | MBZ2136 | 台 | 5 | 210 |
|  |  | 螺旋分级机 | FC-12 | 台 | 5 | 7.5 |
|  |  | 脱水筛 | ZSJ1233 | 台 | 5 | 2×1.1 |
| 12 | 成品料仓及装车台 | 电动弧门 | DHM1000×1000 | 台 | 16 | 2.5 |
|  |  | 电动弧门 | DHM800×800 | 台 | 12 | 2.5 |
|  |  | 手动弧门 | 800×800 | 台 | 24 |  |
|  |  | 地磅 | 60t | 台 | 1 |  |
|  |  | 电子皮带秤 | WPC-DT75 | 台 | 1 | 0.5 |

# 16.5　阿海新源沟砂石加工系统

## 16.5.1　工程概况

（1）概述。阿海水电站位于云南省丽江市玉龙县（右岸）与宁蒗县（左岸）交界的金

194

沙江中游河段，是金沙江中游河段一库八级的第四级，上游与梨园水电站相衔接，下游为金安桥水电站。

水电站是以发电为主，兼有库区航运、水土保持和旅游等综合效益的大型水电水利工程。水电站正常蓄水位 1504.00m，相应库容 8.06 亿 m³，具有日调节性能，最大坝高 130m，装机容量 2000MW（5×400MW）；工程枢纽由混凝土重力坝、左岸导流洞、坝后式引水发电建筑物等组成。

新源沟砂石加工系统是阿海水电站主体工程建设所需砂石料的生产基地。新源沟砂石加工系统主要系统承担约 410 万 m³ 混凝土和部分喷混凝土的骨料生产，其中碾压混凝土约 180 万 m³，常态混凝土约 370 万 m³，共需生产成品骨料约 902 万 t。

新源沟砂石加工系统布置区域为靠近新源沟口的右侧坡地，系统粗碎车间距新源沟灰岩石料场直线距离约 500m。系统生产规模：毛料处理能力 1800t/h，成品生产能力 1550t/h。系统所需料源全部从新源沟灰岩石料场开采，生产的成品骨料采用长胶带输送机（长度约 1800m）通过胶带机运输洞运至左岸上游混凝土系统。

系统建设分两期实施。一期主要供应导流隧洞、渣场排水洞以及缆机基础等工程约 40 万 m³ 混凝土的粗细骨料，二期主要供应大坝、坝后厂房、溢洪道消力池、下游护岸工程等约 370 万 m³ 混凝土的粗细骨料。一期工程应具备 400t/h 的成品骨料生产能力，二期工程形成 1550t/h 成品骨料的生产规模。

（2）料源。系统所需料源全部从新源沟灰岩石料场开采。依据招标文件，料场灰岩天然密度 2.75～2.77g/cm³，饱和吸水率 0.1%～0.11%，湿抗压强度 76.4～100.1MPa，软化系数 0.68～0.83；混凝土碱活性试验表明，岩石无碱活性矿物，骨料的最大膨胀率均小于 0.1%，为硅碱型非活性骨料。石料质量可满足工程要求。

新源沟石料场位于宁蒗县翠玉乡库枝村东南约 3km 的新源沟两岸，在坝址上游左岸，距金沙江岸边约 1.5km，距上坝址直线距离约 2km，距下坝址直线距离约 2.5km。新源沟为金沙江的一级小支流，枯水期流量约 1～2m³/s，汛期流量大于 10m³/s。新源沟沟谷深切、狭窄，两岸冲沟发育，料场区地形最大高差约 530m。料场区较大的冲沟共有 5 条，其中左岸 2 条（1 号、3 号），右岸 3 条（2 号、4 号、5 号），2 支沟从右岸料场区穿过。枯水期支沟内均无流水。石料场处在冲沟之间的山梁上。料场段新源沟沟底高程约 1519.00m。料场呈条带状、近南北向分布在沟两岸，东西长约 2200m（其中右岸 1300m，左岸 900m），南北宽 90～270m。分布高程：右岸 1519.00～2043.00m，左岸 1519.00～2052.00m。临新源沟和 4 号沟方向地形较陡，约 50°～70°，其他地带 30°～35°。场地内高程 1720.00～1730.00m 有库枝—库脚简易公路通过。

根据料场地形地貌，以新源沟为界将石料场划分为两个区，即沟右岸为Ⅰ区、沟左岸为Ⅱ区，Ⅰ区以穿过料场的 2 号支沟为分界，将Ⅰ区分为上下两部分，下部在 5 号支沟与 4 号支沟之间，上部在 2 号支沟与 4 号支沟之间。

石料场利用的岩层为志留系中上统（S2＋3）地层，岩性为灰色薄—中厚层状灰岩夹一层厚约 4～6m 的灰黑色灰岩。岩层产状 N5°～25°E，NW∠60°～75°，走向与新源沟近垂直，陡倾下游（坡外）。岩层真厚度 95～235m，其后（里侧）为顺层侵入的辉绿岩分布。

为查明岩石的矿物成分及含量，在石料场共取灰岩岩样 6 组、辉绿岩岩样 2 组进行了岩矿鉴定。灰岩鉴定结果为：岩石定名为泥晶—微晶灰岩。岩石主要矿物成分为泥晶—细晶方解石，有明显的重结晶现象。方解石粒径 $0.004\sim0.12mm$，半自形粒状，亮晶颗粒间为泥晶方解石充填，可见后期方解石呈团斑及细脉穿插，方解石占 $60\%\sim95\%$，其中后期方解石呈团斑及脉状穿插，占 $2\%\sim5\%$。少量的其他矿物及含量为：铁泥质占 $3\%\sim25\%$，生物碎屑占 $1\%\sim10\%$，石英、碳酸盐岩岩屑占 $0\sim10\%$，白云母含量少可忽略不计，生物碎屑在灰黑色灰岩中含量最高，达 $25\%$，其他灰岩中只 $1\%\sim10\%$。石料场灰岩岩性有下述特点：与侵入岩（即辉绿岩）的距离由远到近，灰岩重结晶程度逐渐增高，方解石含量逐渐增多，方解石粒径逐渐加大，铁泥质含量逐渐降低。

据地质测绘和勘探揭露，灰岩喀斯特弱—中等程度发育，偶见溶洞，溶蚀裂隙、溶孔、溶穴多处有分布。据 PD334 揭露，最大的溶洞直径约 $2\sim3m$，高度大于 $3.5m$，该溶洞顺一断层发育，左侧充填碎石、泥质、方解石，右侧无充填。据统计，Ⅰ区、Ⅱ区 4 个平洞（总长约 430m）总共有大小溶洞 12 个，线溶率约为 $2\%$，一般为小溶洞，大小在 $0.1\sim1m$，最大的溶洞如前所述，钻孔中最大掉钻长度为 1.6m；溶蚀裂隙较发育，一般顺断层或挤压面（带）发育而成，宽度一般为 $1\sim10cm$，最宽达 1.2m，大部分充填泥质、碎石、方解石，部分无充填。据统计，PD330 中断层、挤压面（带）共 15 条，总宽度 2.75m，占岩层总厚度的 $2.3\%$，PD331 中断层、挤压面（带）共 15 条，总宽度 1.4m，占岩层总厚度的 $1.2\%$。推测溶洞、溶蚀裂隙占总开采量的 $4\%\sim5\%$。另外，后期方解石较多，呈脉状或团块状分布于裂隙或岩体中，方解石脉宽度一般为 $1\sim2cm$，延伸长度部分大于 5m，部分小于 1m，推测方解石占总开采量的 $2\%\sim5\%$。该地层与上覆、下伏地层呈整合接触。岩石几乎完全裸露于地表，地表岩石在沟边斜坡部位以弱风化为主，坡顶为强风化。强风化底界垂直埋深一般约 10m，弱风化底界深度最大 30m。料场范围内仅新源沟内估计有约 2m 的冲积层。

利用层两侧分布的岩层为：西北侧为泥盆系下统阿冷初组与山江组并层（$D^{1a+1s}$），为浅变质岩，岩性为灰、深灰色、灰黑色薄—中厚层状钙质长石石英砂岩、板岩、粉砂岩、页岩夹灰黑色中厚层状泥灰岩、生物碎屑灰岩和砂砾岩，该层厚度 $248\sim443m$。东南侧为志留系下统（S1）的浅变质岩和华力西晚期侵入的辉绿岩，浅变质岩为灰、深灰色板岩，夹薄—中厚层状泥质灰岩、含泥灰岩，中下部夹少量黄铁矿化硅质层，该层厚度 $60\sim112m$；华力西晚期侵入的辉绿岩（$\beta\mu43$），灰绿、深灰色，致密坚硬，隐晶结构，局部斑状结构，块状构造。矿物成分主要为斜长石、辉石及少量斜方辉石、磁铁矿、绢云母。岩石蚀变现象明显，长石多为绢云母化或高岭土化，辉石普遍绿泥石化，尤其在破裂结构面附近表现尤为强烈，局部有铜矿化或铁矿化。在侵入岩体内尚分布不规则呈条带状或团块状的煌斑岩（辉长岩）。辉绿岩体内柱状、圆柱状节理极为发育，一般均垂直于侵入接触面。微风化—新鲜的辉绿岩体是可利用的混凝土骨料原料。

为查明料场工程地质条件和岩石质量、储量，对料场开展了详查工作。共布置 7 个钻孔、5 个平洞，岩石物理力学性质试验 3 组，硫化物含量测试 4 组，混凝土骨料碱活性试验 11 组（碱—硅酸反应 8 组、碳—硅酸反应 4 组）。石料场岩石物理力学试验成果见表 16-9，石料场岩石硫化物含量鉴定见表 16-10，石料场混凝土骨料碱活性试验成果见表 16-11。

表 16-9　石料场岩石物理力学试验成果表

| 试验编号 | 岩样编号 | 取样深度/m | 岩层代号 | 岩样名称 | 物理性试验 | | | | | 力学性试验 | | | | | | |
|---|---|---|---|---|---|---|---|---|---|---|---|---|---|---|---|---|
| | | | | | 颗粒密度 | 块体密度 | 空隙率 | 自然吸水率 | 饱和吸水率 | 抗压强度 | | 软化系数 $\eta$ | 静态变形试验 | | | |
| | | | | | | | | | | 干抗压 | 湿抗压 | | 干 | | 湿 | |
| | | | | | | | | | | | | | 弹性模量/(×10⁴MPa) 弹性模量/($\times10^4$MPa) | 泊松比 | 弹性模量/($\times10^4$MPa) | 泊松比 |
| | | | | | g/cm³ | | % | | | MPa | | | | | | |
| TG06095 | ZK331-1 | 72.96~74.29 | S$_{2+3}$ | 灰岩 | 2.75 | 2.70 | 1.82 | 0.10 | 0.11 | 94.3 112.2 79.9 | 76.4 80.3 80.3 | 0.83 | 4.95 | 0.19 | 4.45 | 0.23 |
| TG06096 | ZK331-2 | 106.3~107.43 | S$_{2+3}$ | 灰岩 | 2.77 | 2.76 | 0.36 | 0.09 | 0.10 | 144.8 125.7 133.5 | 100.1 86.7 88.0 | 0.68 | 3.62 | 0.17 | 3.14 | 0.21 |
| TG06115 | ZK330 | 22.31~23.51 | S$_{2+3}$ | 灰岩 | 2.71 | 2.69 | 0.74 | 0.07 | 0.08 | 104.4 95.0 95.0 | 61.4 60.5 60.5 | 0.62 | 6.81 | 0.27 | 5.57 | 0.29 |

**注**　试验执行标准为:《水利水电工程岩石试验规程》(SL 264—2001)。

表 16-10　石料场岩石硫化物含量鉴定表

| 岩样编号 | 取样深度/m | 岩样地点 | 岩层代号 | 硫化物含量/% |
|---|---|---|---|---|
| PD330-40 | 40 | 新源沟石料场平洞 PD330 洞内 | S$_{2+3}$ | 0.002 |
| PD330-80 | 80 | | | 0.010 |
| PD330-92 | 92 | | | 0.001 |
| PD330-110 | 110 | | | 0.001 |

表 16-11　石料场混凝土骨料碱活性试验成果表

| 试验编号 | 快速压蒸法 | | | | 砂浆棒快速法 | | | 评定结果 |
|---|---|---|---|---|---|---|---|---|
| | 灰砂比 | 膨胀率/% | 最大膨胀率/% | 评定结果 | 膨胀率/% | | | |
| | | | | | 3d | 7d | 14d | |
| JHY-1 | 2:1 | 0.03286 | 0.06429 | 非活性骨料(碱-硅酸反应) | 0.00304 | 0.01475 | 0.06041 | 非活性骨料 |
| | 5:1 | 0.05500 | | | | | | |
| | 10:1 | 0.06429 | | | | | | |
| | 10:1 | 0.06457 | | | | | | |

(3) 生产规模。系统生产规模:毛料处理能力 1800t/h,成品料生产能力 1550t/h。

系统建设分两期实施。一期主要供应导流隧洞、渣场排水洞以及缆机基础等工程约 41.6 万 m³ 混凝土的粗细骨料。一期工程应具备 400t/h 的成品骨料生产能力,成品有 40

～80mm、20～40mm、5～20mm、5～15mm 和小于 5mm 各粒级骨料。要求系统工艺设计具备同时生产三级配、二级配和一级配的混凝土骨料，并且满足不同工况时的产品级配平衡要求。

二期工程形成 1550t/h 的成品骨料生产能力，以满足供应大坝、坝后厂房、溢洪道消力池、下游护岸等工程约 370 万 m³ 混凝土粗细骨料的要求。生产的成品料为 80～150mm、40～80mm、20～40mm、5～20mm、5～15mm 和小于 5mm 各级混凝土骨料。要求系统工艺设计具备同时生产四级配、三级配、二级配和一级配的混凝土骨料，并且满足不同工况时的产品级配平衡要求。计算用一期工程混凝土骨料级配参考见表 16-12，二期工程混凝土骨料级配参考值见表 16-13。

表 16-12            一期工程混凝土骨料级配参考表

| 粗 骨 料 | | | | 细骨料 |
|---|---|---|---|---|
| 40～80mm | 20～40mm | 5～20mm | 5～15mm | ＜5mm |
| 4％ | 30％ | 30％ | 根据需要 | 36％ |

表 16-13            二期工程混凝土骨料级配参考表

| 粗 骨 料 | | | | | 细骨料 |
|---|---|---|---|---|---|
| 150～80mm | 40～80mm | 20～40mm | 5～20mm | 5～15mm | ＜5mm |
| 1％ | 17％ | 24％ | 24％ | 根据需要 | 34％ |

## 16.5.2 设备配置

设备配置见表 16-14。

表 16-14            设 备 配 置 表

| 序号 | 车间名称 | 设备名称 | 规格型号 | 单位 | 数量 | 单台功率/kW |
|---|---|---|---|---|---|---|
| 1 | 粗碎车间 | 电子汽车衡 | SCS-80 | 台 | 1 | 1.5 |
| | | 反击式破碎机 | NP1620 | 台 | 1 | 260×2 |
| | | 振动给料机 | VF661-2V | 台 | 1 | 30 |
| | | 反击式破碎机 | P500 | 台 | 2 | 250×2 |
| | | 振动给料机 | GZDZ1656-2V | 台 | 2 | 30 |
| 2 | 半成品料仓 | 除铁器 | RCDY-14 | 台 | 1 | |
| 3 | 第一筛分车间 | 振动给料机 | GZG110-150 | 台 | 10 | 2.4×2 |
| | | 圆振动筛 | 2YKRH2160 | 台 | 4 | 37 |
| | | 双螺旋洗石机 | 2WCD-1118 | 台 | 2 | 45×2 |
| | | 直线脱水筛 | ZKR1845 | 台 | 2 | 11×2 |
| 4 | 第二筛分车间 | 脱水筛 | | 台 | 1 | 1.5×2 |
| | | 圆振动筛 | YKR2460 | 台 | 2 | 30 |

| 序号 | 车间名称 | 设备名称 | 规格型号 | 单位 | 数量 | 单台功率/kW |
|---|---|---|---|---|---|---|
| 5 | 中细碎车间 | 圆振动筛 | 2YKR2460 | 台 | 1 | 37 |
| | | 反击式破碎机 | S350 | 台 | 2 | 250 |
| | | 反击式破碎机 | APS5160 | 台 | 2 | 250 |
| | | 反击式破碎机 | S300 DC | 台 | 1 | 315 |
| | | 振动给料机 | GZG110－150 | 台 | 10 | 2.4×2 |
| | | 金属探测器 | JT－150 | 台 | 5 | 0.5 |
| 6 | 第三筛分车间 | 除铁器 | MCD2－150 | 台 | 1 | 7.5 |
| | | 圆振动筛 | 3YKR2460 | 台 | 6 | 37 |
| | | 洗砂机 | FG－1500 | 台 | 2 | 11 |
| | | 脱水筛 | | 台 | 1 | 1.5×2 |
| | | 脱水筛 | GZG150－180Z | 台 | 2 | 2.4×2 |
| 7 | 第四筛分车间 | 手动弧门 | 700×700 | 台 | 18 | 0 |
| | | 圆振动筛 | YKR1845 | 台 | 4 | 22 |
| 8 | 第五筛分车间 | 脱水筛 | | 台 | 1 | 1.5×2 |
| | | 圆振动筛 | 2YKR1867 | 台 | 10 | 30 |
| 9 | 超细碎车间 | 圆振动筛 | 2YKR2460 | 台 | 1 | 45 |
| | | 立轴冲击式破碎机 | PL9500 | 台 | 6 | 220×2 |
| | | 手动弧门 | 800×800 | 台 | 15 | 0 |
| | | 手动弧门 | 600×600 | 台 | 2 | 0 |
| | | 除铁器 | MCD2－150 | 台 | 1 | 7.5 |
| 10 | 成品料仓 | 电动弧门 | DHM1000 | 台 | 12 | 2.5 |
| | | 电动弧门 | DHM800 | 台 | 16 | 0.75 |
| | | 电子皮带秤 | WPCDT75 | 台 | 2 | 0.5 |
| | | 手动弧门 | 1000×1000 | 台 | 8 | 0 |
| | | 手动弧门 | 800×800 | 台 | 4 | 0 |
| | | 电子汽车衡 | SCS－80 | 台 | 1 | 1.5 |
| 11 | 粗砂整形车间 | 立轴冲击式破碎机 | PL8500 | 台 | 2 | 250 |
| | | 振动给料机 | GZG60－100 | 台 | 2 | 0.55×2 |
| 12 | 毛料分选车间 | 圆振动筛 | 2YKR2460 | 台 | 1 | 45 |
| 13 | 除尘减粉车间 | 布袋除尘器 | LUMC－90C | 台 | 4 | 30＋11 |
| | | 布袋除尘器 | LUMC－220D | 台 | 1 | 55＋11 |
| | | 布袋除尘器 | LUMC－240D | 台 | 1 | 75＋11 |
| 14 | 水处理车间 | 橡胶带式真空过滤机 | DU53/3150 | 台 | 1 | 112＋30 |
| | | 水力旋流器 | FX350－GT－BX3 | 套 | 1 | 0 |
| | | 双吸离心泵 | 8SA－7A | 台 | 4 | 110 |
| | | 渣浆泵 | 100/75C－AH | 台 | 1 | 18.5 |
| | | 渣浆泵 | KH100D－GA | 台 | 1 | 55 |

## 16.6 龙开口水电站燕子崖砂石加工系统

### 16.6.1 工程概况

（1）概述。龙开口水电站位于金沙江中游、云南省大理白族自治州与丽江市交界的鹤庆县中江乡龙开口村河段上，水电站装机规模为1800MW，是金沙江中游河段规划的第六个梯级电站，上接金安桥水电站，下邻鲁地拉水电站。

水电站枢纽主要由挡水建筑物、泄洪冲沙建筑物、右岸引水发电系统及左右岸灌溉取水口等建筑物组成。其中，拦河大坝为碾压混凝土重力坝，最大坝高119.00m，坝顶长度798.00m。泄洪建筑物位于主河床，由5个泄洪表孔和4个泄洪中孔组成。引水建筑物布置于泄洪建筑物右侧，由坝式进水口和坝后背管组成。坝后式厂房布置在右岸台地上，包括主厂房、上下游副厂房、安装场、升压开关站等；共布置5台混流式水轮发电机组，单机容量为360MW。

龙开口水电站主体工程计划于2008年1月开工，2009年2月上旬截流，第一台机组计划发电时间2011年12月底，完工时间2013年4月底。

燕子崖砂石加工系统布置在坝址下游中江河右岸山坡，距离中江河口直线距离约4km。主要承担左、右岸碾压混凝土挡水坝段，泄洪表孔坝段，泄洪中孔坝段，厂房坝段，冲沙底孔坝段，左、右岸灌溉取水口及坝后厂房等建筑物共350万m³混凝土的粗、细骨料生产任务。其料源均为燕子崖石料场开采料。加工系统按满足混凝土高峰时段浇筑强度25.0万m³/月设计。系统成品料生产能力约1650t/h，其中人工砂生产能力约570t/h。

（2）料源。龙开口水电站燕子崖料场地质主要由中的三叠系中统北衙组中段（$T_2b^2$）为建议料场主采地层，灰、深灰、灰白色白云岩，为细晶、粉晶、砂屑等结构，块状构造。厚度400m，分布高程1950.00～2300.00m，中厚层—巨厚层状，单层厚度30～150cm。岩体多为微风化—新鲜，岩质致密坚硬。白云岩饱和抗压强度65.2～149.8MPa，平均101MPa左右。岩石抗压强度中等，破碎磨蚀性低，是较好的加工料源。

（3）生产规模。燕子崖砂石加工系统需满足混凝土高峰时段月平均强度约25万m³的砂石料供应，加工系统成品料生产能力不小于1650t/h，其中人工砂生产能力不小于570t/h，系统以生产三级配碾压混凝土粗、细骨料为主。同时，也生产三级配常态混凝土用砂、二级配常态、碾压混凝土等粗、细骨料。成品骨料平均级配参考值见表16-15。

表16-15 成品骨料平均级配参考值

| | 碎　石 | | | 人工砂 |
|---|---|---|---|---|
| 150～80mm | 80～40mm | 40～20mm | 20～5mm | <5mm |
| 0 | 17.4% | 24.6% | 24.6% | 33.4% |

长距离胶带机起点为燕子崖砂石加工系统成品料堆的地弄胶带机出料口，终点为坝址右岸下游成品骨料转料堆（仓）。按满足混凝土浇筑高峰时段强度25万m³/月，确定输送线的输送能力不小于2500t/h。输送物料为0～80mm白云岩成品骨料。

## 16.6.2 设备配置

设备配置见表 16-16。

表 16-16　　　　　　　　　设备配置表

| 序号 | 车间名称 | 设备名称 | 规格型号 | 单位 | 数量 | 单台功率/kW |
|---|---|---|---|---|---|---|
| 1 | 粗碎车间 | 棒条式振动给料机 | VF661-2V | 台 | 3 | 22 |
| | | 反击式破碎机 | NP-1620 | 台 | 3 | 400 |
| | | 地上衡 | SCS-100 | 台 | 1 | |
| 2 | 竖井转料仓 | 振动给料机 | GZG200-3 | 台 | 6 | 2×3 |
| 3 | 中细碎车间 | 带式给料机 | TD5S1 | 台 | 5 | 7.5 |
| | | 反击式破碎机 | NP-1315 | 台 | 5 | 315 |
| 4 | 超细碎车间 | 立轴冲击式破碎机 | B9100 | 台 | 3 | 400 |
| | | 立轴冲击式破碎机 | PL9500 | 台 | 2 | 440 |
| 5 | 棒磨车间 | 棒磨机 | MBZ2136 | 台 | 3 | 210 |
| | | 螺旋分级机 | FC-12 | 台 | 3 | 7.5 |
| | | 脱水筛 | ZKR1237 | 台 | 3 | 11 |
| 6 | 粗砂整形车间 | 立轴冲击式破碎机 | PL8500 | 台 | 2 | 180 |
| 7 | 石粉生产车间 | 雷蒙磨粉机 | 5R4119 | 台 | 1 | 75 |
| 8 | 半成品料仓 | 振动给料机 | GZG125-160 | 台 | 5 | 4.8 |
| 9 | 第一筛分车间 | 振动给料机 | GZG125-160 | 台 | 8 | 4.8 |
| | | 圆振动筛 | 2YKR2460H | 台 | 4 | 30 |
| | | 洗泥机 | 2XL-1118 | 台 | 4 | 2×37 |
| | | 金属探测器 | JTC2-1400A | 台 | 1 | |
| | | 除铁器 | MC12-130150L | 台 | 1 | 4 |
| | | 除铁器 | MC12-8090L | 台 | 1 | 2.2 |
| 10 | 分级脱水车间 | 圆振动筛 | 3YKR2460 | 台 | 2 | 37 |
| | | 脱水筛 | ZKR1237 | 台 | 2 | 11 |
| 11 | 第二筛分车间 | 振动给料机 | GZG100-140 | 台 | 12 | 3 |
| | | 圆振动筛 | 2YKR2460 | 台 | 4 | 37 |
| | | 圆振动筛 | 2YKR2460 | 台 | 4 | 37 |
| | | 除铁器 | MC12-8090L | 台 | 1 | 2.2 |
| 12 | 中石冲洗车间 | 圆振动筛 | YKR1845 | 台 | 1 | 15 |
| 13 | 小石冲洗车间 | 圆振动筛 | YKR1845 | 台 | 1 | 15 |
| 14 | 第三筛分车间 | 圆振动筛 | 3YKR2460 | 台 | 10 | 37 |
| | | 除铁器 | MC12-150180L | 台 | 1 | 4 |

| 序号 | 车间名称 | 设备名称 | 规格型号 | 单位 | 数量 | 单台功率/kW |
|---|---|---|---|---|---|---|
| 15 | 粗砂回收车间 | 螺旋分级机 | FC－12 | 台 | 1 | 7.5 |
| 16 | 细砂回收车间 | 泥浆静化装置 | ZX－200B | 台 | 2 | 48 |
| | | 渣浆泵 | 3/2C－AH | 台 | 2 | 30 |
| 17 | 石粉回收车间 | 压滤机 | XMZ500/1500－U | 台 | 2 | 5.5 |
| | | 螺旋分级机 | FC－12 | 台 | 1 | 7.5 |
| 18 | 成品供、转料 | 气动弧门 | XHQ8080 | 台 | 130 | |
| | | 地上衡 | SCS－100 | 台 | 1 | |
| | | 电子皮带秤 | JPSB－1200 | 台 | 1 | |
| | | 电子皮带秤 | JPSB－800 | 台 | 1 | |

# 16.7 官地竹子坝人工砂石加工系统

## 16.7.1 工程概况

（1）概述。官地水电站位于雅砻江干流下游、四川省凉山彝族自治州西昌市和盐源县交界的打罗河境内，系雅砻江卡拉至江口河段水电规划五级开发方式的第三个梯级电站。上游与锦屏Ⅱ级水电站尾水衔接，下游接二滩水电站。碾压混凝土重力坝坝顶高程1334.00m，最大坝高168m，坝顶长度516m。右岸地下厂房装机4台600MW机组，总装机容量2400MW。

竹子坝人工砂石加工系统主要承担官地水电站大坝（含消力池）、进水口闸门井及引水洞上平段和斜井段、下游河道整治等工程的混凝土所需的骨料供应任务。

竹子坝人工砂石加工系统位于坝址上游右岸约300m（直线距离）的竹子坝沟内的缓坡地上。本系统承担约400万 m³混凝土和约2万 m³喷混凝土的骨料生产，其中碾压混凝土约308万 m³，常态混凝土约92万 m³，共需生产成品粗骨料约640万 t，碾压混凝土细骨料约265万 t，常态混凝土细骨料约75万 t。料源为竹子坝玄武岩人工骨料场。

本系统满足混凝土浇筑高峰月强度约25万 m³的混凝土的粗、细骨料供应，加工系统成品料生产能力约1750t/h，其中人工砂生产能力约600t/h，毛料处理能力约2200t/h。

（2）料源。官地水电站大坝混凝土骨料料源为玄武岩，料场位于大坝右岸上游约2km的竹子坝后山坡。岩性主要为杏仁状与到致密状玄武岩，岩石致密坚硬，强度高（最大干抗压强度高达336MPa，最大湿抗压强度为305MPa）、功指数高（平均 $W_i=16.5kW \cdot h/t$）、磨蚀性较大（指数 $A_i=0.32$）、性脆，破碎时极易产生针片状颗粒。石料物理力学性质见表16－17，合同要求系统高峰期生产能力见表16－18。

（3）生产规模。本系统满足混凝土浇筑高峰月强度约25万 m³的混凝土的粗、细骨料供应，加工系统成品料生产能力约1750t/h，其中人工砂生产能力约600t/h，毛料处理能力约2200t/h。

表16-17　　　　　　　　　　　　石料物理力学性质表

| 料场位置 | 岩性 | 风化 | 干密度 $\rho_d$ /(g/cm³) | 比重 | 吸水率 /% | | 抗压强度 /MPa | | 弹性模量 /GPa | 软化系数 |
| | | | | | 普通 | 饱和 | 干 | 湿 | | |
|---|---|---|---|---|---|---|---|---|---|---|
| 竹子坝后山坡 | 致密状玄武岩、杏仁状玄武岩、含杏仁的致密状玄武岩 | 弱风化—新鲜 | 2.95~3.08 | 2.97~3.11 | 0.07~0.12 | 0.10~0.16 | 223~336 | 158~305 | 82.9~87.5 | 0.71~0.91 |

表16-18　　　　　　　　　　　　合同要求系统高峰期生产能力表

| 指标 ＼ 种类 | 毛料 | 大石 | 中石 | 小石 | 砂 |
|---|---|---|---|---|---|
| 参考级配/% | — | 20 | 24 | 21.5 | 34 |
| 生产能力/(t/h) | 2200 | 350 | 420 | 380 | 600 |

根据施工总进度安排，本系统需满足大坝混凝土高峰月浇筑强度为25万 m³ 混凝土粗、细骨料的供应，砂石加工系统设计的产品为80~40mm、40~20mm、20~5mm的粗骨料和小于5mm的细骨料。

混凝土级配比例、成品骨料平均级配参考值及混凝土逐月浇筑强度见表16-19~表16-21。

表16-19　　　　　　　　　　　　混凝土级配比例表

| 混 凝 土 级 配 | 比例/% |
|---|---|
| 三级配 | 88.0 |
| 二级配 | 11.5 |
| 喷混凝土 | 0.5 |

表16-20　　　　　　　　　　　　成品骨料平均级配参考值

| 碎 石 | | | 人 工 砂 |
|---|---|---|---|
| 80~40mm | 40~20mm | 20~5mm | <5mm |
| 20% | 24% | 21.5% | 34% |

表 16－21　　　　　　　　　混凝土逐月浇筑强度表　　　　　　　　　单位：万 m³

| 年份 | 月份 | 大坝及消力池 | 进水口闸门井及引水洞上平段、竖井段 | 混凝土总量 | 扣除打罗回采后本标需加工骨料的混凝土强度 | 备注 |
|---|---|---|---|---|---|---|
| 2008 | 1 | | | | | |
| | 2 | 0.03 | | 0.03 | | |
| | 3 | 0.24 | | 0.24 | | |
| | 4 | 0.16 | | 0.16 | | |
| | 5 | 0.53 | | 0.53 | | |
| | 6 | | | | | |
| | 7 | | | | | |
| | 8 | | | | | |
| | 9 | 9.55 | | 9.55 | 5.05 | |
| | 10 | 9.55 | | 9.55 | 5.05 | |
| | 11 | 15.9 | | 15.90 | 11.40 | 大坝常态混凝土约 60％，碾压混凝土约 40％ |
| | 12 | 11.65 | | 11.65 | 7.65 | |
| 2009 | 1 | 12.35 | | 12.35 | 8.35 | |
| | 2 | 13.53 | | 13.53 | 9.53 | |
| | 3 | 13.47 | | 13.47 | 9.47 | |
| | 4 | 11.85 | | 11.85 | 11.85 | |
| | 5 | 11.85 | | 11.85 | 11.85 | |
| | 6 | 11.85 | | 11.85 | 11.85 | |
| | 7 | 11.85 | 1.22 | 13.07 | 13.07 | |
| | 8 | 11.85 | 1.20 | 13.05 | 13.05 | |
| | 9 | 11.49 | 1.20 | 12.69 | 12.69 | |
| | 10 | 18.86 | 1.20 | 20.06 | 20.06 | |
| | 11 | 18.86 | 0.74 | 19.60 | 19.60 | 大坝常态混凝土约 7％，碾压混凝土约 93％ |
| | 12 | 18.86 | 0.01 | 18.87 | 18.87 | |
| 2010 | 1 | 18.86 | 1.10 | 19.96 | 19.96 | |
| | 2 | 18.86 | 1.10 | 19.96 | 19.96 | |
| | 3 | 18.08 | 1.10 | 19.18 | 19.18 | |
| | 4 | 16.31 | 1.10 | 17.41 | 17.41 | |
| | 5 | 16.31 | 1.10 | 17.41 | 17.41 | |
| | 6 | 16.36 | 1.10 | 17.46 | 17.46 | |
| | 7 | 16.40 | 1.10 | 17.50 | 17.50 | |
| | 8 | 16.38 | 1.10 | 17.48 | 17.48 | |
| | 9 | 14.62 | 1.10 | 15.72 | 15.72 | |
| | 10 | 7.49 | 1.10 | 8.59 | 8.59 | |
| | 11 | 8.39 | 1.10 | 9.49 | 9.49 | |
| | 12 | 8.80 | 1.10 | 9.90 | 9.90 | |

| 年份 | 月份 | 大坝及消力池 | 进水口闸门井及引水洞上平段、竖井段 | 混凝土总量 | 扣除打罗回采后本标需加工骨料的混凝土强度 | 备 注 |
|---|---|---|---|---|---|---|
| | 1 | 1.02 | 1.10 | 2.12 | 2.12 | |
| | 2 | 0.28 | 0.91 | 1.19 | 1.19 | |
| | 3 | 0.19 | | 0.19 | 0.19 | |
| | 4 | 0.19 | | 0.19 | 0.19 | |
| | 5 | 0 | | | | |
| | 6 | 0 | | | | |
| 2011 | 7 | 0 | | | | |
| | 8 | 0 | | | | |
| | 9 | 0 | | | | |
| | 10 | 0 | | | | |
| | 11 | 12 | | 12.00 | 12.00 | |
| | 12 | 5.44 | | 5.44 | 5.44 | |
| 最大值 | | | | | 20.06 | |
| 合计 | 47 | 410.26 | 20.78 | 431.04 | 401.04 | |

## 16.7.2 设备配置

设备配置见表 16 - 22。

表 16 - 22                     设备配置表

| 序号 | 车间名称 | 设备名称 | 规格型号 | 单位 | 数量 | 单台功率/kW |
|---|---|---|---|---|---|---|
| 1 | 粗碎车间 | 旋回破碎机 | 42 - 65 | 台 | 2 | 400 |
| 2 | 半成品料仓 | 振动给料机 | GZG125 - 175 | 台 | 14 | 2×1.5 |
| 3 | 第一筛车间 | 圆振动筛 | 2YAH2460 | 台 | 3 | 37 |
| | | 洗泥机 | TTCW3618 | 台 | 2 | 2×22 |
| | | 冲洗筛 | ZKR2060 | 台 | 1 | |
| | | 脱水筛 | GZG1233 | 台 | 2 | |
| 4 | 中碎车间 | 圆锥破碎机 | HP500 - ST - C | 台 | 3 | 400 |
| | | 振动给料机 | GZG110 - 150 | 台 | 6 | 2×1.1 |
| | | 除铁器 | MCO2 - 150 | 台 | 1 | 7.5 |
| 5 | 细碎车间 | 圆锥破碎机 | HP500 - ST - F | 台 | 3 | 400 |
| | | 振动给料机 | GZG110 - 150 | 台 | 6 | 2×1.1 |
| | | 除铁器 | MCO2 - 150 | 台 | 1 | 7.5 |
| 6 | 第二次筛分车间 | 圆振动筛 | 3YKR2460 | 台 | 6 | 37 |
| | | 振动给料机 | GZG110 - 150 | 台 | 12 | 2×1.1 |

| 序号 | 车间名称 | 设备名称 | 规格型号 | 单位 | 数量 | 单台功率/kW |
|---|---|---|---|---|---|---|
| 7 | 超细碎车间 | 除铁器 | MCO2－150 | 台 | 1 | 7.5 |
| | | 手动弧门 | 800×800 | 台 | 16 | |
| | | 立轴冲击式破碎机 | B9100 | 台 | 8 | 500 |
| | | 金属探测器 | JT－150 | 台 | 1 | 0.5 |
| 8 | 第三次筛分车间 | 圆振动筛 | 3YKR3060 | 台 | 8 | 37 |
| | | 高频振动筛 | 2618V | 台 | 1 | 37 |
| | | 手动弧门 | 800×800 | 台 | 16 | |
| | | 手动弧门 | 1000×1000 | 台 | 2 | |
| 9 | 冲洗分级筛分 | 直线振动筛 | ZKR2060 | 台 | 3 | |
| 10 | 棒磨车间 | 手动弧门 | 600×600 | 台 | 12 | |
| | | 棒磨机 | MBZ2136 | 台 | 6 | 210 |
| | | 螺旋分级机 | WCD－914 | 台 | 6 | 7.5 |
| | | 脱水筛 | ZSJ1233 | 台 | 6 | 2×1.1 |
| 11 | 成品料仓及装车台 | 气动弧门 | 1000×1000 | 台 | 44 | |
| | | 气动弧门 | 800×800 | 台 | 20 | |
| | | 地磅 | 80t | 台 | 2 | |
| | | 电子皮带秤 | WPC－DT75 | 台 | 2 | 0.5 |
| | | 空压机 | V－3/7 | 台 | 2 | 0.5 |
| 12 | 水处理系统 | 单级双吸离心泵 | 8SA－7A | 套 | 4 | 110 |
| | | 旋流器 | ZX－250B | 套 | 3 | 48 |
| | | 渣浆泵 | 4/3D－AH | 套 | 2 | 75 |
| | | 渣浆泵 | | 台 | 1 | 55 |
| | | 搅拌器 | $L=2.05m$，$D=2.7m$，叶宽 0.12m | 个 | 18 | |
| | | 单级双吸离心泵 | 8SA－10B | 套 | 2 | 55 |
| | | 单级单吸离心泵 | IS100－65－250A | 套 | 1 | 30 |
| | | 厢式压滤机 | XMK500/1500－U | 台 | 3 | 5 |
| 13 | 除尘系统 | 布袋除尘器 | XMC－720 | 台 | 1 | 1 |
| | | 布袋除尘器 | XMC－540 | 台 | 1 | 1 |
| | | 风机 | 4－72－12.5C | 台 | 1 | 75 |
| | | 风机 | 4－72－12C | 台 | 1 | 45 |

## 16.8　大岗山砂石加工系统

### 16.8.1　工程概况

（1）概述。大渡河大岗山水电站位于大渡河中游的四川省雅安市石棉县挖角乡境内，上游与规划的硬梁包水电站衔接，下游与龙头石水电站衔接，为大渡河干流规划调整推荐22级方案的第14梯级电站。坝址距下游石棉县城约40km，距上游泸定县城约75km，距成都360km，石棉—泸定的S211省道穿越工程坝址区。

大岗山水电站工程枢纽主要由挡水建筑物、泄洪消能建筑物和引水发电建筑物等组成。混凝土双曲拱坝坝高210m，坝顶厚度10m，坝底厚度52m，坝身设4个深孔泄洪，右岸设置1条泄洪洞，地下厂房布置在左岸山体内。本工程任务主要为发电，装机4台，总装机容量2600MW，年发电量114.5亿kW·h，水库正常蓄水位1130.00m，水库总库容7.42亿 $m^3$。

大岗山水电站大坝人工砂石加工系统。主要承担大坝、水电站进水口等工程混凝土及喷混凝土体型结构工程量约351万 $m^3$ 的骨料生产，共需生产粗、细成品骨料约840万t（混凝土量和成品骨料量仅供投标时参考，实际施工时可能调整）。系统生产规模需满足混凝土浇筑高峰期月强度约16.5万 $m^3$ 的粗、细骨料供应，成品料生产能力约1100 t/h，其中人工砂生产能力约330t/h，毛料处理能力约1400 t/h。

（2）工程施工由以下四大部分组成：

1）棱子坝料场。该系统料源为上游左岸的棱子坝花岗岩石料场，距离大坝人工砂石加工系统约4km。根据业主提供骨料建材原岩试验成果，料场基岩岩性为肉红色中粒正长花岗岩（γk24-4）局部穿插辉绿岩脉（β）。主要物理力学指标：干密度 $\rho_d$ =2.56～2.81g/cm³，干抗压强度 $R_w$ =51.2～134.2MPa，湿抗压强度 $R_w$ =40.2～93.3MPa，软化系数0.47～0.97。

棱子坝料场位于坝址上游约3.0～3.5km的大渡河左岸，地形坡度一般30°～45°，料场分布高程1130.00～1450.00m。料场基岩露头零星，表层多被崩坡积块碎石覆盖，铅直厚度一般为9.7～15.8m，最大铅直厚度达34.3～39.75m（料场西侧局部厚达50m）。基岩岩性为肉红色中粒正长花岗岩（γk24-4）局部穿插辉绿岩脉（β）。岩体风化较弱，但具不均一性，弱风化上段垂直深度约16.4m，水平深度约6m，该深度以下为弱风化下段—微新岩体，岩石较坚硬、完整。根据有用层的埋深、无用层的厚度及其变化规律，采用平行断面法计算：有用层储量为1025万 $m^3$；无用层体积约328万 $m^3$。据试验成果，岩块的湿抗压强度、烘干密度、吸水率、软化系数、冻融质量损失率等主要质量技术指标均满足要求；碱活性检测结果（化学法和砂浆棒长度法）表明，黑云二长花岗岩为非碱活性岩石，室内加工的人工粗细骨料的各项主要性能指标基本能满足《水工混凝土施工规范》（DL/T 5144—2001）的要求。

料场下方有S211线公路（泸石段）相通，开采及运输较方便。故棱子坝人工骨料可供人工骨料之用。

料场后缘斜坡现状整体稳定，仅局部有小规模的崩塌。料场开采边坡高达 300 余米，边坡顶部为覆盖层，上部为强风化、弱风化上段岩体，下部为弱风化下段、微新岩体，边坡不具备贯通性的特定结构面，不存在影响边坡整体稳定的确定性块体，边坡整体稳定；但辉绿岩脉破碎带、小断层、节理发育，局部结构面的不利组合可能构成潜在不稳定块体，对边坡稳定不利，需采取一定的支护处理措施。棱子坝料场人工骨料磨片鉴定及原岩性能试验成果见表 16-23。

表 16-23　　　　棱子坝料场人工骨料磨片鉴定及原岩性能试验成果表

| 试件编号 | 取样位置 | 磨片鉴定命名 | 天然密度/(g/cm³) | 烘干密度/(g/cm³) | 湿密度/(g/cm³) | 吸水率/% | 抗压强度/MPa | | 软化系数 | 冻融损失率/% | 备注 |
|---|---|---|---|---|---|---|---|---|---|---|---|
| | | | | | | | 干 | 湿 | | | |
| 2 | PDj04 洞 90m（上游壁） | 辉绿岩 | 2.810 | 2.800 | 2.810 | 0.39 | 111.9 | 93.3 | 0.83 | 0.01 | 地质描述定名 |
| 71 | PDj04 洞 71m | 辉绿岩 | 2.570 | 2.580 | 2.590 | 0.11 | 110.9 | 93.4 | 0.84 | 0.00 | |
| 90 | PDj04 洞 90m | 辉绿岩 | 2.770 | 2.780 | 2.790 | 0.45 | 89.2 | 76.2 | 0.85 | 0.00 | |
| 62 | PDj04 洞 62m（上游壁） | 弱风化下段花岗岩 | 2.560 | 2.550 | 2.570 | 0.17 | 107.3 | 79.4 | 0.74 | 0.00 | |
| 64 | PDj04 洞 64m（上游壁） | 弱风化下段花岗岩 | 2.620 | 2.580 | 2.590 | 0.13 | 91.6 | 80.7 | 0.88 | 0.00 | |
| 132 | PDj04 洞 132～137m（上游壁） | 微新花岗岩 | 2.580 | 2.590 | 2.580 | 0.10 | 111.9 | 91.1 | 0.81 | 0.00 | |
| YPDj10-1 | PDj10 洞 27～26.5m（下游壁） | 蚀变二长花岗岩 | 2.595 | 2.593 | 2.598 | 0.14 | 65.9 | 59.1 | 0.90 | 0.18 | |
| YPDj10-2 | PDj10 洞 44～46m（上游壁） | 中粒正长花岗岩 | 2.599 | 2.595 | 2.602 | 0.17 | 51.2 | 40.2 | 0.79 | 0.20 | |
| YPDj10-3 | PDj10 洞 60～62m（上游壁） | 蚀变二长花岗岩 | 2.615 | 2.618 | 2.624 | 0.15 | 46.0 | 44.6 | 0.97 | 0.32 | |
| YPDj10-4 | PDj10 洞 67m（下游壁） | 微文象钾长花岗岩 | 2.591 | 2.588 | 2.596 | 0.15 | 88.5 | 78.4 | 0.89 | 0.50 | |
| YPDj10-5 | PDj10 洞 80～78m（下游壁） | 中粒二长花岗岩 | 2.604 | 2.599 | 2.606 | 0.19 | 96.9 | 62.8 | 0.65 | 0.51 | |
| YPDj10-6 | PDj10 洞 95m（下游壁） | 花斑状二长花岗岩 | 2.602 | 2.597 | 2.603 | 0.20 | 134.2 | 76.2 | 0.57 | 0.40 | |
| YPDj16-1 | PDj16 洞 27～28.5m（上游壁） | 花斑状二长花岗岩 | 2.602 | 2.595 | 2.601 | 0.15 | 131.7 | 86.2 | 0.65 | 0.24 | |
| YPDj16-2 | PDj16 洞 41～43m（上游壁） | 中粒花斑状二长花岗岩 | 2.585 | 2.583 | 2.594 | 0.21 | 102.0 | 62.5 | 0.61 | 0.35 | |
| YPDj16-3 | PDj16 洞 66～67.5m（上游壁） | 中粒二长花岗岩 | 2.585 | 2.583 | 2.591 | 0.14 | 101.0 | 61.2 | 0.61 | 0.40 | |
| YPDj16-4 | PDj16 洞 69～72m（上游壁） | 中粒正长花岗岩 | 2.595 | 2.590 | 2.599 | 0.19 | 86.2 | 63.0 | 0.73 | 0.32 | |

| 试件编号 | 取样位置 | 磨片鉴定命名 | 天然密度/(g/cm³) | 烘干密度/(g/cm³) | 湿密度/(g/cm³) | 吸水率/% | 抗压强度/MPa | | 软化系数 | 冻融损失率/% | 备注 |
|---|---|---|---|---|---|---|---|---|---|---|---|
| | | | | | | | 干 | 湿 | | | |
| YPDj16-5 | PDj16洞84～86m（上游壁） | 黑云母二长花岗岩 | 2.596 | 2.596 | 2.605 | 0.15 | 103.1 | 48.6 | 0.47 | 0.18 | |
| YPDj16-6 | PDj16洞99.5～98m（上游壁） | 中粒二长花岗岩 | 2.599 | 2.594 | 2.601 | 0.12 | 107.7 | 66.1 | 0.61 | 0.20 | |
| 《水利水电工程天然建筑材料勘察规程》(SL 251—2000) | | | — | >2.4 | — | — | — | >40 | — | <1 | |

2）B1 带式输送机运输线。B1 带式输送机运输线是指从棱子坝料场附近的粗碎车间到海流沟成品砂石加工系统的 2 号半成品料堆，采用带式输送机运输，其运输能力为 1500t/h。带式输送机运输线路长度约 3.5km，隧洞总长约 2300m，其中工程合同内隧洞长约 1100m，发包人已委托其他承包人施工的部位为 3 号胶带机隧洞，长约 1200m。工程合同范围内隧洞断面为城门洞形，隧洞衬砌后的净断面尺寸为 4.5m×4.0m（宽×高）。

3）B2 带式输送机运输线。B2 带式输送机运输线是指从海流沟成品砂石加工系统成品料端的发料端至大坝高线混凝土系统骨料罐顶部的配仓胶带机，采用带式输送机运输成品骨料，其运输能力 1600t/h。带式输送机运输线路长度约 2.5km，隧洞长约 420m，隧洞衬砌后的净断面尺寸为 3.2m×3.2m（宽×高）。

4）海流沟成品砂石加工系统。海流沟海流沟成品砂石加工系统位于大渡河左岸海流沟内，距离坝址直线距离约 2km。该系统除粗碎车间布置于棱子坝料场附近外，其余车间及设施均布置于此。

（3）生产规模。系统生产规模需满足混凝土浇筑高峰期月强度约 16.5 万 m³ 的粗、细骨料供应，成品料生产能力 1100 t/h，其中细骨料生产能力 330t/h，毛料处理能力 1450 t/h。

砂石生产高峰期主要以常态混凝土四级、三级配作为设计级配（其中：四级配混凝土约占 90%，三级配混凝土约占不足 10%，二级配混凝土少量），同时要求根据需要生产少量的瓜米石（5～10mm）。

### 16.8.2 设备配置表

设备配置见表 16-24。

表 16-24                       设 备 配 置 表

| 车间名称 | 设备名称 | 设备规格 | 数量 | 单台功率/kW | 单台重量/t | 备注 |
|---|---|---|---|---|---|---|
| 粗碎车间 | 颚式破碎机 | JM1312 | 3 | 160 | 41.50 | |
| | 给料机 | HGF-1652-2G | 3 | 30 | 4.50 | |
| 半成品料堆 | 振动给料机 | GZG110-150 | 10 | 2×2.4 | 0.96 | |

| 车间名称 | 设备名称 | 设备规格 | 数量 | 单台功率 /kW | 单台重量 /t | 备注 |
|---|---|---|---|---|---|---|
| 第一筛分车间 | 振动筛 | 3YAH2460 | 2 | 45 | 15.3 | |
| | 冲洗筛 | ZKR1445 | 2 | 7.5×2 | 3.99 | |
| 中碎车间 | 圆锥破碎机 | HP500－EC | 2 | 400 | 33.15 | |
| | 振动给料机 | GZG110－150 | 4 | 2×2.4 | 0.56 | |
| | 除铁器 | MCO3－150L | 1 | 7.5 | | |
| 第二筛分车间 | 手动弧门 | 1000×1000 | 4 | | | 自制 |
| | 振动筛 | 3YKR2460 | 2 | 45 | 15.30 | |
| 筛分调节料堆 | 洗砂机 | FC－15 | 2 | 11 | 11.75 | |
| | 脱水筛 | ZJS1233 | 2 | 2×1.1 | | |
| 细碎车间 | 圆锥破碎机 | GP11F－C | 2 | 160 | 10.50 | |
| | 手动弧门 | 800×800 | 4 | | | 自制 |
| 超细碎车间 | 立轴式破碎机 | B9100SE | 4 | 2×250 | 17.40 | |
| | 手动弧门 | 800×800 | 12 | | | 自制 |
| 第三筛分车间 | 振动筛 | 3YKR1867 | 8 | 30 | 12.96 | |
| | 分级筛 | ZJS1233 | 1 | 2×1.1 | | |
| | 脱水筛 | ZKR1445 | 1 | 2×7.5 | | |
| 棒磨机车间 | 棒磨机 | MBZ2136 | 3 | 210 | 56.30 | |
| | 手动弧门 | 600×600 | 6 | | | 自制 |
| | 螺旋分级机 | FC－12 | 3 | 11 | 13.70 | |
| | 脱水筛 | ZJS1233 | 3 | 2×1.1 | | |
| 成品输送系统 | 气动弧门 | HQ1000×1000 | 40 | 2.5 | | |
| | 电子皮带秤 | WPC－DT75 | 1 | 0.5 | | |
| | 地磅 | SCS－80 | 1 | | | |
| 水处理系统 | 离心泵 | 8SA－10 | 3 | 75 | | |
| | 黑旋风 | ZX－250 | 1 | 48 | | |
| | 黑旋风 | ZX－200B | 1 | 45 | | |
| | 陶瓷过滤机 | LH－80 | 1 | 55 | | |
| | 渣浆泵 | KZJ150－42 | 2 | 45 | | |
| | 渣浆泵 | 4/3C－AH | 2 | 7.5 | | |
| | 多级泵 | KQDL150－20×4 | 2 | 45 | | |
| | 潜水泵 | WQ150－17－15 | 1 | 15 | | |

## 16.9  黄登、大华桥水电站砂石加工系统

### 16.9.1  工程概况

（1）概述。

1）黄登、大华桥水电站砂石加工系统。主要任务是承担黄登和下游大华桥两座水电站主体工程共约550万 m³ 碾压和常态混凝土以及25万 m³ 工程喷混凝土所需的1280万 t 粗、细骨料生产和供料。系统粗碎和半成品堆场布置在距坝轴线约13km 的左岸上游大格拉石料场附近区域，其余各车间布置在距坝轴线约1.5km 的左岸上游梅冲河沟口左侧区域（以下简称梅冲河主系统）。粗碎、半成品堆场与主系统之间采用总长约9.5km 的大格拉—梅冲河胶带机运输系统连接。加工系统设计规模为2500t/h 毛料处理能力和不低于2150t/h 的成品生产能力。

2）大格拉—梅冲河胶带机运输系统。主要任务是将大格拉石料场开采料经粗碎加工后获得的半成品运输至梅冲河主系统。大格拉—梅冲河胶带机运输系统由两条胶带机组成，1号胶带机长约500m，为直线型；2号胶带机长约9000m，为直线和平曲线（两个曲线段半径均为1500m）结合型。两条胶带机均以地下运输隧洞布置为主，局部地面布置。胶带机尾部高程在1890.00m 附近，头部高程在1750.00m 附近，为下行方式运行，综合纵坡约1.5%。2号胶带机前段约150m 采用栈桥跨越梅冲河后与梅冲河主系统进料胶带机衔接。

3）梅冲河—甸尾胶带机运输系统。主要任务是将黄登、大华桥水电站砂石加工系统生产的成品骨料运至下游甸尾的大坝、厂房混凝土生产系统以及大华桥水电站成品骨料转料仓，胶带机运输能力不低于2500t/h。运输线路总长近2.5km，以隧洞和露天相结合的方式布置，其中1.7km 段沿左岸坝顶公路的过坝交通洞一侧布置（其中尾段约1.05km 采用上、下两层布置，上层为骨料运输胶带机，下层为大坝浇筑混凝土运输胶带机，头段约0.65km 为单层布置的骨料运输胶带机），其余露天布置。

（2）料源。

1）勘探。石料场位于坝址上游左岸大格拉村附近，分布高程1950.00～2240.00m，距坝址直线距离11.5km，坝址现有公路料场相通，公路距离约23km。

根据地质勘探资料分析，在料场确定的采区灰岩中：①表部、坡崩积层及全、强风化层厚度一般为0～11.15m，均按无用料考虑，平均按10m 考虑剔出；②两座孤立的山峰之间的凹槽为F1，其破碎带宽度为33～43m，断裂破碎带主要为泥化的糜棱岩、片状岩、钙质胶结的角砾岩、碎块岩，岩体破碎，岩石强度低，不能作为混凝土骨料，因此该断裂破碎带及两侧各1m 按无用料考虑剔出；③采区灰岩中没有软弱夹层分布，仅发育有少量的Ⅳ级结构面，灰岩中9个钻孔岩芯采取率为90%～100%，平均岩芯采取率为94.7%，因此采区灰岩有用料中的无用料按10%剔出；④除以上情况外的弱风化灰岩均可作为有用料开采。

2）试验。

A. 岩石物理力学试验。大各拉石料场初查、详查阶段共取了5组岩石样品进行室内

岩石物理力学性试验，试验成果表明，大格拉石料场的灰岩湿抗压强度一般均大于80MPa，仅有一组湿抗压强度为48.1MPa，料场岩石属坚硬岩类，岩石强度满足《水电水利工程天然建筑材料勘察规程》（DL/T 5388—2007）中规定的湿抗压强度大于40MPa的要求。室内岩石物理力学性试验成汇总见表16-25。

表 16-25　　　　　　　　　　室内岩石物理力学性试验成汇总表

| 取样位置 | 取样深度/m | 岩性及风化程度 | 物理性试验 | | | | | 力学性试验 | | 软化系数 |
|---|---|---|---|---|---|---|---|---|---|---|
| | | | 颗粒密度/(g/cm³) | 块体密度/(g/cm³) | 空隙率/% | 自然吸水率/% | 饱和吸水率/% | 抗压强度 | | |
| | | | | | | | | 干抗压/MPa | 湿抗压/MPa | |
| ZK402 | 43.90~46.02 | | 2.70 | 2.66 | 1.48 | 0.16 | 0.18 | 101.3 | 82.4 | 0.81 |
| ZK405 | 35.96~37.08 | | 2.73 | 2.69 | 1.47 | 0.13 | 0.14 | 108.7 | 84.2 | 0.77 |
| ZK406 | 29.27~30.27 | | 2.71 | 2.68 | 1.11 | 0.20 | 0.21 | 90.3 | 48.1 | 0.53 |
| ZK407 | 42.33~77.64 | 生物灰岩弱风化 | 2.73 | 2.69 | 1.47 | 0.11 | 0.12 | 124.7 | 92.2 | 0.74 |
| ZK414 | 87.32~89.00 | | 2.71 | 2.69 | 0.74 | 0.08 | 0.09 | 112.3 | 92.5 | 0.82 |
| ZK415 | 82.73~98.48 | | 2.79 | 2.67 | 4.30 | 0.20 | 0.21 | 116.2 | 89.6 | 0.77 |
| ZK410 | 70.78~75.53 | | 2.73 | 2.68 | 1.83 | 0.13 | 0.14 | 101.1 | 81.8 | 0.81 |
| ZK411 | 76.14~74.94 | | 2.76 | 2.73 | 1.09 | 0.09 | 0.10 | 92.1 | 82.4 | 0.90 |

B. 岩石碱活性检测试验。大格拉石料场于初查阶段在 PD402、ZK402、ZK404、ZK406 处共取了 5 组岩样进行岩相法、快速压蒸法、砂浆棒快速法、砂浆长度法、碱碳酸盐反应、棱柱体法等碱活性试验。岩相法中 PD402 的 2 组岩样中不含碱活性矿物，ZK402、ZK404、ZK406 的 3 组岩样中含有 2%～3% 的微晶质至隐晶质石英。

大格拉石料场石料经快速压蒸法、砂浆长度法、混凝土棱柱体法试验检验，初步评定骨料不具有碱硅酸反应活性；经岩相法、砂浆棒快速法试验检验，初步评定骨料具有潜在的碱硅酸反应活性；经碱碳酸盐反应活性、混凝土棱柱体法试验检验，评定骨料不具有碱碳酸盐反应活性。

大格拉石料场于详查阶段在混凝土试验的毛料中选取了 15 片岩样进行岩相法碱活性矿物检测。其中有 7 个岩样为生物屑白云质灰岩，属碱活性岩石，具有潜在碱碳酸盐反应活性；2 个岩样为钙质硅质岩，含大量微料状隐晶质玉髓及少量微晶石英，少量微晶状白云石，具有潜在碱硅酸反应活性；6 个岩样为微晶生物碎屑灰岩，含 5% 以下白云石及

3‰以下微晶石英。

（3）规模。根据招标文件，黄登、大华桥水电站砂石加工系统供应的产品主要是黄登水电站和大华桥水电站主体工程混凝土用砂石骨料。混凝土浇筑总量约 550 万 m³，喷混凝土总量约 25 万 m³，砂石骨料用量约 1280 万 t。产品生产满足二级配、三级配碾压混凝土和二级配、三级配常态混凝土用粗、细骨料以及少部分喷混凝土骨料的供料要求，毛料处理能力为 2500t/h，成品料生产能力为 2150t/h。

### 16.9.2 设备配置

设备配置见表 16-26。

表 16-26　设备配置表

| 序号 | 车间名称 | 设备名称 | 规格型号 | 单位 | 数量 | 单台功率/kW |
|---|---|---|---|---|---|---|
| 1 | 粗碎车间 | 地磅（静态） | 60t | 台 | 1 | |
| | | 振动给料机 | | 台 | 4 | 37 |
| | | 旋回破碎机 | MK-Ⅱ42-65 | 台 | 2 | 400 |
| 2 | 半成品料仓 | 振动给料机 | GZG110-150 | 台 | 10 | 2×2.2 |
| 3 | 第一筛车间 | 除铁器 | MC03-100L | 台 | 1 | 4 |
| | | 圆振动筛 | 3YKR2460H | 台 | 3 | 45 |
| | | 洗石机 | 2WCD-1118 | 台 | 3 | 2×45 |
| | | 直线筛 | 2ZKR2460H（+5°） | 台 | 3 | 2×22 |
| 4 | 中细碎料仓 | 振动给料机 | GZG110-150 | 台 | 8 | 2×2.2 |
| 5 | 中细碎车间 | 反击式破碎机 | NP1520 | 台 | 4 | 2×315 |
| 6 | 第二筛车间 | 圆振动筛 | 3YKR3060 | 台 | 4 | 37 |
| 7 | 超细碎料仓 | 手动弧门 | 800×800 | 台 | 16 | |
| 8 | 超细碎车间 | 立轴式破碎机 | B9100SE | 台 | 5 | 2×250 |
| | | 立轴式破碎机 | VS1500A | 台 | 3 | 2×250 |
| 9 | 第三筛车间 | 高频筛 | 2618VM | 台 | 8 | 37 |
| 10 | 棒磨料仓 | 手动弧门 | 600×600 | 台 | 6 | |
| 11 | 棒磨车间 | 棒磨机 | MBZ2136 | 台 | 3 | 210 |
| | | 洗砂机 | FC-12 | 台 | 3 | 7.5 |
| | | 脱水筛 | ZKR1230 | 台 | 3 | 2×4 |
| 12 | 粗砂整形车间 | 立轴式破碎机 | PL8500 | 台 | 2 | 220 |
| | | 振动给料机 | GZG60-100 | 台 | 2 | 2×0.55 |
| 13 | 冲洗筛1 | 圆振动筛 | YKR2060 | 台 | 1 | 22 |
| 14 | 冲洗筛2 | 圆振动筛 | YKR2060 | 台 | 1 | 22 |
| 15 | 瓜米石筛 | 圆振动筛 | ZKR1445H | 台 | 1 | 2×7.5 |
| 16 | 成品料仓 | 手动弧门 | 1000×1000 | 台 | 24 | |
| | | 电子皮带秤 | WPC-2000 B=1400 | 台 | 1 | 0.5 |

| 序号 | 车间名称 | 设备名称 | 规格型号 | 单位 | 数量 | 单台功率/kW |
|---|---|---|---|---|---|---|
| 17 | 长胶 | 轴流风机 | STG-7A | 台 | 46 | 2.2 |
| 18 | 梅冲河成品料仓 | 振动给料机 | GZG110-150 | 台 | 26 | 2×2.2 |
| | | 手动弧门 | 800×800 | 台 | 14 | |
| | | 电子皮带秤 | WPC-2000 B=1000 | 台 | 2 | 0.5 |
| | | 地磅（静态） | 60t | 台 | 1 | |
| 19 | 成品竖井 | 手动给料机 | 1500×2000 | 台 | 5 | |
| | | 电子皮带秤 | WPC-2000 B=1400 | 台 | 1 | 0.5 |
| 20 | 成品骨料转料仓 | 振动给料机 | GZG110-150 | 台 | 20 | 2×2.2 |
| | | 手动弧门 | 800×800 | 台 | 44 | |
| | | 电子皮带秤 | WPC-2000 B=1000 | 台 | 4 | 0.5 |
| 21 | 成品骨料装车台 | 电动弧门 | DHM1000×1000 | 台 | 5 | 0.75 |
| | | 地磅（静态） | 60t | 台 | 1 | |

# 参　考　文　献

［1］　水利电力部水利水电建设总局组织编．水利水电工程施工组织设计手册·第 4 卷·辅助企业．北京：中国水利水电出版社，1990.

［2］　全国水利水电施工技术信息网组编，《水利水电工程施工手册》编委会编．水利水电工程施工手册·第 3 卷·混凝土工程．北京：中国电力出版社，2002.

［3］　潘涛，田刚．废水处理工程技术手册．北京：化学工业出版社，2010.